受益一生的处世哲学 影响心灵的生活智慧

不较真了 心不烦了

不计较的智慧

杨晓波◎编著

BUJIAOZHENLE
XINBUFANLE

中国纺织出版社

内　容　提　要

成功人士大多能够容人所不能容，忍人所不能忍，豁达而不拘小节，他们的胸襟造就了人生的高度。他们大处着眼避免目光短浅，不斤斤计较反而思路清晰，不纠缠于琐事更能实现谋略，从而让自己领先他人。

本书通过生活中诸多具有现实意义且饶有趣味的案例，分析“较真”这种心理和对工作、生活的影响。引导人们放下烦心事，不去争蜚短流长，不去斤斤计较，做一个胸怀宽广、好运常伴的人，生活自然云淡风轻，无烦无忧！

图书在版编目（CIP）数据

不较真了　心不烦了：不计较的智慧 / 杨晓波编著. —北京：中国纺织出版社，2013.4（2024.4重印）

ISBN　978-7-5064-9572-1

Ⅰ.①不…　Ⅱ.①杨…　Ⅲ.①人生哲学－通俗读物　Ⅳ.①B821－49

中国版本图书馆CIP数据核字（2013）第017372号

策划编辑：闫　星　　责任编辑：曲小月　　责任印制：储志伟

中国纺织出版社出版发行

地址：北京东直门南大街6号　邮政编码：100027

邮购电话：010—64168110　传真：010—64168231

http：//www.c-textilep.com

E-mail：faxing@c-textilep.com

北京兰星球彩色印刷有限公司印刷　各地新华书店经销

2013年4月第1版　2024年4月第2次印刷

开本：710×1000　1/16　印张：18

字数：202千字　定价：79.00元

在生活中，我们固然不能玩世不恭，游戏人生，但也不能处处较真、事事较真，总是认死理，对这样看不惯，对那样看不惯，连身边的朋友或亲人都容不下，让自己活在一个孤单的世界里，与社会完全隔开。玩过镜子的人大概都知道这样一个道理，虽然平时用的镜子很平，但若是在高倍放大镜下，这块很平的镜子也会变成凹凸不平的“山峦”；生活中那些用肉眼看起来很干净的东西，当你放在显微镜下面的时候，所看到的却都是细菌。假如我们总是带着“放大镜”生活，那估计生活中较真的事儿就太多了。若是带着放大镜去看别人的缺点或自己的不足之处，那我们都会成为罪不容诛、无可救药的人了。但事实真的是这样吗？当然不是，根源在于“放大镜”，也就是在于自己较真的心理。处处较真，烦恼多；不较真，烦恼也就没有了。

俗话说：“人非圣贤，孰能无过？”在日常交际中，我们要善于理解别人，求大同存小异，胸中有度量，能容下别人的缺点和优点，这样我们才能建立良好的人际关系，且在交际场中左右逢源，游刃有余。反之，如果我们事事较真，眼睛里容不得半粒沙子，太过于挑剔，什么小事情都论个是非曲直，得理不饶人，那身边的朋友或家人都会躲得远远的，只剩下你一个孤家寡人，这样的生活又有什么意义呢？自古以来，

那些凡是能成就一番事业的人都有一种可贵的品质，即“能容人所不能容，忍人所不能忍，善于求大同存小异”。他们有着宽阔的胸怀，心胸豁达，不拘小节，事事都能从长远着想，不斤斤计较，所以，他们才能成大事，于平凡中成为不平凡的人。

人的一生中需要经历的事情数不胜数，假如事事都认真盘算，权衡利弊得失，就会让自己筋疲力尽。因此，对于生活中的诸多小事，我们应该能忍则忍，忍得一时之气，糊涂处之。假如一个人时时处处都表现出对一切很明白，精明过人，有时候并不是一件好事。太过认真、太较真，这在外人看来不过是斤斤计较。因此，在很多时候，不妨装得糊涂一点儿，这样反而会让那些要做的事情变得更圆满。当然，我们要想做到不较真，也并不是一件简单的事情，需要具备良好的修养，需要有善解人意的思维方法，需要从对方的角度设身处地地考虑和处理问题，多一些理解，多一些宽容，多一些和谐，这样才会诸事太平。在本书中，我们围绕“较真”这一心理弊病，详细介绍了生活中的诸多事例，通过这些具体的事例，告诉读者较真带来的弊端，以及宽阔胸怀带来的运气。当我们真正地放下较真的心理，那好运也就会来了，烦恼也就没有了。如果你在现实生活中是一个处处较真的人，那不妨借鉴一下本书里的一些建议和方法，让自己真正地放下较真的心理，这样你就会体会到生活中细微的快乐和幸福！

编著者

2012年9月

目录
CONTENTS

[第 1 章] **别钻牛角尖，无谓的坚持会束缚身心**

过分的执着会将自己的身心束缚 …… 002

别一味追求那些不属于自己的生活 …… 004

有些坚持是无谓的 …… 007

别钻死胡同，留出一个回旋的空间 …… 010

适时地改变是智者的选择 …… 013

钻牛角尖的人就像陷入泥沼中 …… 016

跳出框框让人生变得更有延展度 …… 018

[第 2 章] **给他人留条路，实则是给自己留余地**

凡事让人三分，学会尊重每一个人 …… 024

不要把话说绝，为他人和自己留点“口德” …… 026

别把事做绝，给对方留出余地 …… 029

放下一己私利，为他人多想几分 …… 032

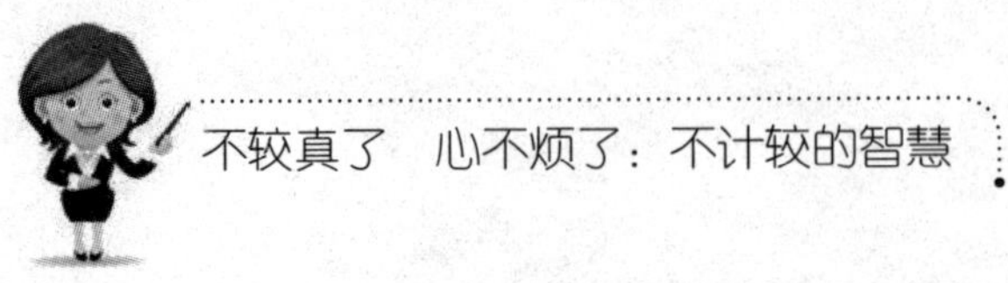

学会原谅，不要抓住别人的错误不放 ………………… 034
给别人留面子就是给自己留出路 ………………… 037
别较真，得理更要学会饶人 ………………… 040
[第 3 章]　懂得在隐忍中蓄势，豁达能够开拓人生
他人羞辱你，不予理睬是最有力地回击 ………………… 044
卧薪尝胆，善于忍耐才能扭转命运 ………………… 047
做好自己，不必理会他人的嘲笑 ………………… 050
微笑应对他人的不敬，令其羞愧 ………………… 053
忍耐是种策略，小不忍则乱大谋 ………………… 056
后退一步让自己更加从容 ………………… 059
[第 4 章]　容人亦要容己，不要让较真拖累了自己
没有完美，要容得了他人的缺点 ………………… 064
别嫉妒，容得下比你强的人 ………………… 066
羡慕美貌，不如让自己活得更美好 ………………… 069
学会释怀，压力是自己给自己的 ………………… 072
活在当下，别去预支那些烦恼 ………………… 074
与人争吵是对自己的责罚 ………………… 077
包容自己，用美的眼光看世界 ………………… 080
[第 5 章]　善于为己宽心，不较真才躲得过不如意
淡定从容，不以物喜，不以己悲 ………………… 084
为人潇洒点，别为眼前的小事烦恼 ………………… 087

输赢不计较，胜败皆是常事 …… 090
其实没人在意，不要把自己当焦点 …… 092
遭遇误会，不用马上急于解释 …… 094
自我调适，学点阿Q精神 …… 097
学会遗忘，把烦事抛到九霄云外 …… 099

[第 6 章]　真心地付出，不较真了才能留住幸福

生活需要你的包容，幸福需要空间绽放 …… 104
被人误会的时候懂得理解 …… 107
丢掉生活的错，试着站起来 …… 109
不断计较是因为爱得太肤浅 …… 111
不要再和过往的事情纠缠不休 …… 114
多付出才能多收获 …… 117
太多的爱难以经得起时间的考验 …… 119

[第 7 章]　释怀中放下，为心灵松绑不和自己较真

能够拿起就应该懂得放下 …… 124
放下攀比心理，做最好的自己 …… 125
重振旗鼓，弃掉自责与悔恨 …… 128
放下重负，让心变得轻盈 …… 131
放下苛刻，别被不真实的完美压垮 …… 134
多一些信任，放下那些猜忌 …… 136
拒绝繁复的诱惑，简单的才更实际 …… 139

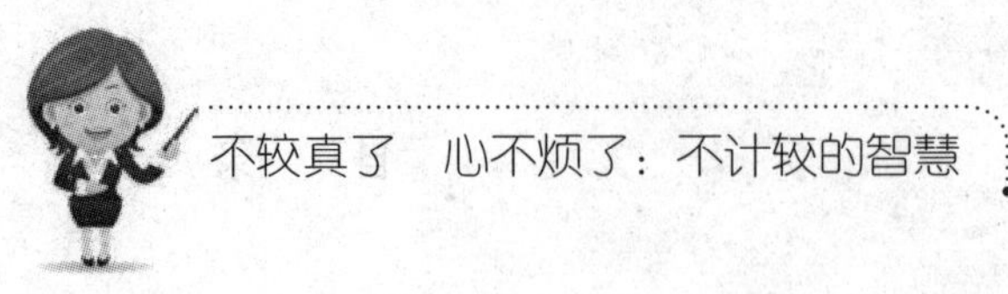

[第 8 章]　**得失间更从容，属于你的跑也跑不了**

可以去争取，但不要害怕失去 …… 144
越是紧握的沙粒越容易溜走 …… 146
用“小失”积攒你的“大得” …… 149
学会感恩，得失皆是收获 …… 152
珍惜当下所拥有的才是真谛 …… 154
别再纠结于失去的，放手获得整个世界 …… 157

[第 9 章]　**看淡名利，别让贪婪的执念拖垮一生**

踏实为人，不要被名声威望所累 …… 162
利是“利器”，越是渴求越会刺伤自己 …… 164
别做守财奴，大方的人别人对你也大方 …… 167
不断追求名利会让你心力交瘁 …… 169
别把有限的生命投入到无穷的名利争夺上 …… 172
名誉的光环只能笼罩一时 …… 175
能够抛下名利，才能活出真的自在 …… 178

[第10章]　**不因缺憾较真，留点缺口才更接近完美**

每一种美都有瑕疵，因而才与众不同 …… 182
当一扇门关上，总有一扇窗为你打开 …… 184
自信能够弥补一切的缺憾 …… 187
物极必反，别去追求十全十美 …… 190
扬长避短，将长处发挥到淋漓尽致 …… 193

龟兔赛跑，看谁笑到最后才笑得最好 …… 195

善于自嘲，有缺点的人反而招人喜爱 …… 198

[第11章]　别计较金钱，它只是实现目标的工具

金钱不能与幸福画等号 …… 202

钱财无法填充你的精神世界 …… 204

别哭穷，用智慧和劳动去播种 …… 207

别装富，活得自信才是最大的财富 …… 210

驾驭金钱，但不要成为金钱的奴隶 …… 212

做会理财的人，别做太算计的人 …… 215

炫耀奢侈只会让你陷入泥潭 …… 217

[第12章]　不畏挫折，艰辛的道路往往通向成功

挫折是一种磨砺，会让今后的路更平坦 …… 222

别和困难较劲，让困难成为你的朋友 …… 224

笑纳生活赐予的麻烦，创造斑斓人生 …… 227

黑暗的逆境往往孕育着璀璨的成功 …… 230

敢于冒险，不被眼前的困难吓到 …… 233

接受挑战，失败让你更接近成功 …… 236

[第13章]　别在伤害中纠结，苦尽了才有甘甜来

拯救自己，放过别人对你的伤害 …… 242

爱情不是童话，理解那些伤害 …… 244

理性看待背叛，让爱有个正解 …… 247

苦尽甘来，在伤害中学会成长 …………………………… 249
不要反复地折磨，学会痛快地了断 ……………………… 252
听取长辈的忠告，全面客观地对待爱 …………………… 254
不要让爱的谎言越说越上瘾 ……………………………… 257

[第14章] 接受不公，别在生活的天平中寻求圆满

没有绝对的公平，只求心灵的平衡 ……………………… 262
相信命运的辉煌可以靠自己来创造 ……………………… 264
学会暗示自己，幸福触手可及 …………………………… 267
全面地看待生活才能铸就幸福 …………………………… 269
与其抱怨，不如从此刻改变 ……………………………… 272
打抱不平的愤青其实无力扭转什么 ……………………… 275

参考文献 ………………………………………………… 278

[第 1 章]

别钻牛角尖，无谓的坚持会束缚身心

在生活中，我们常说：再坚持一下兴许就会成功。通常我们会以这句话来勉励自己，但当我们知道前面已经无路可走的时候，这样的坚持是否有点太过于执著呢？钻牛角尖的下场只会让自己的身心被束缚，最终陷入痛苦的泥沼中。

过分的执着会将自己的身心束缚

在很多时候，过分执着并不是一个好品质。它就像是一个魔咒，一点点地禁锢着我们的身心，似乎我们不朝着之前的方向继续下去就对不起良心。执着本身是一种可贵的品质，但凡事都会有一定的限度，“执着”也是一样，适当的执着会体现出我们个人的魅力，同时也可以让问题变得更简单一点。但若是不顾一切的执着、太过分的执着则会不自觉地将自己的身心束缚。我们总是放不下，总是不愿意放弃，只是固执地朝着一个方向前进，不管前面是康庄大道，还是死胡同。甚至，这样的坚持是无谓的，如果我们最终闯入的不过是死胡同，这样执着的后果也是可悲的。虽然，对生活执着是一种坚定的信念；对工作执着，是一种精神寄托；对爱情执着，是一种人生的美丽。但若是应该放弃时不放手，就会使自己不堪重负而活得很累，甚至有可能走向另外一种悲惨的结局，同时也让自己身心疲惫。

在生活中，有的人活得像小河里的溪水，虽然平静无波，却有顽强的生命力和战斗力，它能够经受暴风骤雨的侵害，也可以坦然面对夏日骄阳的炙烤，它从来不在乎世界会有那么多的变化。一个人活着也是一样，人要有信念，但不能过分执着，不能与生命较真，不妨学会顺其自然，对生命中的意外和阻挠不必过于强求，也许这样，方能阻止自己生命的脚步过快地到达终点。人的一生就好像花开花落，周而复始，没有

什么花是永远不凋谢的，对待上天的安排，应该顺其自然，千万不能太过于执着。太较真是一种疼痛、一种心魔，它不断侵蚀我们内心简单的快乐，最后，我们只能满身疲惫地倒下。

王大爷年轻时是村里的干部，后来因为某件事没处理好，他被迫离职了。离职的时候，王大爷已经快50了，在那一瞬间，他觉得生活好像没有了希望。他一直不肯承认自己竟然变成了跟隔壁大婶一样的百姓，总觉得自己还是支部书记。他经常会去政府与上级领导说话，说自己的苦闷，说自己的无所事事，说自己的孩子上学没学费，希望领导能解决这些问题。领导无奈地说："你现在已经离职了，不是干部了，这些事情你自己能解决的就自己解决，自己不能解决的，就找你们村里的干部。"王大爷固执地说："我不相信他们，我只相信我自己和你们。"王大爷每次都去政府闹，刚开始大家还看在他是老干部的份上跟他聊聊，但时间长了，大家都清楚了他的脾性，知道他很固执，就能躲就躲，能避开就避开。

在平时生活中，王大爷总是对自己被迫离职的事情耿耿于怀，十分较真。他在家里动不动就说："如果我现在还是村里的干部，那村里现在肯定不是这样子。"家里人都开始厌烦他的唠叨了，老伴没好气地说："你在执着什么？你现在已经是平民百姓了，就应该是百姓的样子，有什么放不下的，有什么解不开的心结？简直是自己折磨自己。"其实，王大爷确实陷入了一个怪圈，他越是执着于自己被迫离职的事情，就越是痛苦，想想之前的辉煌日子，想想现在平凡的自己，越想越不是滋味，整日无所事事，搞得自己身心疲惫。

其实，王大爷所放不下的是内心的执着，而不是其他，因此他过得很痛苦。如果他真的放下了内心过分的执着，以正常的心态回归到一个平民老头的身份，他会觉得生活依然充满着阳光。有些事情既然已经发生了，毫无回旋的余地了，那我们就要学会接受，而不是太过于执着。

过分执着只会让自己更加疲惫，不如放松身心，给自己一个舒适的心灵环境。

1. 适时修葺自己的信念

人生需要有信念，这样我们的生命才有前进的方向。但是，信念只有与自己合拍的时候，才能更好地发挥出引航员的作用。因此，在人生的路途中，我们要适时修葺自己的信念，让它与自己合拍，对于某些不切实际的想法，我们不应太较真、太执着，而是要学会放弃，适时找到合适自己的人生信念，这样我们的生命才会更加绚丽灿烂。

2. 与其走向死胡同，还不如拐弯走向另外一条大道

如果我们希望与别人合作，并且已经向对方明确地表达了意图，但对方却毫无回应，在这样的情况下，与其继续留下来攻坚，把时间花在啃掉这块硬骨头上，不如转身离去，把精力用来寻找新的目标。每个人做事都有自己的理由，放弃攻坚是对别人的尊重，这是一种明智的选择。大量事实表明，第一次不能成功的事情，以后成功的概率也是很小的，纠缠下去只会惹人厌烦，这样并没有太大的意思，与其把80%的精力耗在20%的希望上，不如以20%的精力去寻找新的目标，说不定还有80%的希望。

别一味追求那些不属于自己的生活

有人说："追求幸福的人分两种：一种是追求属于自己的幸福，一种是追求属于别人的幸福。"前者懂得定义属于自己的幸福，而后者只是追逐他人定义的幸福。在生活中，我们何尝不是这样呢？有时候，我们生活得并不如意，若是问为什么，我们的回答却是："我没

有达到某种生活的标准。”我们总是听别人说，有了房子才有安全感，于是就为了别人所定义的“安全感”背上了10年20年的债务，节衣缩食，心不甘、情不愿地当起了房奴；我们总是听别人说，在高级餐厅里约会才是最浪漫的，于是我们就将这当成一种美好生活的向往，宁愿吃方便面也要勒紧裤带去潇洒一次；我们总是听别人说，没去过健身房就不够时尚前卫，于是我们就赶紧去健身房报名，学那些自己并不感兴趣的课程，只是为了达到别人所定义的“幸福生活”。但那些生活真的属于自己吗？为什么即便我们达到了这样的生活标准还是不快乐呢？究其原因，在于我们与自己较真，总是一味地追求那些不属于自己的生活，就好像我们穿着不合尺寸的衣服，不是嫌太大，就是嫌太难看。

生活是自己过，而不是给人看，别人生活的标准并不可能就真的适合自己。因为生活的幸福和快乐是属于自己内心的一种感觉，如果只是迎合别人的取向，这样难免会苦了自己。那些苦苦追求不属于自己生活的人，他们与自己的心灵对峙着。换而言之，他们总是与自己较真，越是不属于自己的，越是要去尝试。在羡慕嫉妒的过程中，他们浑然忘记了自己原本美好的生活，而是将别人的生活当成是自己生活的标准。卞之琳说：“你在桥上看风景，看风景的人在楼上看你。”其深层含义在于，虽然我们每个人都把别人当做风景，其实在别人眼中，自己何尝不是一道美丽的风景呢？所以，不要跟自己较真，而是要学会对自己的生活释怀，因为属于自己的生活才是幸福快乐的生活。

在《伊索寓言》里记载了下面这样一个小故事：

一只来自城里的老鼠和一只来自乡下的老鼠是好朋友。有一天，乡下老鼠写信给城里的老鼠说：“希望您能在丰收的季节到我的家里做客。”城里的老鼠接到信之后，高兴极了，便在约定的日子动身前

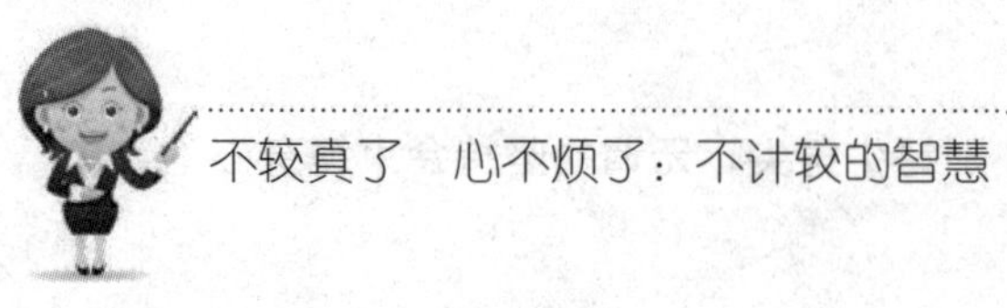

往乡下。到了那里之后，乡下老鼠很热情，拿出了很多大麦和小麦，请城里的好朋友享用。看到这些平常的东西，城里的老鼠不以为然："你这样的生活太乏味了！还是到我家里去玩吧，我会拿很多美味佳肴好好招待你的。"听到这样的邀请，乡下老鼠动心了，就跟着城里老鼠进城去了。

到了城里，乡下老鼠大开了眼界，城里有好多豪华、干净、冬暖夏凉的房子。看到这样的生活，它非常羡慕，想到自己在乡下从早到晚都在农田上奔跑，看到的除了泥土还是泥土，冬天还得在那么寒冷的雪地上搜集粮食，夏天更是热得难受，这样的生活跟城里老鼠比起来，自己真是太不幸了。

到了家里，它们就爬到餐桌上享用各种美味可口的食物。突然，咣的一声，门开了。两只老鼠吓了一跳，飞也似的躲进墙角的洞里，连大气也不敢出。乡下老鼠看到这样的情景，想了一会儿，对城里的老鼠说："老兄，你每天活得这样辛苦简直太可怜了，我想还是乡下平静的生活比较好。"说罢，乡下老鼠就离开城市回乡下去了。

显而易见，这个故事的寓意在于：适合自己的生活方式并不一定适合别人，同样，适合别人的生活方式也不一定适合自己。因此，如果自己当下生活得还不错，那就过好属于自己的生活，而没必要去追求别人定义的生活。我们应该明白，别人的快乐和幸福并不一定适用于自己。

1. 别人的生活不一定适合自己

我们总是向往着这样的生活：条件优秀的老公、可爱的孩子、宽大的房子、豪华的轿车、稳定的工作。在我们看来，似乎这样的生活才是最幸福快乐的。但这样的生活适合自己吗？较真，有时候就是自己的外在与内心互相对峙，明明这是心里不喜欢的，但却为了迎合别人的眼光，而刻意将自己的生活变得乱七八糟。所以，为了学会享受自己生活

所带来的快乐与宁静。应放下对别人生活羡慕嫉妒的眼光，放下内心的固执与较真。

2. 定义属于自己的生活

稚拙的文字仔细品味却是大道理，生活也是因人而异的，我的生活在你眼里并不一定是好的，你的生活我也不一定认同。很多时候我们并不快乐，那是因为我们总是与自己较真，没有按照自己喜欢的方式去生活，而是在不经意间迎合别人的要求，刻意改变，违背内心真实的想法，所以我们才会变得不快乐。所以，放下那些所谓的“标准意义的生活”，按照自己真实的想法去追求生活。我们应该记住，真正让自己快乐的是自己的内心而非别人的眼光。

有些坚持是无谓的

柏拉图曾说：“有些人的遗憾莫过于坚持了不该坚持的，而放弃了自己不该放弃的。”坚持，是一个鼓动人心的词，每每在我们不能继续的时候，头脑中就会冒出“坚持”这个字眼。但是，我们何曾想过，所有的坚持都有用吗？实际上，我们并不明白，有些坚持是无谓的，甚至，理智的放弃比无谓的坚持更明智。在生活中，有的人在坚持着，一直在坚持着，但他能坚持到什么时候，坚持为了什么，却不得而知。当我们的坚持已经达到一定限度的时候，事情的结果却不遂人愿，这时候我们就应该反思了：这样的坚持有用吗？是否是无谓的？如果坚持下去没有结果，那不妨选择放弃，另寻捷径，这样方能达到目的。凡事都坚持的人其实是钻牛角尖的人，他们对生活太过于较真、太固执，总是一条路走到黑，结果却是毫无所获。对此，在生

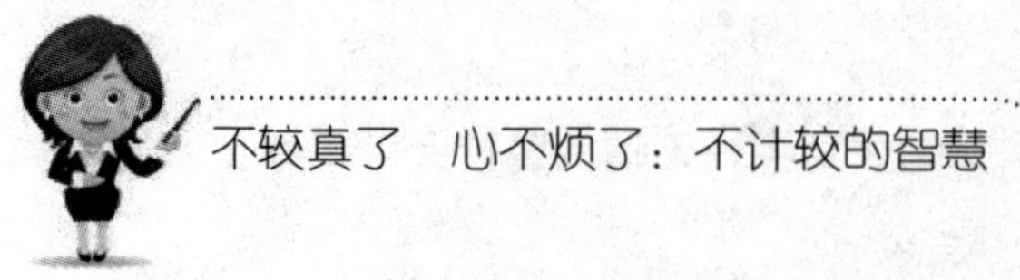

活中，我们要明白，有些坚持是无谓的，这样的坚持可以适可而止，不需要太过于执着。

马嘉鱼很漂亮，银色的皮肤，燕尾，大眼睛，平时生活在深海中，春夏之交溯流产卵，随着海潮游到浅海。渔人捕捉马嘉鱼的方法挺简单：用一个孔目粗疏的竹帘，下端系上铁浮，放入水中，由两只小艇拖着，拦截鱼群。

马嘉鱼的“个性”很强，不爱转弯，即使闯入罗网之中也不会停止，所以一只只“前赴后继”陷入竹帘孔中。孔收缩得越紧，马嘉鱼就越被激怒，瞪起眼睛，更加拼命往前冲，结果被牢牢卡死，为渔人所获。

在生活这张大网中，我们何尝不是那一只只马嘉鱼呢？我们一面抱怨人生之路越走越窄，看不到未来的希望，但另外一方面总是坚持一些无谓的东西，习惯在以前的老路上继续走下去，结果，我们有了跟马嘉鱼一样的命运。

2004年雅典奥运会，刘翔以12秒91的成绩夺冠，成为亚洲第一位田径直道项目奥运冠军。2007年国际田联大奖赛洛桑站，刘翔以12秒88的成绩打破世界纪录。大家都把目光关注在这个“飞人”身上，把所有的希冀都投向了2008年的北京奥运会。

然而，2008年8月18日，北京奥运会男子110米栏预赛，“飞人”刘翔在出场之后突然宣布退出比赛。作为卫冕冠军、中国田径最大夺金点，刘翔退赛令人唏嘘，人们无奈地看着那个一瘸一拐走出田径场的背影。在很多人看来，这个“黑色8.18”突如其来，因为一直以来人们看好刘翔卫冕成功。就在比赛前几天，还有关于他训练中跑出12秒80的传闻。

事实上，刘翔退赛并不突然，至少有一些先兆。从年初冬训，刘翔腿部肌肉就出现不适。经过一系列调整后，他参加了两站室外比

赛，都拿到冠军，但是成绩并不理想，最好的一次仅跑出13秒18。然而这两站比赛进一步加剧了刘翔腿部的不适，之后飞人放弃了美国的两站比赛。对于跨栏运动员来讲，臀大肌和起跨腿的脚踝是最容易受伤的地方，刘翔则因为踝伤上演了退赛一幕。应该说，这是刘翔近几年来成绩最糟糕的一年。不过，刘翔本人对于退赛看得很开，他说："每个人都会碰到挫折，只是我之前的道路都一直比较顺利，所以大家觉得比较严重。我觉得我很快就走了出来，人生总有起伏，不可能一帆风顺。"

虽然在万众瞩目的情况下宣布退赛，难免会让人扫兴，甚至有的人还发出了唏嘘之声。但是，如果当时的刘翔选择了继续坚持，那只会给自己的身体造成更大的伤害，或许我们就再也见不到"飞人"的光彩了。可见，他及时地做出退却是为了积蓄力量，修养身体，为下一次的比赛做好准备，这样一来，我们就很理解他当时的举动了。

1. 理智的放弃比无谓的坚持更明智

为什么说有些坚持是无谓的，那是因为继续坚持下去也不会有任何希望，只能是浪费更多的时间和精力。对于这样的坚持，就可以说是无谓的，面对这样的情况，当然理智的放弃才是最明智的选择。

2. 生活需要我们适时改变方向

不知道你有没有注意到我们脚下的马路，你是否观察到没有一条路的方向是既定不变的。在遇到高耸的山脉的时候，它也总是绕道而行，这样既节省了人力，而且也方便了人们；在不同的马路之间，总会有交叉的时候，那意味着你可以换一个方向。其实，这跟生活一样，也需要适时改变方向，这样我们才能找到生命最灿烂的美丽，才能展现出自我的价值。

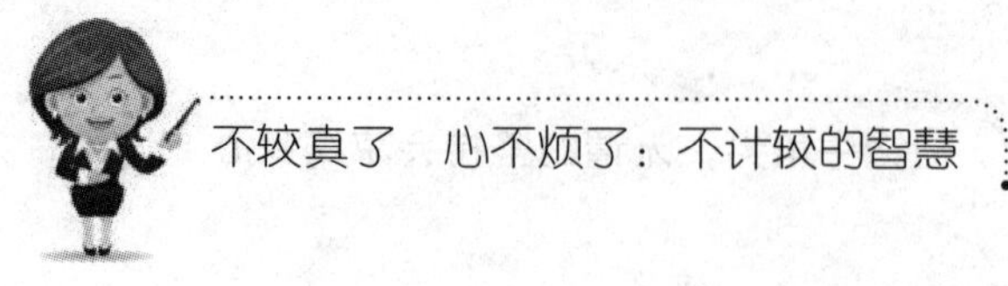

别钻死胡同，留出一个回旋的空间

从小，我们就知道这样一个道理：只有不断地前进才能获得成功。其实，生活本来就是起伏不定的，如果你一直向前走，不愿意留给自己一个回旋的空间，那很有可能会钻进一条死胡同，前方已经没有路，这样的情况是自然是难以成功的。不过，大多数人并不懂得这个道理，他们只会一个劲儿地向前冲，有一股头撞南墙也不回头的势头。虽然，我们欣赏这样的决心，但并不赞赏这样的行为。如果在前进的路途中，我们没能给自己留下一个回旋的空间，这就是犯了孤注一掷的错误，结局往往是悲惨的。人们总是觉得在前进时若是选择退却，那就意味着放弃，意味着软弱，意味着失败，实际上这样的理解是错误的。那些懂得适时回旋的人才能铸就人生的波澜起伏，才绽放了人生本来无尽的绚丽多彩。坚持是我们所需要的力量，但适时退却，为自己寻找一个回旋的空间也是人生中不可或缺的大智慧。

克里斯多夫·李维以主演《超人》而蜚声国际影坛，但就在1995年5月，在一场激烈的马术比赛中，他意外坠马，成了一个高位截瘫者。当他从昏迷中苏醒过来时对大家说的第一句话就是：让我早日解脱吧。出院后，为了让他散散心，舒缓肉体和精神的伤痛，家人推着轮椅上的他外出旅行。

有一次，汽车正穿行在蜿蜒曲折的盘山公路上，克里斯多夫静静地望着窗外。他发现，每当车子即将行驶到无路的关头时，路边都会出现一块交通指示牌：“前方转弯！”而转弯之后，前方照例又是柳暗花明，豁然开朗。山路弯弯，峰回路转，“前方转弯”几个大字一次次冲

击着他的眼球，他恍然大悟：原来，不是路已到尽头，而是该转弯了。他冲着妻子大喊："我要回去，我还有路要走！"

从此，他以轮椅代步，当起了导演，他首次执导的影片就荣获了金球奖。他还用牙咬着笔，开始了艰难的写作。他的第一部书《依然是我》一问世，就进入了畅销书排行榜。同时，他创立了一所瘫痪病人教育资源中心，他还四处奔走为残疾人的福利事业筹募善款。

美国《时代周刊》曾以《十年来，他依然是超人》为题报道了克里斯多夫·李维的事迹。在文章中，李维回顾他的心路历程时说：原来，不幸降临时，并不是路已到尽头，而是在提醒你该转弯了。

如果克里斯多夫·李维以"让我早日解脱"的信念生活，那估计他的余生会在抑郁中了结，那么这个世界上又缺少了一个好演员。当然，这只是如果，就好像克里斯多夫·李维自己所说："原来，当不幸降临时，并不是路已到尽头，而是在提醒你该转弯了。"当前面已经是死胡同了，为什么不选择退一步，给自己找一个休憩的地方呢？当自己重新燃起了信念之火，那我们又可以重新开辟出一条新的道路出来。

康多莉扎·赖斯，出生于1954年11月14日。小时候素有"神童"之誉的她，从小就跟着当小学音乐教师的母亲弹钢琴，4岁时就开了第一个独奏音乐会。她不但学习成绩极其出色，跳了两次级，而且还把网球和花样滑冰玩得特别出色。16岁时，赖斯进入丹佛大学音乐学院学习钢琴，她梦想成为职业钢琴家。她在音乐方面独具的天赋和他人难以企及的家学，让大家都相信过不了几年她就会成为乐坛翘楚。

可是，出人意料地是她打起了"退堂鼓"，开始了崭新梦想的破冰之旅。原来在著名的阿斯本音乐节上，她受到了打击。"我碰到了一些11岁的孩子们，他们只看一眼就能演奏那些我要练一年才能弹好的曲子，"她说，"我想我不可能有在卡内基大厅演奏的那一天了"。于

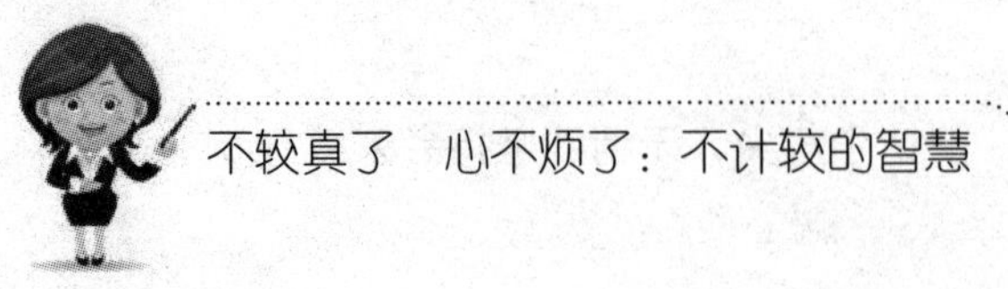

是，她开始重新设计自己的未来并发现了新的目标——国际政治。“这一课程拨动了我的心弦，”她说，“这就像恋爱一样……我无法解释，但它的确吸引着我”。她从此转而学习政治学和俄语，并找到了她一生追求的事业。

赖斯并没有追随儿时的梦想成为一名钢琴家，而是在大家都看好的情况下选择了“退却”，并开始了崭新梦想的破冰之旅。她发现了自己再坚持下去，难以取得超越别人的成就，所以，她果断地选择了放弃，不再固执。在一阵休憩之后，她重新设计了自己的未来，果然，她似乎更适合拼搏于政坛。如果不是当初她决然地舍弃，那么就不会有现在这样出色的政治家了。

1. 学会转弯

当发现前方已经是一条死胡同时，我们就要学会转弯。转弯并不是逃避，当这件事情失败了，那可以改做别的，这并不是说这个人没有毅力。正所谓“天生我材必有用”，东方不亮西方亮。闯入死胡同并不可怕，可怕的是你一直跟自己较真，这样就会因循守旧地继续失败。转弯是为了寻找更好的道路以便前行，而并非逃避。

2. 不要等头撞南墙才回头

有的人太固执，太较真，他们是不见棺材不掉泪，不撞南墙不回头。在人生旅途中，这样的人总会多走一些弯路，最后也难以获得成功。为什么一定要看到悲惨的结局才放弃呢？在生活中，不要太较真，理智地放弃才是最聪明的做法。当我们发现前方已经无路可走，就要学会退却，选择另外一条路，不要等自己撞得头破血流才放弃，这是相当愚蠢的。

适时地改变是智者的选择

懂得适时改变，这是智者的选择。莎士比亚曾说：“别让你的思想变成你的囚徒。”当一个人的思想已经禁锢的时候，他已经无法为自己寻找一条生路了。要想获得成功，我们就必须懂得适时改变，固步自封或一成不变只会将我们推向无法回头的境地。一艘在大海里航行的船只，如果它想要行驶到目的地，就应该懂得见风使舵。纵观世界万物，它们因为变通而赖以生存：为了适应大漠的风沙，仙人掌将叶子退化为刺；为了适应西北的狂风，胡杨扎根百米宽；为了适应海水的动荡，海带褪去了根须。

萧伯纳说：“明智的人使自己适应世界，而不明智的人只会坚持要世界适应自己。”懂得适时改变，实际上就是以变化自己为途径，我们改变不了处境，但却可以改变自己；即使改变不了过去，却可以改变现在。在通往成功的路上，我们没有必要那么较真，既然前面的路行不通，那就走路边的小径吧。适时改变并不是背叛“执著”，而是审时度势之后作出的正确选择。在前途茫然的时候，适时改变是一种理智；在误入歧途时，适时改变是一种智慧；在逆境中懂得适时改变，这是一种远离苦难的策略。

战国时期，有个秦国人名叫孙阳，他精通相马，无论什么样的马，孙阳能一眼分出优劣，人们都称他为“伯乐”。在经过多年的相马以后，孙阳将自己积累的经验和知识写成了一本书《相马经》。孙阳的儿子看了父亲的《相马经》，就拿着这本书到处去寻找好马，按照书里的特征，他在野外发现了一只癞蛤蟆，儿子觉得这与父亲所描写的千里马

的特征十分相似。于是，他兴奋地将癞蛤蟆带回家，对父亲说："我找到了一匹千里马，只是马蹄短了些。"孙阳一看，没想到儿子如此愚蠢，悲伤地叹息："所谓按图索骥也。"

"按图索骥"这个词语后用来讽刺那些拘泥不懂得改变的人。池田大作曾说："权宜变通是成功的秘诀，一成不变是失败的伙伴。"在战胜逆境的过程中，最重要的事情就是必须注意转弯。成功路上，需要我们的坚持到底，但若是遇到了挫折与困难，懂得转弯和改变也同样重要，千万不能食古不化，固执己见，否则只会让自己离成功的目标越来越远。

美国威克教授曾经做过一个有趣的实验：他把一些蜜蜂和苍蝇同时放进了一只平放的玻璃瓶里，瓶底对着有光的地方，瓶口则对着暗处。结果，那些蜜蜂拼命地朝着有光亮的地方挣扎，最终因力气衰竭而死，而那些到处乱窜的苍蝇竟然溜出了瓶口。对此，威克教授告诉我们："在充满不确定的环境中，有时我们需要的不是朝着既定方向的执着努力，而是在随机应变中寻找求生的路，不是对规则的遵循，而是对规则的突破。我们不能否认执著对人生的推动作用，但我们也应该看到，在一个经常变化的世界里，变通的行为比有序的衰亡要好得多。"

只知道不切实际坚持的蜜蜂最终走向了死亡，而懂得变通的苍蝇却生存了下来。执著与适时改变是两种人生态度，不能简单地说谁比谁更适合自己，但是，单纯的执著与改变都是不完美的，只有将两者结合起来才能达到成功。执著的精神令人敬佩，它可以使我们永远地坚持下去，如果这条路是正确的，那自然是最完美的结局；但是，如果这条路根本就是一条死路，无谓的坚持只会断送自己的美好前程，不妨适时变通，丢掉不切实际的坚持，变通将使我们受益匪浅。

Levie's品牌的创立，就来源于适时改变的智慧。威廉、约克和

李维相约去美国淘金，当他们到达目的地以后，却发现比金子更多的是淘金者。面对这样的情况，威廉决定还是去淘金，过着劳苦而贫困的生活；约克发现了废弃在沙土中的银，开始了自己冶银的事业，很快就成为了当地的富翁；李维决定卖耐磨的帆布裤，并借以改造，创造了牛仔裤，创立了世界名牌Levie's。灵活的变通，让约克和李维都获得了成功，只有威廉坚持不切实际的想法，最后成为一事无成的人。

1. 思想不能太顽固不化

爱默生说："宇宙万物中，没有一样东西像思想那样顽固。"假如我们总是以既定的思维做事，即使闯入了死胡同也要撞得头破血流，那么，最后我们将作茧自缚。思想太顽固，太过于较真，那我们最终所走向的是一条没有出路的死胡同。

2. 在逆境中，尤其需要懂得适时改变

一个人是否能够成功，关键在于自己的心态，认识自我，超越自我，但是不能脱离实际，必须以合情合理来确定自己的人生目标。一个人在面对困难时所坚持的信念，要远比任何事情都重要，因为信念将决定命运。身处逆境，我们要懂得适时改变，既有坚持，也需要适时放弃，因为做事灵活、懂得变通的人，总是能够赢得最后的成功。在逆境中，不切实际的坚持是愚蠢的，这样只会使自己在逆境中僵持得更久。所以，面对逆境，我们要懂得适时的改变，丢掉不切实际的坚持。

钻牛角尖的人就像陷入泥沼中

在生活中，我们经常会遇到一些喜欢钻牛角尖的人，俗语就是“喜欢抬杠”的人。在他们身上有一个特点，就是不论在什么场合、对什么人，都喜欢表现出与众不同，好像专门跟人作对似的，别人说东他偏说西，别人说南他偏说北，似乎总是喜欢跟别人对着干。从外在表现看，这样的人喜欢跟别人较真，其实，我们都忽视了，他们较真的对象是他自己。有朋友坦言：“我觉得自己心里似乎有一些问题，对于别人说的一些话，我总是喜欢抬杠，其实我心里也知道应该是这样的，但就是不由自主地想要反驳，甚至在这样的心理下做出一些愚蠢的行为来，到最后，连自己都觉得可笑。我就好像陷入了一个沼泽地，越是较真，身子越是往下深陷，越是挣扎，越是痛苦，我也不知道自己究竟是怎么了。”其实，有这样特点的就是明显爱钻牛角尖的人，他们总是想表现得与众不同，因此屡屡与自己较真，但最终痛苦的也是他自己。

尽管，这些喜欢钻牛角尖的人都比较聪明，反应也比较快，而且还掌握了一定的知识，否则他不能那么及时地反驳别人，也一下子说不出那么多的事例来。但这样的人并没有多么高深的学问，他所掌握的一些东西都是为了满足自己的一种特殊心理需求。不管别人说什么、做什么，他都会找出一些事例来反驳，似乎，他不证明自己是对的就不会罢休，不把别人说得无话可说就觉得不舒服，不占上风就觉得不痛快，不把别人噎得上不来气就不高兴。当然，不管是说话还是做事，他们都是典型的喜欢较真的人，其实他们自己也知道这样的习惯不好，常常会让

自己成为大家讨厌的对象，但却总是身不由己。

老李是一个爱钻牛角尖的人，别人说东他偏要说西。比如，别人说抽烟喝酒多了不好，对身体有害，他就会说："某某某只喝酒不抽烟，只活了70多岁；某某某只抽烟不喝酒，活了80多岁；某某某又抽烟又喝酒，活了90多岁；有的人吃喝嫖赌样样通，结果活了100多岁。"别人说做人要讲道德，要有良心，他就会反驳说："良心多少钱一斤？杀人放火有马骑，烧香磕头受人欺。"如果别人说谨慎做人，小心做事，他就会说："撑死胆大的，饿死胆小的，宁愿被撑死，也不能做个饿死鬼。"别人说要尊老爱幼，他就会说："那些丧尽天良的父母应该尊重吗？"不管别人说什么，他都会找出一些例子来反驳。别人明明说的是普遍现象，他就会找出一些个别的事例来对付你；别人如果说已经成为事实的例子，他就会找出一些可能发生的事情对付你。

老李的钻牛角尖不仅仅表现在说话上，还表现在做事上。最近，老李打算自己创业，他去银行取了家里的所有积蓄，打算南下贩货回家乡小镇上卖。临行之前，老朋友老张过来拜访，见到老朋友，老李饶有兴致地说了自己的计划，老张有些担心地问："你就这样冒冒失失地去吗？我觉得你应该事先做好市场调查，看哪些货在老家比较受欢迎，然后再看南方那边的货是怎么批发的，以便能拿到最低的批发价格，这样才能确保万无一失。"老李的固执劲儿又上来了："谁说一定要这样做，兴许这次上天一定会让我赢呢？你就在家里等着我发财回来吧。"老李说走就走，也不顾家人朋友的阻拦，结果是可以想象的，他惨败而归。这次他总算意识到了自己爱钻牛角尖的习性不好，但总是改不掉，就好像陷入一个泥沼中一样。

无论说话还是做事，老李都是一股子的牛脾气，喜欢钻牛角尖。别人说的话，他偏要反驳；别人的建议，他偏不听；别人说的措施，他偏

偏不去做。虽然，在很多时候，他自己也清楚什么样的才是正确的，但就是不肯放下内心的较真劲儿，别人越是反对的事情，他越是要去干，直到失败了才知道回头。

1. 听从内心的声音

在生活中，我们大多数人都会犯“钻牛角尖”的错误，只是程度上会有差异。当听到别人说什么、做什么的时候，为了表现自己，我们总是会违背内心的声音，去做一些反对别人的事情。可难道这样我们心里就会得到满足吗？我们所面对的是别人不理解的眼光和内心的痛苦。因此，应放下内心的固执，学会听从内心的声音。

2. 虚心听听别人的意见

喜欢钻牛角尖的人是比较自我的，他们总是觉得自己的想法才是对的，而别人的想法却有那么一点点不完美。有时候，即便别人所说的方法是可行的，他也会从中挑出一些毛病。对此，在生活中，我们要学会听听别人的意见，以虚心的态度接纳别人的意见，这样我们才能不被自己内心的固执所累。

跳出框框让人生变得更有延展度

一个人抓了一对跳蚤，放在一个木头箱里。开始的时候，跳蚤不断地往上跳，但多次撞到盖子之后，跳蚤再也不敢往上跳了，它们只好在箱子中间跳，因为它们认为，往上跳就会碰到头。后来，这个人把箱子的盖子拿开之后，跳蚤虽然可以轻而易举地跳出来，但它们依然在箱子中间跳，始终跳不出来。在生活中，很多人跟这些跳蚤一样，总是生活在这样的框框之中。有的人活在“年龄”这个框框中：

“我太年轻了，没有经验，不能成功”、“我太老了，已经没有力量去拼搏了”。其实，这些人之所以得到了一个毫无生气的人生，原因在于他们没能跳出固定的框框。还有的人活在能力的框框中，他们总是对自己说：“我没有这个能力，没有那个能力，所以我不能做到。”有的人活在性别的框框中，总是对自己说：“我是女人，不像男人可以做事业，所以我做不到。”有的人活在过去的经验中，总对自己说：“因我以前失败过。”如果我们对自己的人生某些地方不满意，那一定是有某些框框限制了自己的行动，只有跳出框框，不再较真，才能延展人生的宽度。

王国维在《人间词话》里说：“诗人对于宇宙，须入乎其内，又须出乎其外。入乎其内，故能写之。出乎其外，故能观之。入乎其内，故有生气。出乎其外，故有高致。”这几句简单的话给予了我们最好的启示：不管是做人还是做事，都需要懂得创新，不能太死板，也不能拘泥于某个地方，而是要跳出这个框框，让人生变得更有延展度。在现实生活中，我们在处理一些问题的时候，绝大多数人都习惯性地按照常规思维去思考，总是因循守旧，由于不懂得变通，所以最终不得不走向失败。如果我们能大胆地跳出这个框框，那么就会发现在“山重水复疑无路”之后，就会迎来“柳暗花明又一村”的境况。

章鱼的体重可达几十公斤，但它的整个身体却非常柔软，柔软到几乎可以将自己挤进任何一个想去的地方，它竟然可以穿过一个银币大小的洞。因而，一些渔民掌握住了章鱼的这一特点，便将小瓶子用绳子串在一起沉入海底。章鱼一看见小瓶子，都争先恐后地往里钻，不管这个瓶子有多么小、多么窄。

结果，这些在海洋里横行霸道的章鱼，就成了瓶子里的囚徒，成为了渔民的猎物，最后成为了人们餐桌上的一道美味。

整个海洋异常宽阔，但章鱼却偏偏要向一个瓶子里钻，最终丢掉

了自己的性命。也许，你会嘲笑章鱼的愚笨，但实际上，生活中的我们在很多时候都成为了这条章鱼，不懂得跳出思维的框框，导致了最后的失败。

王先生在二十岁左右的时候，他梦想着自己成为一个培训师，但想到自己才二十岁，怎么可能成功呢？他认为至少要四十岁以上才有人听自己演讲。由于这样一直给自己设定框框，他一直没有成为一个培训师。等到自己到了四十岁的时候，才发现时间是不等人的。这时王先生决定跳出“年龄”这个框框，大胆突破，以个人的经历进行职业生涯规划的培训并巡回演讲，开发出自己的潜能，改变了人生。

有一次，王先生在一个单位进行一个商务礼仪方面的培训，一位姓刘的学员听他讲课。他问王先生：“老师，我的梦想也是当培训师，但是我做不到。”王先生问道：“为什么？”那位学员回答说：“因为我刚二十岁，你们这些培训师都四十岁了，有经验，经历丰富，我是不是年纪太小了？”王先生说：“其实是你把自己设在框框当中，跳不出框框，也就达不到自己所想要的结果。你年轻充满活力与朝气，这就是优势，世界第一名演说家安东尼罗宾二十三岁就成功了。”后来，经过王先生对那位学员的指导，他不但跳出了年龄的框框，而且很快开始行动，现在已经是一位管理顾问公司的负责人了。听到这样的消息，王先生对那位学员跳出框框之后的成长感到很欣慰。

每一个平凡人的成功，都源于他们能够勇于突破框框，向原本认为自己不能做的事情挑战，这样才有了登峰造极的机会。其实，每一个人在生命的旅程当中都有一些框框，那些框框就好像一条绳子，紧紧地禁锢着我们自由的心灵。因为固执、较真，我们总不愿意自己跳出框框，所以才造就了失败的命运。

1. 跳出框框的指南写在框框以外

框框，它会扼杀创造性思维、解决方案和创造力，它是外部环境强

加给我们的。一位禅宗老师说：“跳出框框的指南就写在框框之外。”有时候，束缚我们的框框是我们自己创造的，在这个世界上，也只有我们自己才有力量挣脱束缚，给心灵一个自由的空间。

2. 相信自己

那些不敢跳出框框、在框框里徘徊的人，其实大多都是比较自卑的人，他们不愿意相信自己有能力去做成一些事情。在内心深处，他们是自卑的，因此，他们只能在框框里忍受被禁锢的痛苦，却没勇气跳出框框。当然，跳出框框的勇气来源于自信，只有充分地相信自己，才有力量和决心来跳出框框，否则，我们只会终生徘徊在框框里。

[第 2 章]

给他人留条路，实则是给自己留余地

俗话说：“利不可赚尽，福不可享尽，势不可用尽。”给他人留条路，实则就是给自己留余地。在生活中，如果我们凡事较真到底，不给别人留后路，企图赶尽杀绝，那实际上也是把自己逼近了死胡同。因此，不管是说话还是做事，都需要给别人留条路，给自己留点余地，以备不时之需。

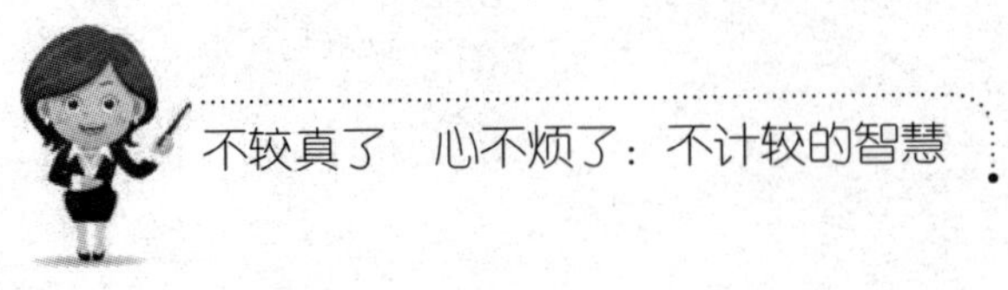

凡事让人三分，学会尊重每一个人

人生犹如走路，我们总会遇到道路狭窄的地方，这时最好选择停下来，让别人先走，凡事让人三分，我们对生活就不会有那么多的抱怨了。即便终其一生让步，也不过百步而已，对人生能造成多大的影响呢？你让他人三分，对方会心存感激，同样也会让你一步，而这一步有可能会帮助我们走向成功之路。相反，如果我们处处不懂得让步，事事较真，别人就会心怀怨恨，就会想方设法阻碍我们进步，那即便前方是一条大路，也会充满艰难险阻。正所谓“得饶人处且饶人”。有些人无理争三分，得理不让人；有些人真理在握，得理也让人三分。前者往往是生活中不安定的因素，而后者则具有一种天然的向心力。如果我们成为了别人讨厌的人，那一定是因为我们身上有让人讨厌的特质；别人愿意和我们在一起，那一定是因为我们有值得亲近的特质。所以，在发生冲突和矛盾的时候，不要一味地较真到底，而是懂得让人三分，反省自己的言行是否有不妥的地方，是否对别人造成伤害。经常反省自己，适时给别人留条后路，其实也是在为自己留余地。

小王今年十八岁，在暑假期间，他随着妈妈一起去市场买鱼，女摊主缺斤少两，在秤头上做了一些手脚，多收了他妈妈一元钱。就在妈妈与女摊主理论的时候，小王飞起一脚，将对方的脾脏踢破裂，致使对方被迫进行脾脏切除术。最后，一时冲动的小王锒铛入狱，因为

故意伤害罪被判处有期徒刑5年，刚刚接到的大学通知书也只得束之高阁，大好前程被葬送，同时，他父母还赔偿了对方两万元的手术以及营养费用。

小王最后的结局在于他太较真，不懂给对方留条后路，不懂得忍耐，最后因为一元钱的失利而引发了一场悲剧。如果在当时，小王能够多忍耐，想到为那位女摊主留一条后路，那无疑也是为自己留了余地，那么事情肯定不会发展到最后的惨痛局面。

从前，有相邻的两户人家，一家在外地做官，另一家是本城的商贾。两家都在建房子，房子建得差不多了，在砌围墙时，双方为地界发生了争议，吵得不可开交，闹到最终，“鸡犬相闻，老死不相往来”。为了区区三尺地，无论是官宦人家还是商贾大户各不相让。做官的那一家，拿出杀手锏——连忙去信给官人告状。没隔多久，官人来了回信，信上说：“来信为争三尺房，让他三尺又何妨，万里长城今犹在，不见当年秦始皇。”

官家看完信后，顿时恍然大悟：为了三尺地既伤了两家的和气，又气坏了自己的身体，实在是不值，立即主动把墙退后三尺。对面那一商家，看到此景，深受感动，也在原地界退后三尺砌上围墙。这两道围墙中间形成一条巷子，后人就给这条巷子取名为“六尺巷”。

让他三尺又何妨呢？为了三尺地既伤了两家的和气，又气坏了自己的身体，实在是不值，不妨主动让步，把墙退后三尺。这样对面商家看见了，深受感动，也让出三尺。于是，这两家之间竟然空出了六尺宽的巷子。原来，我们在让别人三分的同时，也为自己赢得了更宽的道路，这何尝不是一件美事呢？

在生活中，做事应该让人三分，不可把事情做绝。人生在世，不能一条路走到黑，认死理，而是应该学会让步，适时采取圆融变通的方法随机应变，以便有足够的条件和回旋的余地。世界上的事情是复杂多

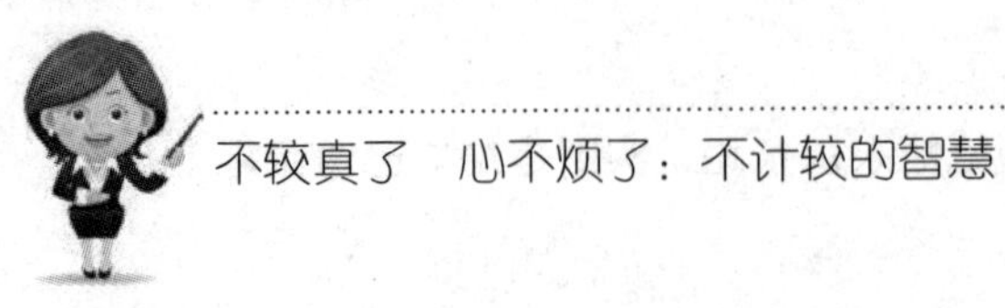

变的，任何人都不应该心存侥幸，不能凭着较真的心态而让别人无路可走，而是要学会尊重每一个人，给对方留一条后路。千万不要以为这是对别人的施恩，因为你在给予对方一条后路的同时，其实也是为自己留了一个回旋的余地。

1. 不较真，其实就是给自己留后路

古人云："处事须留余地，责善切戒尽言。"做任何事情，进一步，应让三分。如果凡事都较真，势必让对方无路可走，这样也会给自己日后的生活带来无尽的烦恼。人生在世，千万不可使某一事物沿着某一固定的方向发展到极端，留有余地，就是不把事情做绝，不把事情做到极点，这样于人于己都是最好的。

2. 让三分，留余地

《菜根谭》曰："滋味浓时，减三分让人食；路径窄处，留一步与人行。"留人宽绰，于己宽绰；与人方便，于己方便，这就是古人总结出来的处世秘诀。给自己留余地，有进有退，进退自如，以后更能机动灵活地处理事物，解决复杂多变的社会问题；给别人留余地，也就是说，无论在什么情况下，也不要将别人推向绝路，不可逼人于死地，这样会让对方做出极端的反抗，这样一来，事情的结果对双方都没有好处。

不要把话说绝，为他人和自己留点"口德"

有一位年轻人与同事之间有了点摩擦，闹得很不愉快，他便对同事说："从今天起，我们断绝所有关系，彼此毫无瓜葛。"没想到，这话说完不到两个月，这位同事就成为了他的上司。年轻人因说话太绝很尴

尬，只好辞职，另谋他就。在生活中，凡事总会有意外，说话留点余地就是为了容纳那些“意外”。杯子留有空间，就不会因为加进其他的液体而溢出来；气球留有空间，便不会爆炸；一个人说话为他人和自己留点口德，便不会因意外的出现而下不了台，从而可以进退自如。中国有句古话：“说话留一线，今后好见面。”把话说得太绝对、太较真，我们自己便失去了回旋的余地。没有了回旋的余地，自己的思维便会被束缚，从而一事无成。换而言之，说话留点口德，那是为了自己能更好地发挥。

在生活中，我们既是生在社会，也是长在社会，我们是具备一定的社会性的。说到底，人生就是一个与他人周旋的过程，假如我们说话太不到位，说得太绝对了，自己就会处于被动局面。很多时候，生活中的尴尬与难堪往往是因为话说得太绝而造成的，对我们而言，凡事多一些考虑，留有余地，总能给自己留条后路。这样的一条准则在外交辞令中是常见的。我们若是仔细观察，就会发现每个外交部发言人从来都不会说绝对的话，他们通常会说“可能，也许”，要么就是含糊其辞，以便一旦发生变故，可以有回旋的余地。当我们在说话的时候，要提醒自己给他人或自己留有余地，使自己可进可退。就好像在战场上一样，进可攻，退可守，这样有了牢固的后方，就可以出击对方，还能够及时地退回，使自己居于主动的位置。

林肯在年轻时不仅喜欢评论是非，而且还经常写诗讽刺别人。在伊利诺伊州当见习律师的时候，林肯仍然喜欢在报上抨击反对者。1842年，他再一次写文章讽刺了一位自视甚高的政客詹姆士·席尔斯。林肯在《春田H报》上发表了一封引起全镇哄然的匿名信嘲弄席尔斯，使他被人们引为笑料。自负而敏感的席尔斯当然愤怒不已，他努力找出了写信的人，他派人跟踪林肯，并下战书要求决斗。林肯虽然能写诗作文，却不善打斗。无奈，迫于情势和为了维护尊严，林肯只得接受挑战。到了约

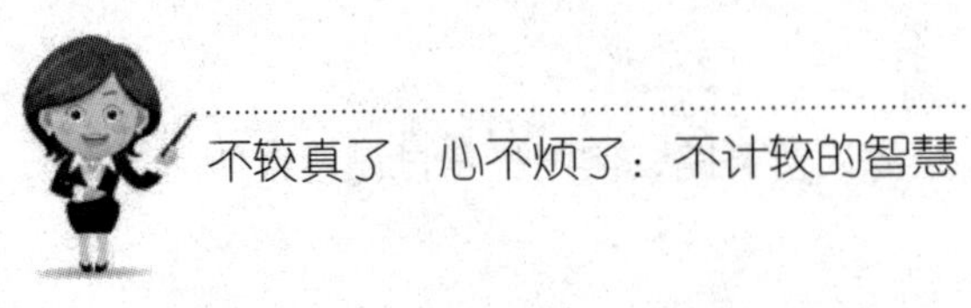

定的那天，林肯和席尔斯在密西西比河岸见面，准备一决生死，幸好这时有人挺身而出，阻止了他们的决斗。

通过这件事，林肯吸取了教训，此后，他说话小心谨慎，懂得为对方留有余地。这个人生中的小插曲可以说为他后来成为永垂青史的伟大总统奠定了基础。

在说话时，即便是我们绝对有把握的事情，也不要把话说得太绝对，因为绝对的东西容易让他人挑刺。而现实情况是，假如对方真的有意挑刺，那还真的能从里面挑出毛病来。因此，与其给别人一个挑刺的借口，还不如自己把话说得委婉一点。因为假如我们不把话说得绝对，我们还可以在更为广阔的空间与对方周旋。

服务员小王发现客人张先生结账之后仍然住在房间，而这位张先生又是经理的亲戚，怎么办呢？如果直接去问张先生什么时候离开，这样显得很不礼貌。但如果不问，又怕张先生赖账。于是，善于说话的小王敲开了张先生的房间："您好！您是张先生吗？"张先生回答说："是啊！您是？"小王面带微笑回答说："我是服务员小王，您来了几天了，我们还没有来得及去看您，真是不好意思，听说您前几天身上不舒服，现在好点了吗？"张先生回答说："谢谢您的关心，好多了。"小王试探性地问道："听说您昨天已经结账，今天没走成，这几天天气不好，是不是飞机取消了？您看我们能为您做点什么。"张先生面带歉意地说："非常感谢！昨晚结账是因为我的表哥今天要返回，我不想账积得太多，先结一次也好。医生说，我的病还需要观察一段时间。"小王松了一口气："张先生，您不要客气，有什么事情尽管吩咐我们好了。"张先生回答说："谢谢！有事我一定找你们。"

在这个案例中，小王去找张先生谈话，目的是弄明白他到底是走还是不走。但这个问题不好开口，搞不好还会得罪张先生，甚至得罪经理。但小王说话非常圆滑，先是寒暄几句，然后问张先生需要什么

样的帮助，很关心的样子，使得张先生很感动，不自觉说出了原因。如此一来，小王回旋的余地就很大，她可以当做什么事情都没有，然后巧妙告别。

1. 话不能太绝对

对于绝对的东西，人们心理总会有一种排斥感，比如，当我们较真地说“事实完全就是这个样子”，这时别人会反驳：“难道一点儿也不差？”假如连我们自己都还没有彻底弄清楚的时候，或者仅仅是代表个人看法，那更不要用那些绝对的字眼，这样会因为我们的绝对化而引起别人的怀疑，甚至引起他人的反感。

2. 不能把话说过了头

任何人和事物都有存在的道理，说话时若是违背了常理，那就会给别人留下把柄。因此，说话时不要把话说过了头，不能太较真，否则会引起对方的不快，在这样的情绪下，他势必会找理由反驳你。

别把事做绝，给对方留出余地

凡事给别人留余地，就是不要断尽别人的路，不让别人为难，这是让三分、留余地的妙处，也是处世交往的良方。凡事有因必有果，有果必有因，天网疏散是因为上天有好生之德，给人改过自新的机会，因此才有这句话“穷寇莫追”。在生活中，我们别把事情做得太绝，给人留余地其实也是在给自己留后路。这是进退自如的姿势，是收放从容的心态，更是处世的智慧与哲学。不给别人留退路，堵塞退路，这就好比棋的僵局，即便没有输，也无法再走下去了。在别人已经没有了退路的时候，我们应该援手相助，决不能将事情做绝。一位企业家朋友，在市场不景气的时候，许多人纷纷劝诫以减薪和裁员来共渡难关，但这位企业家坚持说："裁员是企业经营不善的决策，对员工而言却是影响一生的问题。"结果，该企业家未裁减一人，当市场稍微好转之后，这家企业重振旗鼓，员工们以百倍的热情投入到了工作中，企业更是蒸蒸日上。留条后路给别人，就是给自己留了条后路。

有一天，狼发现山脚下有个洞，各种动物由此通过。狼十分高兴，它想：守住山洞就可以捕获到各种猎物。于是，它堵上了洞的另一端，就等动物们来送死。

第一天，来了一只羊，狼追上前去，羊拼命地逃跑。突然，羊找到了一个可以逃生的小洞，从小洞慌忙逃窜。狼气急败坏地堵上了这个小洞，心想，再也不会功败垂成了吧。

第二天，来了一只兔子，狼奋力追捕，结果，兔子从小洞侧面更小一点儿的洞里逃生。于是，狼把类似大小的洞全部堵上。狼心想，这下万无一失了，别说羊，与兔子大小接近的狐狸、鸡、鸭等小动物也跑不了的。

第三天，来了一只松鼠，狼飞奔过去，追得松鼠上蹿下跳。最终，松鼠从洞顶上的一个小道跑掉。狼十分气愤，于是，它堵塞了山洞里所有的窟窿，把整个山洞堵得水泄不通，狼对自己的措施非常得意。

第四天，来了一只老虎，狼吓坏了，拔腿就跑。老虎穷追不舍，狼在山洞里跑来跑去，由于没有出口，无法逃脱，最终，这只狼被老虎吃掉了。

这个寓言故事中，狼为了捕获各种动物，把这个洞里除洞口以外的所有通道都封死了，却不料将自己也陷入了万劫不复之地，成为了老虎的口中猎物。在人与人的交往中，有的人为了自己而对别人不管不顾，甚至在别人身处逆境时落井下石，这样的做法是极其愚蠢的，因为一个人再成功，也不能保证自己就没有落难的时候，你把事情做绝了，到时

谁会向你伸出援助之手呢？

宋代的吕蒙正胸怀宽广，气量宏大，很有大将的风度。每当自己遇到与人意见相左的时候，他必定以委曲婉转的比喻来晓之以理，动之以情，对此，深得皇帝的信任。

吕蒙正初次进入朝廷的时候，有一个官员指着他说："这个人也能当参政吗？"吕蒙正假装没听见，付之一笑。他的同伴却为此愤愤不平，质问那个官员叫什么名字。吕蒙正马上制止他们说："一旦知道了他的名字，就一辈子也忘不了，不如不知道的好。"当时在朝的官员对他的豁达大度深感敬佩，后来，那个官员亲自到他家里致歉，并结为好友，互相扶持。

吕蒙正这样的处世是颇具智慧的。为人处世，留有余地，这是一种君子风度，可以显示出一个人博大的胸襟和深厚的修养。所谓强中自有强中手，事态的发展往往会有不测风云，因此，做事要留有余地，这样才会让你在人际交往中进退自如。

1. 别较真，学会留有余地

雕刻人像的时候，鼻尖先留高一点，不像的话再慢慢消减，这是留有余地；做菜时先少放一点盐，不够再添，这是留有余地；新买的裤子，因为太长而穿不了，去裁的时候叮嘱裁缝少剪点，以免剪短了不合穿，这就是留有余地。在生活中，不要较真，不要把事情做绝，于情不偏激，于理不过头，这样才能处变不惊，游刃有余。

2. 给人方便，自己方便

给别人方便，其实就是给自己方便，做事不能太绝，而是需要留后路。如果做人做得太绝，即使遇到了困难也不会有人怜惜自己，他们会认为这是咎由自取，这无形中就把自己逼进了死胡同，到时候恐怕连退路都没有了。

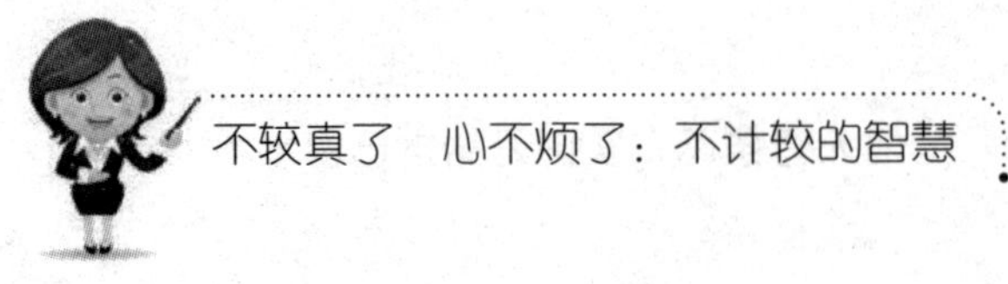

放下一己私利，为他人多想几分

有时候，成全他人就是在成全自己。大凡有智慧的人都有成全他人的美德，绝对不会做那些损人利己的事情，因为他们清楚，损人的事情未必会利己，不如放下自己的私利，多为别人着想。不可否认，每个人都是有私心的，每个人都希望能满足一己私利，对于别人的利益则是采取漠不关心的态度。不过，在人际交往中，如果我们为了追求个人利益而对别人不管不顾，甚至想着去抢占别人的利益，这样的做法是相当愚蠢的。当你抢夺了大量利益的同时，其实也将自己置身于一个四面楚歌的境地。所谓“得人心者得天下”，当你为了自己的私人利益，不惜去堵住别人前进的路，在众人眼中，你不过是一个只懂得追求私利的人。他们损失了一些利益并没有关系，但你最后的结局一定是悲惨的。因为一个再优秀的人，他也会有落魄的时候，到那时候，那些被自己因私利而伤害过的人，只会袖手旁观，而不会伸出援助之手。

在一个茫茫沙漠的两边，有两个村庄。从一个村庄到另外一个村庄，假如绕过沙漠走，至少需要马不停蹄地走上二十多天；假如横穿沙漠，那只需要三天就可以抵达。但横穿沙漠实在太危险了，很多人试图横穿沙漠，结果无一生还。

有一天，一位智者路过这里，让村里人找了几万株胡杨树苗，每半里一棵，从这个村庄一直栽到了沙漠那端的村庄。智者告诉大家说：“假如这些胡杨有幸成活了，你们可以沿着胡杨树来来往往；假如没有成活，那么每一个走路的人经过时，要将枯树苗拔一拔，插一插，以免被流沙给淹没了。”果然，这些胡杨栽进沙漠后，很快就全

部被烈日烤死了，成了路标。沿着路标，在这条路上大家平平安安地走了几十年。

有一年夏天，村里来了一个僧人，他坚持要一个人走到对面的村庄化缘。大家告诉他说：“你经过沙漠之路的时候，遇到要倒的路标一定要向下再插深一些，遇到要被淹没的路标，一定要将它向上拔一拔。”

僧人点头答应了，然后就带了一皮袋的水和一些干粮上路了。他走啊走啊，走得两腿酸累，浑身乏力，一双草鞋很快就被磨穿了，但眼前依旧是茫茫黄沙。遇到一些就要被尘沙彻底淹没的路标，这个僧人想：反正我就走这一次，淹没就淹没吧。他没有伸出手去将这些路标向上拔一拔，也没有伸出手去将那些被风暴卷得摇摇欲倒的路标，向下插一插。

然而，就在僧人走到沙漠深处时，寂静的沙漠突然飞沙走石，有些路标被淹没在厚厚的流沙里，有些路标被风暴卷走了，没有了踪影。这个僧人像没头苍蝇似的，怎么也走不出这个沙漠。在气息奄奄的那一刻，僧人很懊恼：假如自己能按照大家吩咐的那样去做，那么即使没有了进路，还可以拥有一条平平安安的退路啊！

当我们放下一己私利，为他人着想的时候，其实也是为自己留了条后路。试想，当我们舍去自己的私人利益，全心全意为别人着想的时候，定然会赢得别人的信任以及感激，一旦我们自己有了困难，肯定也能受到别人慷慨解囊的帮助。

印度伟人甘地，有一次乘火车，他的一只鞋子掉到了铁轨旁，此时火车已开动，再下去已没有可能。于是甘地急忙地把还穿在脚上的另一只鞋子也脱下扔到第一只鞋子旁边，这才回到自己的座位上。

同行人不解地问甘地为什么这样做，甘地认真地说：“这样一来，路过铁轨旁的穷人就能得到一双鞋子。”

甘地遇事考虑更多的不是自己的处境，而是别人。掉了一只鞋子

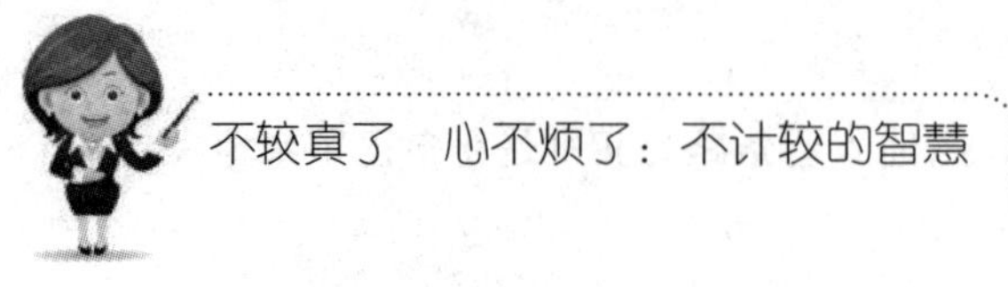

后，他想到的却是，只有两只鞋子才能成双，也才能被人利用，这在一般人看来，简直就不可思议。但正是甘地懂得处处为他人着想，因此才走到了印度领袖的位置，这也是他的过人之处。

1. 不要为一己私利而较真

对于自己的一点私人利益，不要较真，而是要学会释怀。我们应该明白，获得了再多的利益也比不上人际交往中所获得的真诚相待，当我们为了私人利益而不顾别人的死活时，不仅让别人对我们心生厌恶，而我们自身也会寝食难安。因此，千万不要为一己私利而较真。

2. 学会换位思考

当别人遭遇挫折或困难的时候，我们要学会换位思考，多为别人着想。假如对方需要帮助，我们应该向其伸出援助之手，帮助其渡过困难，即便牺牲一点自己的私人利益，那也是值得的，因为我们换来了真诚的友谊。

学会原谅，不要抓住别人的错误不放

在生活中，我们要学会原谅，而不是紧紧抓住别人的错误不放。你原谅了别人，其实就是给自己留下一片海阔天空。面对他人的错误，如果我们选择了生气、较真，甚至是仇恨，那么，有可能我们之后的生活将在愤怒中度过，这是因为我们的内心始终得不到解脱，会变得十分沉重、压抑而郁闷，生活便每天都充满了痛苦。相反，如果我们选择了原谅，放弃了内心的愤怒，那么，既宽待了他人，同时我们的心灵也得到了解放，从而收获一份心灵的感动。所以，原谅犹如一枚解药，放过了他人，同时，我们自己也获得了解脱。原谅别人就是对自己的宽容，一

个人若总是处处较真，那他是没办法获得好心情的。不较真了，心情也好了，这对自己何尝不是一种宽容呢？

有一天，发明大王爱迪生和他的助手辛辛苦苦工作了一天一夜，终于做出了一个电灯泡。他们非常珍惜这个成果，就叫来一个年轻的学徒，让他把这个灯泡拿到楼上的实验室好好保存。这名学徒知道这是个重要的东西，心里非常紧张，结果在上楼的时候，不住地哆嗦，一下子摔倒了，把电灯泡摔得粉碎。爱迪生感到非常惋惜，但没有责罚这名学徒。过了几天，爱迪生和他的助手又用了一天一夜制作了一个电灯泡，做完后，爱迪生想也没想，仍然叫来那名学徒，让他送到楼上。这一次，什么事也没有发生，这个学徒安安稳稳地把灯泡拿到了楼上。事后，爱迪生的助手埋怨他说："原谅他就够了，你何必再把灯泡交给他呢，万一又摔在地上怎么办？"爱迪生回答："我这是在教导他，原谅不是光靠嘴巴说说的，而是要靠做的。"

试想，如果爱迪生是一个较真的人，他早就火冒三丈，开始怒骂那位学徒，甚至，会选择开除对方作为一定的惩罚。有的人太过于较真，特别是自己的利益遭受到一定损失的时候，他的情绪就会一下子失控，恨不得马上将自己的利益抢回来，自然他们对犯错者也是毫不留情面的，这样很容易就会使双方之间产生矛盾和冲突。

在一次战斗后，只剩下两名战士，他们与大部队失去了联系。有缘的是，这两人来自同一个小镇，而且，还是一对好朋友。他们在森林中艰难跋涉，互相安慰，可是，十多天过去了，他们仍然没有与大部队联系上。有一天，他们打死了一只鹿，凭着鹿肉艰难地度过了几天。在之后的几天里，他们继续前行，但再也没看到任何动物，只剩下一点鹿肉。

这一天，两名战士在森林中与敌人相遇，经过一场激战，两人巧妙地避开了敌人。就在他们脱离了危险的时候，枪声却响了。走在前面那个年轻战士中了一枪，幸运的是伤在了肩膀上。后面的那位士兵惶恐不安地跑过来，他害怕得语无伦次，抱着年轻战士的身体泪流不止，赶快撕下自己的衬衣将战友的伤口包扎好。那天晚上，没有受伤的战士一直念叨着母亲的名字，他们都认为自己熬不过这一关了。但是，尽管他们十分饥饿，但谁也没有动那仅存的鹿肉。幸运的是，第二天大部队救出了他们。

这是一个发生在“二战”时期的故事，故事虽然讲完了，但是，事情还没有结束。三十年过去了，那位曾受伤的战士坦言：“我知道是谁开的那一枪，他就是我的战友，当时在他抱住我时，我感觉到他的枪管是热的，令我感到疑惑的是，他为什么对我开枪？但是，当天晚上我就原谅了他，我知道他想独吞那点鹿肉，我知道他想为了母亲而活下来。于是，我假装根本不知道这件事，也从来不提起这件事。战争还没有结束，他的母亲就去世了，我们一起祭奠了她。在那一天，战友跪下来，请求我原谅他，我没有让他继续说下去，我们继续做了几十年的朋友，我原谅了他。”

1. 较真只会让自己更痛苦

当别人无意中犯了错误，我们所能做的最好选择就是原谅。在生活中，有的人喜欢较真，即便错误已经发生了，他们还会一遍遍地在别人面前强调这是错误的，在这个过程中，不仅他自己变得异常痛苦，同时还会让对方有受侮辱的感觉。假如对方已经开始反省，你若一再地较真，只会让他终止反省的行为，而对你心生厌恶。

2. 原谅对自己而言是一种解脱

我们经常看到有的人难以原谅朋友的过错，结果他一直对那件事耿耿于怀，即便在多年以后，他内心还是有一个疙瘩。其实，这么多年来，痛苦的不过是他自己，那位朋友估计早就忘记了。对此，原谅别人的错误，对自己而言是一种解脱。

给别人留面子就是给自己留出路

在生活中，每个人都有争强好胜的习惯，因此大多数人总想比别人站得高一点，其实这是做人的大忌。有些人懂得在恰当的时机保住别人的面子，因为他们明白，给别人留面子就是给自己留出路。“面子”是一件很重要的事情，所谓“士可杀，不可辱”就是这样一个道理，在有些交际场合，面子甚至比生命还重要。人际交往最重要的是“和”，和气才能生财；经商讲究“通”，路子通了才能财源广进。假如你处处不给别人留面子，别人就会对你心存怨恨，也不会顾及到你的情面，暗中堵了你的门路，最后吃亏的还是自己。但如果你给了别人面子，那结果就会很不一样。给别人留面子，会让对方的虚荣心得到满足，这时对方也会给你留面子，适时给你留条后路，这岂不是皆大欢喜的事情吗？

公元1368年，朱元璋登基，建立明朝。一天，一位穷朋友从乡下来到京城皇宫门前求见明太祖。朱元璋听说是以前的老朋友，非常高兴，马上传他进殿。谁知这位穷朋友一见朱元璋端坐在宝座上，昔日的容颜似乎没有多大变化，便忘乎所以直通通地说：“我主万岁！您还记得我吗？从前你我都替人家放牛，有一天我们在芦花荡里把偷来的豆子放在瓦罐里清煮，还没等煮熟，大家就抢着吃，甚至把罐子都打破了，撒了一地的豆子，汤也都泼在泥地上。你只顾满地抓豆子吃，不小心连红草叶子也送进嘴里，叶子梗在喉咙里，苦得你哭笑不得，还是我出的主意，叫你用青菜叶子吞下去，才把红草叶子带下肚里去……”这个人还想继续说下去，可朱元璋早就听得不耐烦了，嫌这个孩提时的朋友太不

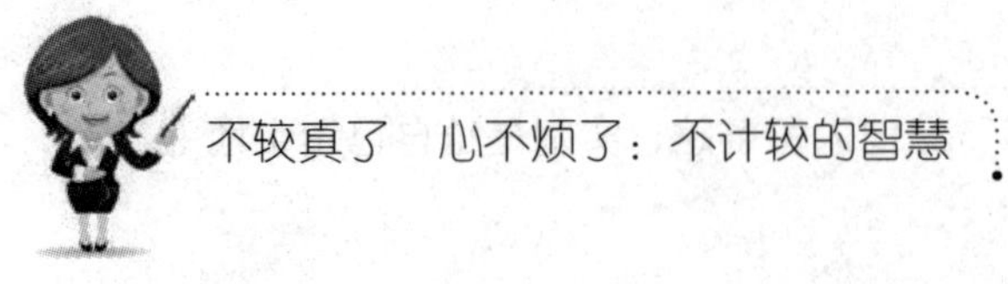

顾情面，于是大怒道："推出去斩了！推出去斩了！"

后来，这件事让另外一个穷朋友知道了，心想这个老兄也太莽撞了，对于曾经与朱元璋的旧情，只需见好就收，何必说了那么一大堆，反而扫了朱元璋的面子。于是，他心生一计，信心十足地去见他小时候的朋友，也就是当今的皇帝。这个穷朋友来到京城求见朱元璋。行过大礼，这个人便说："我皇万岁万万岁！当年微臣随驾扫荡芦州府，打破罐州城，汤元帅在逃，拿住了豆将军，红孩儿挡关，多亏了菜将军。"朱元璋一听，不禁大笑，他认出了眼前的这个孩提时的朋友，心中更为此人巧妙地暗示他们小时候在一起玩耍的事而高兴，于是让他做了御林军总管，留在了自己的身边。

同是儿时朋友，所受到的待遇却是迥然不同。前者说话太莽撞，不懂得给朱元璋留面子，本来，你若是与朱元璋有旧情，只需点到为止即可，却偏偏扯出那么多过去的往事，当着这么多人，把朱元璋儿时的糗事一股脑儿说出来，岂不是不留情面。试想，这时已身为明太祖的朱元璋怎么能受这样的戏谑。最终那位穷朋友非但没有讨到好处，反而赔上了自己的性命；而后者只是简单地聊了儿时的趣事，其中还包含了对朱元璋的敬仰，给足了朱元璋面子，最后他做了御林大将军。这个故事告诉我们：给别人留面子，其实就是给自己留后路。

在杂志社，能受邀参加一年一度的杂志社评审工作是一项殊荣。许多人对此向往已久。不过，很少有人会这么幸运每年都在应邀之列，最多就是连续参加一两次，之后就绝缘了。但王先生却是比较幸运的一个，他每年都会受邀参加此项工作，同行们对此羡慕不已。

在他退休的时候，他才道出了其中的奥秘："其实，要说专业眼光，坦率地讲，我并不是特别在行，而且我的职位也不高，不足以成为别人重视我的原因。我相信，我之所以每年都会被邀请，就是因为我善于给所有人面子，这看起来是件小事，可是它产生的影响却是难以想象

的。并不是所有的杂志都办得那么出色，但在公开的评审会议上我始终坚持一个原则：多称赞，常鼓励，少批评。毕竟每一份杂志都有它的优点，而对于不足之处，我就会等会议结束后在私底下找来杂志的编辑人员沟通，指出他们的缺点。”

尽管在杂志评审活动中，杂志的名次有先后，但王先生让所有的人都很有面子，也难怪这项活动中的所有人员和编辑都尊重他、喜欢他。这样看来，他每年都在受邀行列也算是情理之中了。

1. 得饶人处且饶人

在生活中，有可能会出现这样的情况：对方无意之中犯下了错误，可你却总是揪着对方的错误不放，说话越来越过分，丝毫不顾及对方的情面。其实，不管对方是无意的还是有意的，既然错误已经发生了，再说那么多话也于事无补。所谓“得饶人处且饶人”，批评的话也见好就收吧，别不给对方面子，他日对方若有了出头之日，定会向你讨这旧耻雪恨。

2. 给对方留面子，就是给自己面子

许多人不知道这样一个道理，你若是给了别人面子，其实就是给自己面子。可能，在现阶段，对方的处境并不怎么样，但是，你也没必要赶尽杀绝，硬是要扫了他的面子。凡事多与人为善，今天你给对方留面子，日后他肯定会把这面子留给你。

3.对别人敏感的事情不要较真

隐私就是不可公开或不必公开的某些事情，有可能是缺陷，有可能是秘密。因此，我们在进行语言交流的过程中，对别人的隐私不要较真，即使无意中提到了那么一两句，也需要见好就收，别不给对方面子。

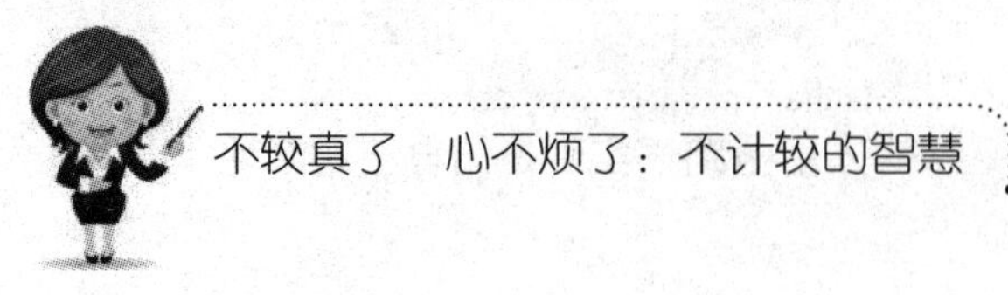

别较真，得理更要学会饶人

俗话说："饶人不是痴汉。"当我们与别人有了矛盾并已经发生冲突的情况下，自己占理得势了，就应该有"得饶人处且饶人"的风范，别较真，更不要企图把对方逼到绝路上去，那样只会使矛盾进一步激化，甚至破坏原有的关系。得理且饶人，不仅给对方留有面子，也给自己留了一条退路。假如你今天得理不饶人，焉知以后二人不狭路相逢？如果到那时他有理你无理，你就只有吃亏的份儿了。得理饶人是一种宽容的大度，更是一种"己所不欲，勿施于人"的情怀。当别人与我们发生了争执或冲突，不妨显示出宽容的胸怀，学会原谅他人，同时，也让自己从中受益。自古以来，那些心怀嫉妒，一遇到不满就怨天尤人的人，最终难以成大气候。周瑜是一个卓越的军事家，堪称才华横溢、足智多谋。但是，当他得知诸葛亮的神机妙算后，知道自己比不过他，心有不甘，一心盘算着如何打败诸葛亮，在发出了"既生瑜，何生亮"的叹息后，最终落得吐血身亡的结局。试想，如果周瑜不那么较真，他的结局就不会这般悲惨了。

马路边的人行道上人很多，一个光着头的年轻小伙子不小心踩到了一位老大爷的脚。小伙子赶忙说："我没注意，对不起。"

老大爷脾气不好，张口就说："这么大一小伙子，眼神不好啊，欺负我这么大岁数的人干吗？"老大爷的话实在让小伙子反感，抱歉变成了反击："不小心踩了就踩了，可我什么时候欺负您了啊？"老大爷更不高兴，说："得得得，现在的年轻人都不学好。我看你那样儿，监狱里刚放出来的吧？"这下小伙子可火了："你这人怎么说话呢？"说完

就要往前冲，多亏旁边的人左劝右劝，好不容易才让他俩消了气。

任何带着火药味的语言都是具有攻击性的，会让对方感觉不舒服，也阻挡了两人之间的正常交流，引起一些不必要的冲突和争执。老爷子的说法就是典型的得理不饶人，本来只是一件小事情，但他仅仅为了这件小事情而斤斤计较，最终导致了矛盾激化。

一位高僧受邀参加素宴，席间，发现在满桌精致的素食中，有一盘菜里竟然有一块猪肉，高僧的随从徒弟故意用筷子把肉翻出来，打算让主人看到，没想到高僧却立刻用自己的筷子把肉掩盖起来。一会儿，徒弟又把猪肉翻出来，高僧再度把肉遮盖起来，并在徒弟的耳畔轻声说:“如果你再把肉翻出来，我就把它吃掉！”徒弟听到后再也不敢把肉翻出来。

宴后高僧辞别了主人。归途中，徒弟不解地问：“师傅，刚才那厨子明明知道我们不吃荤的，为什么把猪肉放到素菜中？徒弟只是要让主人知道，处罚处罚他。”高僧说：“每个人都会犯错误，无论是有心还是无心。如果让主人看到了菜中的猪肉，盛怒之下他很有可能当众处罚厨师，甚至会把厨师辞退，这都不是我愿意看到的，所以我宁愿把肉吃下去。”

在生活中，待人处世固然要“得理”，但绝不可以“不饶人”，留一点余地给那些得罪自己的人，自己非但不吃亏，反而会有意想不到的收获。每个人的价值观、生活背景都很不相同，因此在生活中出现分歧是在所难免的。如果仅仅为了自己的面子，得理不饶人，非要逼得对方鸣金收兵或投降不可，结果你虽然赢得了面子，但往往也会为下一次“斗争”吹响前奏。因为对方失去了面子，他是不能善罢甘休的。

1. 别较真，当心他日狭路相逢

假如我们得理不饶人，让对方走投无路，就有可能激起对方求生的意志。对方有可能不择手段，不顾后果来争得失去的面子，这样一来，

自己免不了就会受到伤害。你若不较真，给对方一条生路，他不仅不会想到伤害你，更会对你心存感激。而且，这个世界本来就很小，所谓“三十年河东，三十年河西”，如果哪一天两人狭路相逢，这时自己是弱势，他是强势，他会怎么对待你呢？

2. 得理饶人，是给对方留后路

俗话说：“得理须饶人。”留一点余地给那些得罪自己的人，给对方一个台阶下，少说两句，得理饶人。否则，不仅消灭不了眼前的敌人，还会让更多的人疏远自己。放对方一条生路，为对方留点面子和立足之地，这样做并不困难，但却为自己留了一条后路。

[第3章]

懂得在隐忍中蓄势，豁达能够开拓人生

在生活中，与较真相反的一种心态就是豁达、隐忍。做人最高的处世之道，也就是韬光养晦，收敛其锋芒，专心做事，低调潜行，这样可以避免自己被较真的心态所纠结，免遭他人的嫉妒，避开无谓的纷争和意外的伤害，这样可以更好地保全自己。懂得在隐忍中蓄势，豁达能够开拓人生。

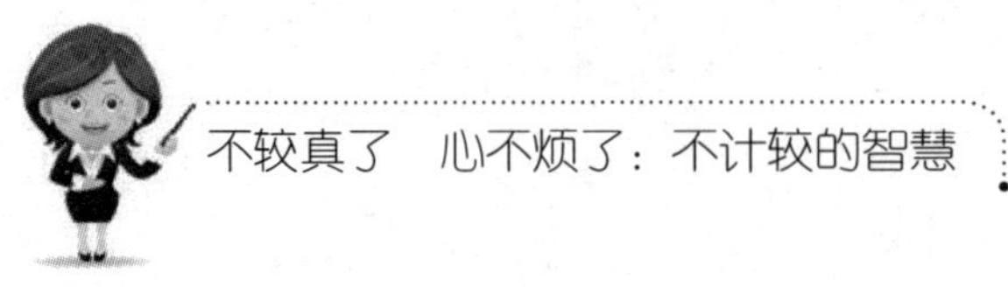

他人羞辱你，不予理睬是最有力地回击

在生活中，我们首要的目标是为了实现自己的价值，而不是为了求得所有人的同意。在我们身边，每个人的思维和行为方式都是不一样的，总会有一些跟自己合不来的人，他们可能会对我们的言行进行羞辱，其实这都是极为正常的。因为我们不可能赢得所有人的心，在我们的朋友圈子以外，总会有那么几个人，肆意羞辱着我们，不怀好意地看着我们。不管我们怎么去做，我们都不可能让这样的人对我们的言行进行赞赏。因此，对于这些人的羞辱，我们需要忍耐，不予理睬才是最有力的回击。如果我们打算与其较真，那最后吃苦头的是我们自己。既然那些羞辱我们的人是丝毫不会理解我们的，那他的羞辱对于我们而言，也就是毫无意义的，它们就好像盘旋在我们头顶上嗡嗡叫的苍蝇一样，我们可以不予理会，它自然会飞向其他的地方。所以，面对他人的羞辱，我们没有必要花太多的时间和精力去较真、愤怒，我们所需要的是知己，而不是这样一些唯恐天下不乱的人，因此，别生气，在淡然中忍耐，摒弃内心较真的心态。

林肯当选总统的那一刻，所有的参议员都感到十分尴尬，因为当时美国的参议员大部分都出身望族，他们自以为是上流优越的人，从没想到过所面对的总统竟然是一个出身卑微的人，因为林肯的父亲是一个鞋匠。

当林肯站在讲台上的时候，一位态度傲慢的参议员站起来说：“林肯先生，在你开始演讲之前，我希望你记住，你是一个鞋匠的儿子。”顿时，所有的参议员都笑了起来，为自己可以羞辱林肯而开怀大笑。这时，林肯不卑不亢地说：“我非常感激你能使我想起我的父亲，他已经过世了，我一定会永远记住你的忠告，我永远是鞋匠的儿子。我知道我做总统永远无法像我父亲做鞋匠做得那么好。”所有的议员陷入了沉默。这时，林肯对那位傲慢的参议员说：“就我所知，我父亲以前也曾经为你的家人做鞋子，如果你的鞋子不合脚，我可以帮你改正它，虽然我不是伟大的鞋匠，但是我从小就跟父亲学会了做鞋子这门手艺。”

然后，他再一次扫视全场的参议员，说道：“对参议院里的任何人都一样，如果你们穿的那双鞋子是我父亲做的，而它们需要修理或改善，我一定尽可能地帮忙。但是有一件事是可以确定的，我无法像他那么伟大，他的手艺是无人能比的。”说到这里，他流下了眼泪，顿时，全场爆发出热烈的掌声。

对于参议员的冷嘲热讽，林肯没有较真，而是选择了忍耐，他道出了父亲的伟大，正是这一点，打动了所有在场的议员们。别人羞辱自己，那并不意味着自己毫无价值。别人看轻了自己，没有关系，只要我们看重自己就行了。如果别人肆意羞辱，而那些羞辱的言辞是毫无根据的，不要生气，不要较真，你只需要采取置之不理的态度，在忍耐中淡然面对，这样才会越发体现出你超凡的人格魅力。

1897年5月6日，维克多·格林尼亚出生在法国瑟儿堡的一个有名望的资本家家庭。当时，他的父亲经营了一家船舶制造厂，有着万贯的家财。在格林尼亚童年时期，由于家境优裕，再加上父母的溺爱和娇生惯养，使得他在瑟儿堡四处游荡，盛气凌人。那时候，他没有理想，没有志气，根本不把学习放在心上，整天梦想着成为王公贵人。由于他长相

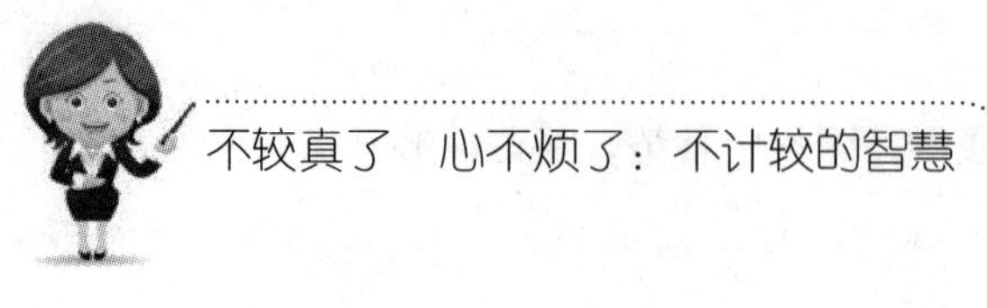

英俊，当地的那些美丽的姑娘都愿意与他交往。

但是，在一次午宴上，一位刚从巴黎来到瑟尔堡的波多丽女伯爵竟然毫不客气地对格林尼亚说："请站远一点，我最讨厌被你这样的花花公子挡住我的视线！"这句话就好像针扎一般刺痛了他的心。刚开始，他为这句话而自卑、疯狂、偏执，但不久之后，他就醒悟了。他开始悔恨自己的过去，产生了羞愧和苦涩之感，他决定发奋学习，发誓一定要追回过去所浪费掉的时间，而每当自己的灵魂和肉体麻木的时候，他就用这句话来刺痛自己。后来，他决定远离家乡。临走之前，给家人留下了这样一封书信："请不要探询我的下落，容我刻苦努力地学习，我相信自己将来会创造出一些成就来的。"

格林尼亚来到了里昂，拜路易·波韦尔为师，通过两年的刻苦学习，他终于补上了过去所落下的全部课程。后来，他进入里昂大学插班就读。在上大学期间，他赢得了有机化学权威菲利普·巴尔的器重，在巴尔的帮助下，他将老师所有著名的化学实验重新做了一遍，并准确纠正了巴尔的一些错误和疏忽之处。就这样，在这些大量的平凡实验中诞生了格氏试剂。

格林尼亚就好像打开了科学的大门，他的科研成果不断地涌现出来。基于其伟大的贡献，1912年，瑞典皇家科学院授予其诺贝尔化学奖。这时，他收到了那位波多丽女伯爵的贺信，里面只有一句话："我永远敬爱你。"

波多丽女伯爵话语的羞辱，竟然成为了格林尼亚前进的动力。虽然，刚开始听到这样的语言，他也自卑、疯狂、偏执、较真过，但很快他就醒悟了。他觉得自己应该忍耐这些羞辱，应该发奋努力，做出卓越的成绩。果然，当格林尼亚获得了诺贝尔化学奖，那位曾经羞辱自己的波多丽女伯爵只说了一句话"我永远敬爱你"。

1. 不要太注重别人的态度

一个人如果总是患得患失，太注重别人的态度，并将自己的得失建立在别人的言行上，那自己怎么会开心呢？对于自己的所作所为，别人肆意羞辱，那就让他羞辱好了，又何必在乎一个自己原本不在乎的人所说的话呢？如果对方没看清楚事实，那根本就是这个人的损失，与自己无关。我们应该学会忍耐，不较真。

2. 不要上当

那些肆意羞辱我们的人，他们心中自有一番打算，他们是想通过羞辱来激怒我们，让我们陷入较真的泥潭中。因此，当对方羞辱自己的时候，我们越是较真，就意味着我们走进了对方挖好的陷阱，所以，不要上当，这时候不理会、不较真才是最好的对策。

卧薪尝胆，善于忍耐才能扭转命运

哲人说：“请享受无法回避的痛苦，比别人更早更勤奋地努力，才能尝到成功的滋味。”从古至今，那些大有成就的人，大多是卧薪尝胆之人，在忍耐中，他们扭转了自己的命运。在人生道路上，我们常常会遭受不同的挫折和困难，面对挫折，人们有着不同的理解。有人与命运较真，说挫折是人生道路上的绊脚石；但对于善于忍耐的人而言，挫折却是走向成功的垫脚石。所谓“百糖尝尽方谈甜，百盐尝尽才懂咸”，与河流一样，人生也需要经历洗练才会更美丽，经过了枯燥与痛苦之后，才能收获成功的果实。人生从来就不是一帆风顺的，总会出现这样或那样的挫折与困难。在这个过程中，需要我们去忍耐这个战胜挫折过程中的挫折与痛苦，甚至是失败。这一切都需要忍耐。如果我们总是较

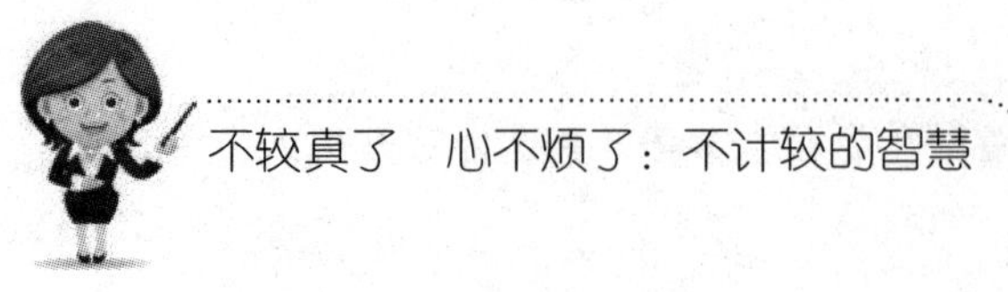

真，抱怨这些困难，甚至难以忍受这其中的痛苦，那最后我们将不可能成功。

许多年前，一位颇有分量的女性到美国罗纳州的一个学院给学生发表讲话。虽然，这个学院规模并不是很大，但这位女性的到来，使得本来不大的礼堂挤满了兴高采烈的学生，学生们都为有机会聆听这位大人物的演讲而兴奋不已。

经过州长的简单介绍，演讲者走到麦克风前，眼光对着下面的学生们，向左右扫视了一遍，然后开口说："我的生母是聋子，我不知道自己的父亲是谁，也不知道他是否还活在人间，我这辈子所做的第一份工作是到棉花田里做事。"

台下的学生们都呆住了，那位看上去很慈善的女人继续说："如果情况不尽如人意，我们总可以想办法加以改变。一个人若想改变眼前的不幸或无法尽如人意的情况，只需要回答这样一个简单的问题。"接着，她以坚定的语气接着说："那就是我希望情况变成什么样，然后全身心投入，朝理想目标前进即可。"说完，她的脸上绽放出美丽的笑容："我的名字叫阿济·泰勒摩尔顿，今天我以唯一一位美国女财政部长的身份站在这里。"顿时，整个礼堂爆发出热烈的掌声。

阿济·泰勒摩尔顿是一位女性，一位生母是聋子、不知道亲生父亲是谁的女性，一位没有任何依靠饱受生活磨难的女性。而恰恰是这位表面柔弱的女性，竟成为了美国唯一一位女财政部长。说到自己的成功，她只是轻描淡写地说："我希望情况变成什么样，然后就全身心投入，朝理想目标前进即可。"这句看似平淡的话语中，透露出她作为一个女性的忍耐精神。我们甚至可以假设，如果没有忍耐执着的品质，阿济·泰勒摩尔顿能与苦难的生活抗争吗？她能忍受那些逆境中的枯燥与痛苦吗？如果缺乏了忍耐的精神，她能完成自己的人生理想吗？或许，她只会埋怨自己的生活，只会跟自己较真，最后陷入无

尽的痛苦之中。

史玉柱，他被称为中国最著名的失败者。对此，史玉柱自己有话说："我曾经是一个著名的失败者，我害怕失败，我经不住失败，所以只能把不失败的准备工作做好。"他最爱看的一本书是《太平天国》，因为太平天国输得很悲壮。而在其中，他似乎能找到某种共同语言。

1989年，史玉柱利用报纸《计算机世界》先打广告后收钱的时间差，用全部的4000元做了一个8400元的广告："M-6401，历史性的突破。"之后，他收获了15820元；5个月后，新的广告为其赚回了100万。这一年，史玉柱想创办公司，他说："IBM是国际公认的蓝色巨人，我办的公司也要成为中国的IBM，不如就用巨人这个词来命名这个公司。"1995年，史玉柱被《福布斯》列为内地富豪第8位。就在第二年，巨人大厦资金告急，集团内危机四伏，脑黄金的销售额超过了5.6亿，但烂账就有3亿多。巨人倒下，负债2.5亿的史玉柱黯然离开。失败后，他曾想过自杀，但是，内心的不败使他重新站了起来。

史玉柱在沉寂十年后卷土重来，卖脑白金，投资银行股，进军网络游戏。因为内心不败，在一片废墟上，这位巨人重新站了起来。直到今天，史玉柱仍然会说："我人生中最宝贵的财富就是那段永远也无法忘记的、刻骨铭心的经历。"未来的路上，挑战或许会更多，但是，内心永远不败的史玉柱已经准备接招了。

可能，没有谁比史玉柱输得更惨了，但他并不纠结于这样的结果，不较真，他内心的强大如"巨人"一般，始终立于不败之地。对他来说，人生的输赢并不算什么，只要心中不败，懂得忍耐，就可以反败为胜，就有扭转命运的机会。

1. 忍耐痛苦就能反败为胜

俗话说："失败乃成功之母。"失败所带来的打击和痛苦都不算什

么，只要我们能忍耐失败，在忍耐中等待机遇，那就有可能反败为胜，因为反败为胜的智慧往往是隐藏在忍耐中。当然，如果一个人难以忍受失败，在失败的压力下一蹶不振，甚至选择放弃自己的生命，那他是难以东山再起的。

2. 面对挫折，不较真，不妥协

在挫折与困难面前，那些喜欢与自己较真的人总是抱怨这抱怨那，甚至他们会在挫折面前低下头，选择妥协。他们在与命运较真的过程中，也让自己的斗志消失殆尽。所以，在面对挫折与困难的时候，我们应该学会忍耐，不较真，不妥协，这样才有机会扭转命运，迎接成功。

做好自己，不必理会他人的嘲笑

面对他人的嘲笑，我们需要做好自己，给予自己最充分的信心，不争辩，不较真，这样才能更好地做自己想做的事情。做好自己，换言之，就是要对自己有信心。有时候，强者不一定是胜利者，但胜利者迟早都属于有信心的人。从心理学角度说，是否做好自己可以决定一个人的成功与失败，一个人要想获得成功，就应该做好自己，对于他人的嘲笑置之不理，这样才有机会获得成功。在任何时候，我们都不要怀疑自己的能力，而是要努力做好自己，使自己的内心变得强大起来，相信自己一定能行，不要轻易地怀疑自己，不理会他人的嘲笑，不要与自己过去失败的经历较真。特别是在自己的言行遭到别人质疑的时候，我们更需要做好自己，这也是一种忍耐。只要我们忍耐了他人的嘲笑，放下较真的心态，我们就一定能将事情做到更好。

一位成功人士讲述了自己的故事。

在我小学六年级的时候，由于考试得了第一名，老师送给我一本世界地图，我十分高兴，回到家就开始翻看这本世界地图。然而，很不幸的是，那天正好轮到我为家人烧洗澡水，我一边烧水，一边在灶间看地图。突然，我看到了一张埃及的地图，原来埃及有金字塔、尼罗河、法老王，还有许多神秘的东西，心想：我长大以后一定要去埃及。我正看得入神的时候，爸爸走过来了，他大声对我说："你在干什么？"我说："我在看埃及地图。"爸爸跑过来给了我两个耳光，然后说："赶快生火！看什么埃及地图！"然后，他又踢了我一脚，严肃地对我说："我给你保证！你这辈子绝不可能到那么遥远的地方！赶快生火！"

我呆住了，心想：爸爸怎么给我这么奇怪的保证，真的吗？难道我这辈子真的不能去埃及吗？二十年后，我第一次出国就去埃及，朋友都问我："你到埃及去干什么？"我说："因为我的生命不要被保证。"我自己跑到了埃及，当我坐在金字塔的最前面，我买了张明信片寄给爸爸，上面写着："亲爱的爸爸，我现在在埃及的金字塔前面给你写信，记得小时候，你打我两个耳光，踢我一脚，保证我不能到这么远的地方来。"

面对爸爸对自己梦想的嘲笑，小男孩并没有气馁，也不较真，他只是更加努力地去做好自己。因为他知道那些根植于内心深处的梦想，谁也不能给予保证，谁也不能嘲笑。如果有人嘲笑我们的梦想，那不过是他的意见而已，并不能保证我们不能实现这个梦想。

在某一次作文课上，老师给出的题目是：我的梦想。一个小朋友飞快地写下了自己的梦想，他希望自己能拥有一座占地十余公顷的庄园，在庄园里有小木屋、烤肉区，还有休闲旅馆。然而，这个梦想到了老师手里，被画上了一个大大的红"×"，并要求重写。小朋友感到很

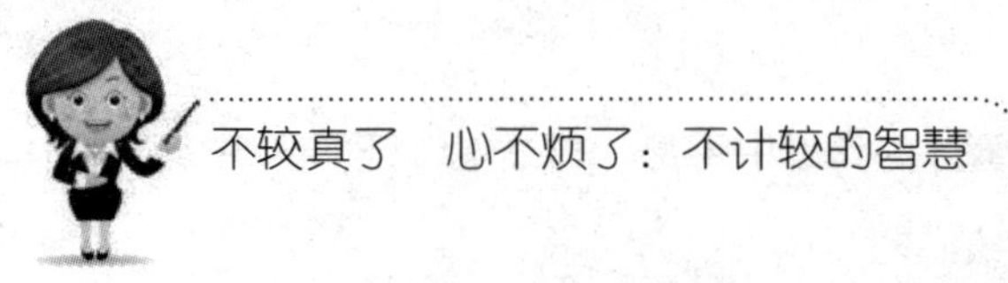

不解，老师说："我要你们写下自己的梦想，而不是这些如梦呓般的空想，我要实际的梦想，而不是虚无的幻想，你知道吗？"小朋友据理力争："可是，老师，这真的是我的梦想啊！"老师生气地说："不，那不可能实现，那只是一堆空想，我要你重写。"小朋友不愿意妥协，他自信地说："我很清楚，这才是我真正想要的，我不愿意改掉我梦想的内容。"老师摇摇头："如果你不重写，我就不让你及格了，你要想清楚。"小朋友坚定地摇摇头，不愿意重写，那篇作文他只得到了一个大的"E"。

然而，三十年过去了，老师带着一群小学生来到了一座很大的庄园，享受着绿草、舒适的住宿，以及香味四溢的烤肉。就在这里，老师遇见了庄园的主人，就是那位作文不及格的学生，如今，他实现了自己儿时的梦想。老师惭愧地说："三十年来我自己不知道用成绩改掉了多少学生的梦想，而你是唯一坚定自己梦想，相信自己，没有被我改掉的。"

在生活中，每个人都有表达自己意见和观点的权利，如果别人嘲笑也是他们一种观点的表达，那也是可以理解的。我们阻止不了别人的言行，但可以控制自己的心态。遭遇别人的嘲笑，不生气，不较真，而是努力做好自己，通过自己的努力让梦想成为现实，到那时，别人已经找不到任何理由来嘲笑我们了。

1. 较真是拿别人的错误惩罚自己

面对别人的嘲笑，我们若是选择较真、生气，那无疑是拿别人的错误惩罚自己。对于一些事情，如果我们坚持，那就不要管别人怎么说，我们千万不能上了别人的当，真的选择放弃或者生气、较真，那就是顺了别人的意。

2. 对自己充满信心

对同一件事情，每个人的思维和行为方式都是不一样的，难免会

造成不同的意见。如果我们的看法遭到了别人的嘲笑，不要犹豫，更不要人云亦云地抛弃自己的见解，而是要保持绝对的自信，并用实际行动向世人证明自己的能力。因为自信，会让我们拥有一张人生之旅的永远坐票。

微笑应对他人的不敬，令其羞愧

当有人对自己说了一些不敬的言辞，做了一些不敬的行为，我们应该怎么办呢？如果我们较真了，非要跟对方争个你死我活，较真到底，硬要以相同的方式来报复对方，那最后的结局是两败俱伤。最恰当的办法就是用微笑面对他们，令其羞愧。或许我们都不知道那些喜欢恶意攻击别人的人的心理，其实他们的心理很简单，无非就是想激怒对方，让对方容易在丧失理智之后做出一些鲁莽的言行，而自己就可以看一场好戏了。如果我们真的按他们所想的那样去做，在遭遇不敬言行之后变得生气，想要较真到底，那这样的结果只会让对方笑得更欢，因为他们的目的达到了。反之，如果我们能以淡然的微笑应对，显示出自己博大的胸襟，则可以激发出他们作为人最基本的羞愧之心。

有一天，七里禅师正在蒲团上打坐，突然，一个强盗闯出来，拿着一把又明又亮的刀子对着他的脊背，说："把柜里的钱全部拿出来！否则，就要你的老命！"七里禅师缓缓说道："钱在抽屉里，柜里没钱，你自己拿去，但要留点，米已经吃光，不留点，明天我要挨饿呢!"那个强盗拿走了所有的钱，在他临出门的时候，七里禅师说："收到人家的东西，应该说声谢谢啊！"强盗转过身，说："谢

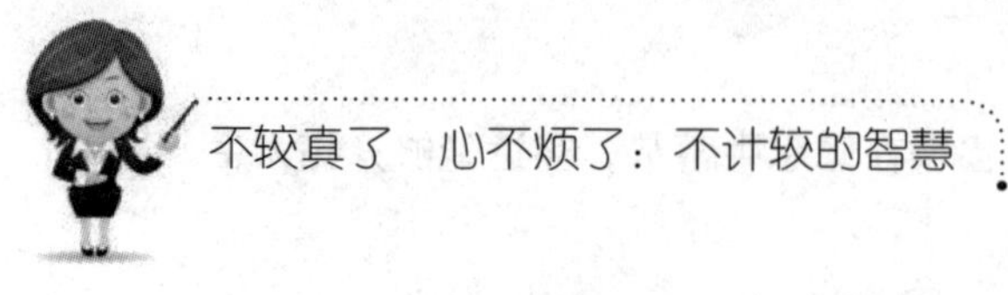

谢。”霎时间，他心里十分慌乱，几乎从来没有遇到这样的事情，这使他失去了意识，愣了一下，才想起不该把全部的钱拿走，于是，他掏出一把钱放回抽屉。

没过多久，这个强盗被官府捉住，根据他所提供的供词，差役把他押到七里禅师的寺庙去见七里禅师。差役问道：“几天之前，这个强盗来这里抢过钱吗?”七里禅师微微一笑，说道：“他没有抢我的钱，是我给他的，他临走时也说谢谢了，就这样。”强盗被七里禅师的宽容感动了，只见他咬紧嘴唇，泪流满面，一声不响地跟着差役走了。

这个人在服刑期满之后，便立刻去叩见七里禅师，求禅师收他为弟子，七里禅师不答应。这个人就长跪三日，七里禅师终于收下了他。

即使面对抢掠的强盗，七里禅师也没有说任何指责、辱骂的话语，反而以微笑感化了他。当差役问道“这个强盗来这里抢过钱吗？”七里禅师面带微笑说“他没有抢我的钱，是我给他的，他临走时还说了谢谢”。因为淡然的笑容，令凶狠、无药可救的强盗也羞愧了。

在明朝时期，尤老翁在苏州城里开了一个典当铺。这位尤老翁平时最懂得忍耐，因此，无论是街坊邻居，还是外来客人，都喜欢跟他打交道。

有一年快到年关的时候，尤老翁正在屋里盘账，忽然听到外面有吵闹的声音，于是就匆忙地跑了出去。到了柜台前，他看见穷邻居赵老头正在与自己的伙计吵架。尤老翁明白，这个赵老头是一个蛮不讲理的人，他没去问个究竟，就先将伙计们训斥了一遍，然后面带微笑地向赵老头赔不是。然而，赵老头表情依然像刚才一样，丝毫不给尤老翁面子，还是板着脸孔，站在柜台前不说一句话。

这时，心中委屈的伙计悄悄对老板说：“老爷，他前些日子当了一些衣服，现在他不还当衣服的钱，却硬是要将衣服拿回去。我要向他解

释，他竟然破口大骂，我真的不知道该怎么办才好。”尤老翁也知道不是自己伙计的过错，他先吩咐伙计去照料其他的生意，而他自己亲自来应付这个蛮不讲理的赵老头。忽然，他想到了办法，快速走到赵老头的旁边，语气恳切、面带微笑地说：“老人家，不要再对刚才的事情耿耿于怀了，不要跟我的伙计一般见识，你就消消气吧，大家都是熟人，我不会介意这种小事的，衣服你就拿过去穿吧。”

不等赵老头回答，尤老翁就吩咐伙计将其典当的衣服拿过来。但赵老头似乎一点也不感激，拿起衣服就走。尤老翁并不在意，而是含笑拱手将赵老头送出大门。然而就在这天夜里，那个赵老头竟然死在了另外一家典当铺里。

原来，这位赵老头负债累累，家产早已经典当一空，走投无路之下，他寻了短见。他预先服下了毒药，先来到尤老翁的当铺吵闹，想以死来敲诈钱财，没想到尤老翁一向善于忍耐，宁愿自己吃亏也不跟他计较，他觉得敲诈这样的人实在不忍心，满怀羞愧之下，就决定离开尤老翁的典当铺。就这样，他来到了另外一家当铺，结果毒性就发作了。后来，赵老头的亲属向官府控告这家店铺逼死了赵老头，与他打了好几年的官司。最后，那家店铺筋疲力尽，花了很多钱才将这件事摆平。

事后，尤老翁只是说：“我也没想到赵老头会走到这条绝路上去，我只是想如果有人无理取闹，我不会和他硬碰硬，我会尽可能地忍耐，退一步来处理这个问题。哪怕是吃点儿亏，我觉得也没什么大不了的。”正因为尤老翁的忍耐，令赵老头心怀羞愧，他才不忍心敲诈这样的人，于是，尤老翁就这样躲过了一劫。

1. 微笑是一种包容

对于别人不敬的言行，我们要善于忍耐，更要学会包容。如果我们心胸狭隘，势必较真到底，那最后吃亏的往往是自己。如果我们能以微笑面对，反而会令别人知错，心生羞愧之意，这无论是对己还是对人都是最好的结果。

2. 要以耐性感化他人

唐太宗以耐性对待魏征，成就了“贞观之治”的盛世；鲍叔牙以耐心对待管仲，成就了“九合诸侯，一匡天下”的壮举；蔺相如以耐性感化了了廉颇，成就了一段“将相和”的千古佳话。当我们在展示自己耐性的同时，其实也提升了自己的思想境界，让自己不再较真于烦琐的事情，这本身就是一种心灵的修炼。

忍耐是种策略，小不忍则乱大谋

常言道：“小不忍则乱大谋。”忍耐是一种策略。生活中的每一个人，不管是谁，在一生中难免会深陷逆境，却一时又无力扭转面临的局面，在这样的情况下，千万不要较真，因为最好的选择就是忍耐。事情总是在不断变化中，一旦有利的时机到了，那成功就指日可待了。所谓“忍一时风平浪静，退一步海阔天空”，要学会在忍耐中等待命运转折的时机。大凡成大事者，必定能忍得一时之辱，容得一时之痛。忍耐是一种品质、一种精神，更是一种成熟、一种理智。因为忍耐，在磨难挫折面前坦荡豁达而不灰心丧气，它似乎可以给人生一种奋进的力量。在布满荆棘的道路上，在变化莫测的航行中，忍耐给予的生命光芒在信念中闪烁。

韩信是淮阴人，还未成名的时候，他只是一个平民百姓，贫穷，没有好品行，不能够被推选去做官，不可以做买卖维持生活，经常寄居在别人家里吃闲饭，因此受到人们的嫌弃。他曾多次前往下乡南昌亭亭长

处吃闲饭，并在那里连续吃了好几个月，亭长的妻子很嫌弃他，就提前做好了早饭，端到内室的床上去吃。开饭的时候，韩信去了，却不见给他准备的饭菜，韩信明白了他们的用意，一气之下，就告辞而去，不再回来。

有一次，韩信在城下钓鱼，有几个老大娘在漂洗涤丝绵，其中一位大娘看见韩信饿了，就拿出饭给韩信吃。之后几十天都这样，大娘给韩信送来饭菜，直到她将所有的涤丝绵都漂洗完了。韩信感到很高兴，对那位大娘说："我一定重重地报答您老人家。"大娘生气地说："大丈夫不能养活自己，我是可怜你这位公子才给你饭吃，难道是希望你报答吗？"

还有一次，淮阴屠户中有个年轻人侮辱韩信说："你虽然长得高大，喜欢带刀佩剑，其实是个胆小鬼罢了。"又当众侮辱他说："你要不怕死，就拿剑刺我；如果怕死，就从我胯下爬过去。"于是，韩信打量了他一番，低下身去，趴在地上，从他的胯下爬了过去。满街的人看见了，都嘲笑韩信，认为他胆小。

后来，韩信先是跟随项羽，后追随刘邦，成为刘邦麾下的杰出大将。

或许，别人都耻笑韩信懦弱，但韩信本人却不以为耻。实际上，当时韩信绝不是不敢刺他，而是因为他胸怀大志，不愿与小人多生是非。如果一剑将那个屠夫刺死了，自己也难以逃脱，因此，他甘受胯下之辱。他知道"小不忍则乱大谋"的道理，忍耐之后，等待一个可以施展自己一身才华的机会来临。

小王大学毕业后，为了锻炼自己的能力、积累社会经验，他一直在做业务方面的工作。这样，逐渐地积累了一些经验后，为了更好地发展，跳槽到一家大型公司的业务部，他所担任的职位是协助新来的业务经理开展工作。那个业务经理也是新人，刚到公司一个多月。小王在工

作中与他相处一段时间后，发现那位经理不但在工作中存在着许多问题，而且脾气也很急。他业务能力很差，几乎都是依靠下面的业务员做业绩，而且心胸狭隘，不懂得尊重人，总是带着命令的口吻与下属讲话。如果下属工作中不小心出了错，他也不顾及下属的颜面，当众就把下属教训一顿。因此，许多业务员实在受不了，和他发生了争执就辞职走了。

面对这样的经理，小王心里也很窝火，因为他自己也经常被训斥。但是，他并没有发作，而是始终陪着笑脸，因为他心里很清楚，摆在他面前的只有两个选择：要么和他大吵一架，然后走人；要么就是忍辱负重，等待时机。聪明的他选择了后者。半年以后，公司高层也发现了业务经理的问题，通过调查，认为他不适合做业务经理，就找了个理由把他辞退了。而小王，因为一直表现不错，被公司任命为业务经理，这下子，小王如鱼得水了，很快把业务开展了起来，为公司创造了很大的经济效益，赢得了公司上上下下的尊重。又过了几年，他被提拔为主管业务的副总经理，过上了有房有车的生活。每当谈起这一切的时候，小王就不无感慨地说："我能有今天，就是因为我当初懂得忍耐，隐忍了狂妄的经理，而没有意气用事！"

在每个人的成长过程中，难免会遇到一些坎坷与挫折，遇到一些不尽如人意的事情，在这个时候要学会忍耐，以一份从容的心态去面对眼前的境遇，这就是一种曲中求直的境界，是一种审时度势大智若愚的胸怀，更是一种处世的智慧。

1. 忍耐，就是不再较真

忍耐是一种崇高的人生境界。古人曾作的"百忍歌"中有这样的句子"忍得淡泊养精神，忍得勤劳可余积，忍得语言免事非，忍得争斗消仇冤"。忍耐不是软弱，反而是一种大度。忍耐也并不是妥协，而是一种胜利。忍耐，其实就是不再较真，不再为小事所累。

2. 忍耐就是接纳所有面临的事情

当然，忍耐并不是坐在那里默默地忍受一切，而是从心里接纳所面临的事情。当生活中的挫折与困难迎面而来的时候，暂且不去下判断，不论遇到多么大的事情，最好暂时忍耐一下，也许到了下一刻事情就会有所转机，也或许有了解决问题的办法。

后退一步让自己更加从容

忍耐是一种以退为进的智慧，更是一种谦卑的姿态。谦卑的忍耐就是放下身段，后退一步，不张狂，难得糊涂，是有所为有所不为，是不急功近利好大喜功。人生在世，更需要懂得以退为进。有时候，后退一步会让自己更加从容，以谦卑的忍耐换取成功，这是因为忍耐本身就是一种伟大的力量。看似后退一步，实则前进了一大步，我们在忍耐的同时其实是为了更好地前进。因为懂得后退一步，会让别人放松对自己的警惕，这样我们就可以更好地休养生息，更好地积蓄力量，等到来日一鸣惊人。这样的处世策略，也就是以退为进的策略，运用这样的智慧，我们往往可以赢得成功。后退一步的忍耐不仅使人焕发出美丽的光彩，还可以使人看起来更亲切、宽厚，甚至超凡脱俗，这就是忍耐的力量。懂得退一步的人最有人气，因为人们都愿意与这样的人相处。

王明是一位留美的计算机博士，毕业之后，他打算在美国找工作。拿着自己的各个证书，以及一些在学校所获得的奖章，他开始四处奔波找工作。可是，两三个月过去了，他还是没有找到合适的工作，因为几乎他所选择的公司都没有录用他，而那些愿意录用他的公司却又是自己

瞧不上的。他没有想到，自己堂堂一个博士生，居然沦落到高不成低不就的尴尬境地。思前想后，他决定收起自己所有的证书与奖章，以一种最低的身份前去求职。

没过多久，他就被一家公司录用为程序输入员，这份工作相当简单，对一个博士生来说简直就是大材小用。但王明并没有抱怨什么，即使是最简单的工作，他依然干得一丝不苟。这样干了一个多月，上司发现他能迅速看出程序中的错误，这可是非一般的程序输入员能比的，这时候，王明向上司亮出了学士证，上司知道了他的能力，马上给他换了一个与大学毕业生相对口的职位。又过了一个月，上司发现他经常能够提出一些独到的、有价值的见解，远远比一般大学生要高明。这个时候，王明又亮出了硕士证，上司又立即提升了他的职位。再过一个月，上司觉得他还是跟别人不一样，就开始有意识地质询他。这时候，王明才拿出了自己的博士证，上司对他的能力有了全面的认识，毫不犹豫地重用了他。

当王明陷入了找工作的困境，他放弃了自己的所有证书，以最低的姿态去应聘，并获得了一份工作。我们可以想象，一个有着博士学历的人，委身于一个普通的职员，那该是多么的隐忍。但王明忍耐了下来，在困难面前，他没有较真伯乐的不赏识，而是学会忍耐，休养生息的同时等待机会。终于，老板开始发现他深藏不露的能力，渐渐地重用他，最终他获得了自己应有的位置和价值。

春秋后期，越国的名臣范蠡，精通韬略，足智多谋，拜为大夫。勾践三年，吴王夫差大破越军，勾践对吴俯首称臣。作为越国大夫的范蠡在吴国做了两年的人质，三年后回到越国，他与文种拟定兴越灭吴九术，策划和组织了越国“十年生聚，十年教训”的复国大计。为了实施灭吴战略，也是九术之一的“美人计”，范蠡亲自跋山涉水，终于在苎萝山浣纱河访到德、才、貌兼备的巾帼奇女——西施，并谱写了西施深

明大义献身吴王，里应外合兴越灭吴的传奇篇章。

范蠡追随越王勾践二十多年，苦身戮力于灭吴，成就越王霸业，被尊为上将军。他辅佐勾践卧薪尝胆，图强雪耻。然而范蠡深知勾践为人，只可同患难，不可共安乐，于是在举国欢庆之时，范蠡急流勇退，携妻带子，秘密离开了越国。

后来，他辗转来到齐国，改了姓名，带领儿子和门徒在海边结庐而居，垦荒耕作，兼营副业并经商，没过几年，就积累了数千万家产。他仗义疏财，施善乡梓，范蠡的贤明能干被齐人赏识，齐王把他请进国都临淄，拜为主持政务的相国。他喟然感叹："居官致于卿相，治家能致千金；对于一个白手起家的布衣来讲，已经到了极点。久受尊名，恐怕不是吉祥的征兆。"于是，三年后，他再次急流勇退，向齐王归还了相印，散尽家财给知交和老乡。

就这样，一身布衣的范蠡第三次迁徙到了陶，在这个居于"天下之中"的最佳经商之地，他重新经商，没过几年，成了巨富，于是自称"陶朱公"。

后退一步，不是马马虎虎，胡乱敷衍，而是运用自己的广才博学，默默无闻，辛勤耕耘，认真做好份内的事情，用辛勤换来利益，在退却中得到成果。懂得后退一步的人，他们总是能坚守自己的原则，以一颗平和心态对待人与事，自然就会得到人们的厚爱。他们不张扬，不骄傲，只等朝日，脱颖而出，然后一鸣惊人。

1. 后退一步会让我们更淡然

在大自然中，水懂得退一步，它总是向下流动，无论是遭遇了陡壁还是悬崖，最后汇成了江河湖海；山懂得后退一步，它总是沉默寂静，但却在无言中耸立成为了一座风景；春天懂得后退一步，在经历了凌厉的寒冬之后，它依然悄然而至。保持谦卑的忍耐，我们的生命就有了一种无法言传的尊严和价值；后退一步，我们会更加从容面对人生的喜怒

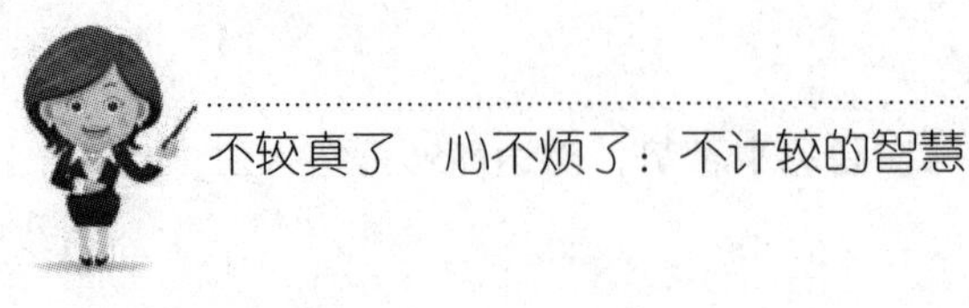

哀乐。

2. 后退是为了更好地前进

后退一步是一种忍耐，更是一种不较真的心态。当我们后退一步，表面上看是退却的姿态，但殊不知这是为了积蓄力量，给自己一个回旋的空间，等到有朝一日，我们才能更好地前进，这就是以退为进的策略。

[第 4 章]

容人亦要容己，不要让较真拖累了自己

较真，从心理角度说，是对自己的一种苛责。在生活中，当别人犯了一点儿错误，我们会以包容的心态待之；但若是对自己，人们就会处处较真，容不得自己有半点儿瑕疵。所谓“容人也要容己”，千万不要让较真拖累了自己。

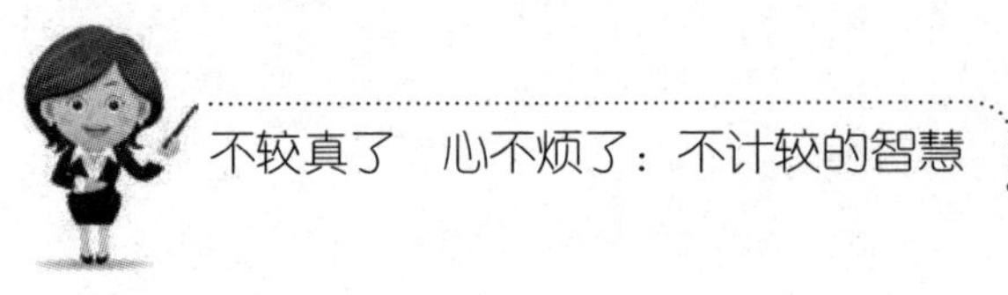

没有完美，要容得了他人的缺点

卡莱尔说："一个伟大的人，以他对待小人物的方式，来表达他的伟大。"在一些人看来，在小人物身上都是有瑕疵的，他们都不够完美，因为存在着这样或那样的缺点，所以他们注定是小人物。但是，作为一个心态豁达的人，即便他所面对的是一个满身缺点的人，他也容得下，也会坦然相对。在生活中，那些有着完美追求、容不下他人缺点的人其实是最容易较真的人。他们中的大多数都是完美主义者。刚开始，他们只会苛责自己，希望自己能变得完美。但渐渐地，他们会把对自己的严格要求作为标准来要求那些身边的人，在他们看来，哪怕是一点点缺点，自己也是不能容忍的。于是，他们就在苛责自己与别人的过程中痛苦着，因为在这个世界上，并不存在绝对完美的人和事。维纳斯因为有了瑕疵，才变得如此美丽，人也是一样的。

包布·胡佛是一位著名的试飞员，经常在航空展中表演飞行。有一天，他在圣地亚哥航空展中表演完毕后飞回洛杉矶。就好像《飞行》杂志中所描述的那样，在距离地面三百尺的高度，两个引擎突然熄火。不过，由于胡佛熟练的技术，他操纵着飞机着了陆，但飞机严重损坏，所庆幸的是没有人受伤。

在迫降之后，胡佛的第一个行动就是检查飞机的燃料。就像他预料中的一样，他所驾驶的第二次世界大战时的螺旋桨飞机，竟然装的是喷

气机燃料而不是汽油。回到机场以后，他要求见见为他保养飞机的机械师，那位年轻的机械师正在为自己所犯的错误难过。当胡佛走向他的时候，他正泪流满面。他造成了一架非常昂贵的飞机的损失，差一点还使得三个人失去了生命。

我们可以想象胡佛肯定会大为震怒，并且可以预料到这位极有荣誉心、事事要求精确的飞行员必然会痛责机械师的疏忽。然而，胡佛并没有责骂那位机械师，甚至没有批评他。相反地，他用手臂抱住那个机械师的肩膀，对他说："为了显示我相信你不会再犯错误，我要你明天再为我保养飞机。"

虽然，我们不能确定那位年轻的机械师有粗心大意的缺点，但在这次飞行中，他确实有一定的缺陷。试想，如果胡佛是一个事事较真的人，估计那位年轻的机械师早就被骂得狗血淋头了，甚至会被辞退，从而断送了自己的机械师生涯。幸运的是，胡佛虽然对事情要求很严格，但他并不是一个较真的人，他更懂得包容一个人的缺点。

杰弗逊在就任前夕，到白宫去想告诉亚当斯，说自己希望针锋相对的竞选活动并没有破坏他们之间的友情。但杰弗逊还没来得及开口，愤怒的亚当斯就咆哮了起来："是你把我赶走的！"之后，这两个人中止交往达11年之久，直到后来杰弗逊的几个邻居去探访亚当斯，这个坚强的老人仍在诉说那件难堪的往事，但接着便脱口而出："我一向都喜欢杰弗逊，现在仍然喜欢他。"邻居把这句话传给了杰弗逊，杰弗逊便请了一位彼此都很熟悉的老朋友传话，让亚当斯也知道他的深厚友情。

后来，亚当斯回了一封信给他，两人从此便开始了美国历史上或许是最伟大的书信往来。

在杰弗逊与亚当斯的这段友谊中，可以体现出双方都不是较真的人。虽然，亚当斯对于自己竞选总统失败耿耿于怀，但他从内心来说是

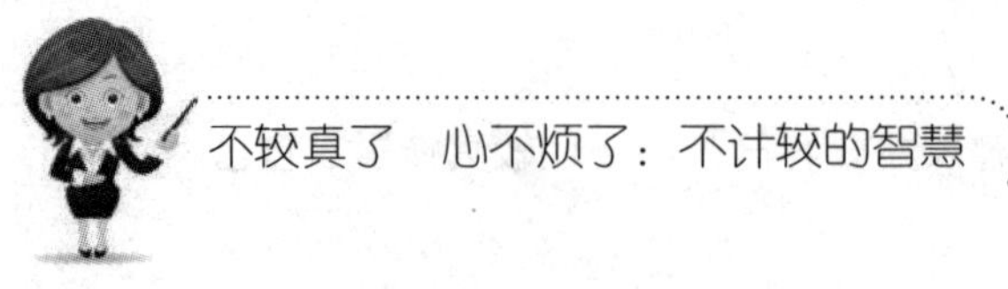

欣赏杰弗逊的。而杰弗逊，这位伟大的美国总统，他能够容忍亚当斯在落选失败之后的牢骚，容下了这些他身上的可爱小缺点。直至多年以后，他们才发现自己已经错过一段友谊太久了。于是，重拾当年的情谊，他们铸就了美国历史上最伟大的友谊。

1. 不要较真他人的缺点

俗话说："金无足赤，人无完人。"对于生活中的我们而言，既有优点，也有缺点，这是客观存在的。如果说需要变得完美，那也是尽善尽美，而不能绝对的完美。因此，对于他人的缺点，我们不能较真，而是要抱着宽容的心态待之，这样既放过了自己，又宽待了他人。

2. 容得下他人的"坏"

当我们觉得自己不能容忍别人身上的缺点之时，我们应该反省自己：自己身上是否也有同样的缺点呢？既然自己身上也存在同样的缺点，又何必苛求别人呢？所以，对于他人身上的"坏毛病"，我们要学会容忍，对人多鼓励，多赞赏。说不定在我们的赞美之下，他的缺点就会渐渐地变成优点。

别嫉妒，容得下比你强的人

古人曰："人有才能，未必损我之才能；人有声名，未必压我之声名；人有富贵，未必防我之富贵；人不胜我，固可以相安；人或胜我，并非夺我所有，操心毁誉，必得自己所欲而后已，于汝安乎？"所谓的嫉妒，就是容不得他人强过自己，见不得别人比自己过得幸福。所谓"一山还有一山高"，在生活中，比我们优秀的人比比皆是，对于那些才能、资质都在我们之上的人，我们需要有一个宽阔的心来容纳他们，

我们可以羡慕，但绝不能嫉妒。在这个社会，我们需要承认这样一个事实：自己虽然是独特的，但绝不是最优秀的那一个。我们只愿自己尽善尽美，而不是挖空心思去打击报复那些强过我们的人。

在管仲落魄的时候，鲍叔牙对他说："如果你愿意，咱们俩合伙做生意吧。"管仲答应了，两人结拜为兄弟。由于管仲家里比较贫穷，做生意的本钱都是由鲍叔牙出，但是赚来的钱，鲍叔牙总是把多的一半分给管仲。这令管仲很过意不去，鲍叔牙却说："朋友之间应该互相帮助，你家里不富裕，就别客气了。"过了一阵子，两人一起去当兵，在向敌方进攻时管仲总是躲在后面，而大家撤退时他又跑在了最前面，士兵们纷纷议论管仲贪生怕死，鲍叔牙却替管仲解释说："管仲家里有老母亲，他保护自己是为了侍奉母亲，并不是真的怕死。"管仲听到了这些话非常感动，感叹道："生我的是父母，了解我的是叔牙啊！"

后来，齐桓公在鲍叔牙的帮助下取得了王位，于是，在他继位之后，立即封鲍叔牙为宰相。而管仲当时帮助的则是公子纠，齐桓公继位之后，管仲被囚，鲍叔牙知道自己的才能不如管仲，于是向齐桓公说："管仲是天下奇才，大王若是能得到他的辅佐，称霸于诸侯将易如反掌。管仲并不是与你有仇，只是当时效忠公子纠而已，大王若不计前嫌重用他，他也一定会忠于您。"不久之后，齐桓公用了管仲，在管仲与鲍叔牙的辅佐下，齐国渐渐强盛了起来。

鲍叔牙因为容得下比自己有才能的管仲，才会向齐桓公举荐自己的这位朋友。虽然，管仲的才能远远在于鲍叔牙之上，但鲍叔牙并没有生出嫉妒之心，反而处处为管仲着想，凡事都帮着他，他们在历史上成就了一段感人肺腑的友谊。正所谓"举廉不避亲，举贤不避仇"，当我们遇到了比自己更优秀的人时应该予以敬佩，而不应该心生嫉妒。

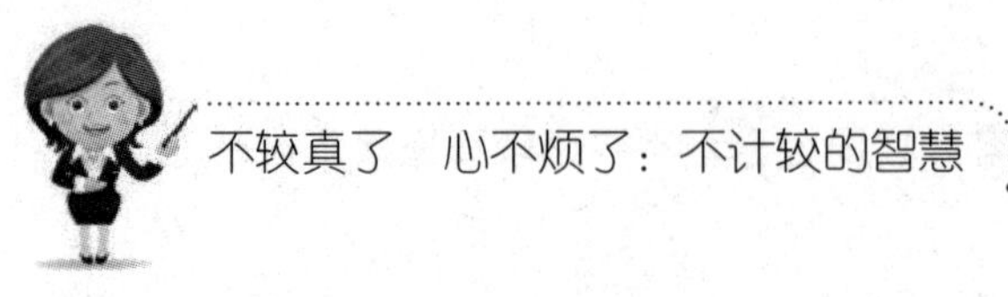

在战国时期，秦国常常欺侮赵国。有一次，赵王派大臣蔺相如到秦国去交涉，蔺相如见了秦王，凭着自己的机智和勇敢，给赵国争得了不少面子，秦王见赵国有这样的人才，就不敢再小看赵国了。而回到赵国的蔺相如，当即被封为“上卿”。赵王如此看重蔺相如，这可气坏了赵国的大将军廉颇，心想：我为赵国拼命打仗，功劳难道不如蔺相如吗？他不过只凭了一张嘴，有什么了不起的本领，地位倒比我还高！廉颇越想越不服气，嫉妒心开始滋生，他怒气冲冲地说：“要是碰着蔺相如，我要当面给他点儿难堪，看他能把我怎么样！”

廉颇的这些话传到了蔺相如耳朵里，蔺相如立即吩咐手下的人，让人们以后碰着廉颇手下的人，千万要让着点儿，不要和他们争吵。廉颇手下的人，看见上卿这样让着自己的主人，更加得意忘形，见到蔺相如手下的人，就嘲笑他们。蔺相如手下的人受不了这个气，对蔺相如说：“您的地位比廉将军高，他骂您，您反而躲着他，让着他，他越发不把您放在眼里啦！这么下去，我们可受不了。”蔺相如却心平气和地说：“我见了秦王都不怕，难道还怕廉将军吗？要知道，秦国现在不敢来打赵国，就是因为国内文官武官一条心，我们两人好比是两只老虎，两只老虎要是打起架来，不免有一只要受伤，甚至死掉，就给秦国造成了进攻赵国的好机会。你们想想，国家的事儿要紧，还是私人的面子要紧？”

蔺相如的这番话传到了廉颇的耳朵里，廉颇惭愧极了，想到自己这般嫉妒真的是不应该。正视了自己的心理，廉颇毅然脱掉一只袖子，露着肩膀，背了一根荆条，直奔蔺相如家。廉颇对着蔺相如跪了下来，双手捧着荆条，请蔺相如鞭打自己，蔺相如却将廉颇扶了起来。从此，两人成为了很好的朋友。

蔺相如能够容得下廉颇的强，因此愿意放低姿态；廉颇对蔺相如受到赵王的器重而心生嫉妒，这就是心胸不够宽广。当然，在蔺相如宽广

的胸怀里，廉颇意识到了自己的嫉妒心，他正视了自己的内心，醒悟之后，做出了“负荆请罪”的义举，最终将那邪恶的嫉妒之心扼杀在摇篮之中。有了蔺相如和廉颇并肩作战，赵国也日益发展壮大。

1. 拥有宽阔的胸襟

当然，容得下别人比自己强，说起来容易，真正做起来却很难。要想做到这一点，我们必须要拥有足够宽阔的心胸，即便对方的势头强过了自己，盖过了自己，我们也需要以宽阔的心去容纳。

2. 与其较真，不如学习他人的优秀之处

当看到别人比自己强、比自己优秀时，我们就会生出嫉妒之心。如果我们也想变成别人嫉妒的对象，那儿所应该做的就是尽量从那些比我们强、优秀的人身上学习可贵的品质，努力让自己尽善尽美。

羡慕美貌，不如让自己活得更美好

女人最大的梦想就是：希望自己变得漂亮！这几乎是所有女人的梦想。长相平平的女人希望自己能变得漂亮，而漂亮女人则希望自己变得再漂亮一点，到底漂亮到哪种程度，她们自己也不清楚。其实，何止是女人？那些长相平平的男人们也会自卑地想：如果自己能貌似潘安多好啊！人对于美貌的追求是无止境的，正因为这样，如今大街小巷才有了那么多的整容中心，这些场所的存在，都是为了人们追求美貌而设立的。为什么人们要苦苦地与自己的容貌较真呢？长相平平，甚至丑陋，这并不是自己的错误，上天就给了这样一张脸，只要健康，那还有什么不满足的呢？长得美就能幸福吗？长得英俊就能事业成功吗？与其羡慕美貌，还不如让自己活得更美好。

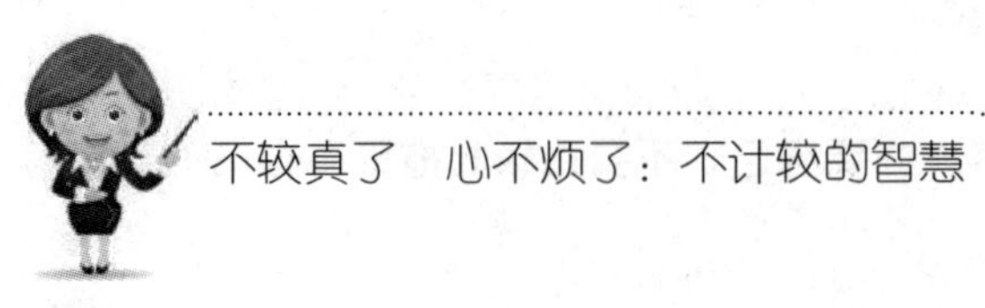

在2007年“快乐男生”选秀节目评委席上，杨二车娜姆，这位头戴艳丽红花从“女儿国”走出来的女人，直率自信的语出惊人，一时间激起了无数的追捧和谩骂。有追随者称：“杨二车娜姆特立独行，敢说真话，是当今娱乐圈少有的性情中人。对于喜欢的选手丝毫不掩饰自己的欣赏之情，而对于不喜欢的，言辞虽有些尖刻但不失为一种娱乐精神。”但谩骂者却说：“杨二车娜姆故意靠尖酸刻薄的惊人话语来赢得别人的关注，哗众取宠，言行举止有伤风化，甚至拿自己家乡的走婚习俗来炒作自己。”所谓婆说婆有理，公说公有理，一时之间，分不出真假。

杨二车娜姆，这个名字并不陌生。她从小生活在大山里，13岁之前不会说汉语，怀着对外面世界的憧憬，一个人来到了城市。在一个偶然的机会，她考入了上海音乐学院，然后进入中央民族歌舞团，成为最年轻的独唱演员之一。1990年她离开中国到美国，后在意大利当模特，游历欧洲。她与美国《国家地理杂志》著名记者和挪威王国外交官石丹梧的两次婚姻颇具传奇。1997年，杨二车娜姆开始写作，著有《走出女儿国》、《中国红遇见挪威蓝》等书，现在为《时尚中国服装》的专栏作家。

2008年，杨二车娜姆出了一本书——《长得漂亮不如活得漂亮》，更是让许多人唏嘘不已。然而，从这句话中却可以看出她内在的乐观与自信，以及一种积极向上的人生态度。按照一般的审美标准来看，杨二车娜姆确实算不上漂亮，但她不仅比“女儿国”的父老乡亲活得漂亮，而且比我们大多数人活得漂亮。

羡慕美貌吗？杨二车娜姆并没有，她通过自身的不懈努力，走出了贫穷。然而，她并未陶醉和满足于自己富足而优越的生活，从她13岁离开家乡后就致力于对家乡和民族的宣传和弘扬，希望通过自己的努力，引起社会以及世界对家乡和民族的关注。而且，在公众面前，她不愿意

隐瞒自身对人、对事物的真实感受和看法。她热衷于社会慈善事业，经常参加一些社会义演和捐助活动。她用自己的亲身经历告诉我们：与其羡慕美貌，不如活得漂亮。

《疯狂的石头》上映之后，草根一族的黄渤一飞冲天，在短短两年时间里晋升为新生代“喜剧天王”。在2009年，他更是凭借一部《斗牛》拿下了第46届金马奖影帝。

这个长相很一般，说话也经常不靠谱的男人，就这样成为了白马。十三年之前，黄渤只是在夜场里唱歌，在大篷车里演出。有一次演出结束之后，浑身上下只剩下十元钱，只好买了一堆油饼，而黄渤还是硬撑着说自己不饿，让别人先吃。

后来，黄渤南下广州、北漂京城，为了赚钱，开过工厂，做过生意，当过老板。这些经历在亲戚朋友中都是一些不靠谱的事情，但黄渤从来没放弃过，他总想着，自己虽然长相不怎么样，但一定会生活得很好的。

后来，有人推荐黄渤去演一个农民，在朋友的鼓励下，他去了。一个偶然的机会，他考入了北影，开始接演电影，直到《疯狂的石头》的出现，他真的疯了，随着疯的还有他的片酬。

在现实生活中，有的人总在抱怨上天没给自己一副姣好的容貌，把这些当成自己自暴自弃的堂而皇之的借口，然后心甘情愿地将自己囚禁在自哀自怜的牢狱中。如果你还在为自己的容貌担忧，那么看看黄渤，你觉得他貌似潘安吗？但他依然可以生活得那么好，活跃于大屏幕，给观众们带来源源不断的快乐与新奇。

1. 不要与自己的容貌较真

容貌是不能由我们自己决定的，那是父母给的，天生就是这样。如果你对自己的容貌较真，那就是折磨自己。与其花时间和精力抱怨自己为什么不长得漂亮一点，还不如把这些时间利用起来，让自己生活得更

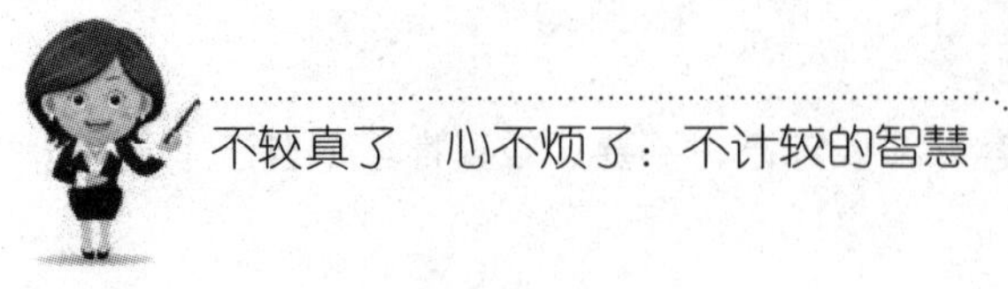

美好。

2. 长得漂亮不如活得漂亮

当我们觉得自己相貌平平时，为什么不能活得漂亮一些呢？当我们觉得眼下的生活并不令人满意时，为什么不尝试着努力改变呢？只要我们下定决心，即便相貌平平，也能活出美女一般的潇洒来。

学会释怀，压力是自己给自己的

每天，我们都面临诸多压力，有可能是事业不顺而造成的工作压力，有可能是感情不顺而造成的感情压力，还有可能是家庭不和谐而造成的家庭压力，心理学家把这些压力统称为“社会压力”。社会压力对于一个人来说，将直接转换成心理压力、思想负担，久而久之，就会成为心结。如果这种压力长久以来得不到有效释放，就会越积越多，并产生出巨大的能量，最终，它就像一座火山一样爆发出来，导致的结果是，人们的情绪大变，总感觉自己活得太累，每天都不开心，脾气越来越坏，甚至，严重者会精神崩溃，做出傻事。对于外界的压力，我们要学会调节，而且千万不要再给自己压力，这样只会是雪上加霜。所以，学会释怀，十分重要。

吉姆是一位年轻的汽车销售经理，他的前途充满了无限希望。但是，由于吉姆本身是对自己要求很高的人，无形且巨大的压力使得他感到异常绝望，他觉得自己就快要死了。甚至，他开始为自己挑选墓地，为自己的葬礼做好一切准备工作。其实，吉姆的身体只是出了一点小问题，有时候会呼吸急促，心跳很快，喉咙梗塞，医生规劝说：“你只需要坦然处理生活，退出汽车销售行业就行了。”

在医院，医生给吉姆做了全面检查，医生告诉吉姆：“你的症结是吸进了过多的氧气。”吉姆先是一愣，然后大笑了起来：“那真是太愚蠢了，我怎样对付这种情况呢？”医生说：“当你感觉呼吸困难、心跳加速的时候，你可以向一个袋子呼气，或者暂时屏住气息。”医生递给吉姆一个纸袋，吉姆照办了，结果，他发现自己的心跳和呼吸都变得很正常，喉咙也不再梗塞了。当他离开诊所的时候，他已经变得容光焕发，原来这一切的症结都是因为内心的焦虑和恐惧，而这些情绪反应完全是因为给自己压力太大的结果。

太大的压力常常会令人陷入长期的焦虑和恐惧中，严重者，还会导致身体出现疾病。心理学家认为：适当的压力有助于我们激发更强的斗志，但是，正如任何事情都有一定的度，压力过大就会影响到正常的情绪。所以，在生活中，我们要给自己适当的压力，只要不是太糟糕的事情，我们应该学会忘记，这样一来，那些琐碎的小事就影响不到我们了。

一位朋友这些天正在学习弹琴，由于基本功不太扎实，他练起琴来很费力，尽管自己付出了许多辛勤的汗水，可是，就是不见效果。

但是，他心里又极度渴望自己在琴技方面能够有所突破，于是，他每天强迫自己练琴4个小时。这样，时间长了，他变得非常焦虑，心理上把练琴当成了一种压力，他常常烦躁地问老师：“我是不是练不好了”、“我还能行吗”、“怎么这么练都不见效果，我干脆还是不练习了吧”、“难道我就这么放弃了吗”等等。

老师听了，只是微微一笑：“你不要与自己较真，放松自己，释放心中的压力，卸下负担，这样，心情好了，琴艺自然会有所进步。”过了不久，朋友的琴艺真的进步了，而之前弥漫在脸上的阴霾也消失得无影无踪。

其实，对于这位朋友来说，外界并不存在太大的压力，反而是他自己给自己太大的压力。自然而然地，他将练琴当成了一种负担，因为负担，他就可能生活在压力、痛苦、烦躁和苦闷中，无法真正体会到练琴的快乐。一个人若是背着负担走路，那么，再平坦的路也会让他感到身心疲惫，最终，他会因为不堪生活的压力而走向不归路。对于生活中的某些事情，不要给自己太大的压力，如果内心积压了很多的压力，那就需要学会释放出来，因为很多时候，压力是自己给自己的。

1. 学会释放压力

有的人总是喜欢把别人的压力放在自己身上，事事较真。比如，看到同事晋升了，朋友发财了，自己总会愤愤不平：为什么会这样呢？为什么就不是自己呢？其实，任何事情，只要自己尽了力就行了，任何东西都是着急不来的，与其让自己无谓地烦恼，不如以积极心态来面对，努力调整情绪，释放内心的压力，让自己的生活变得丰富多彩。

2. 不要给自己太大的压力

一位公司白领这样说：“最近工作压力大，感觉自己越来越不快乐，脾气越来越大，老想发火，尤其是每天回家坐地铁时，由于十分拥挤，每次都会与站在身边的人发生冲突，我也不想这样，但是，我就是快乐不起来。”虽然工作压力很大，但我们还是有选择的，因为在更多的时候，真正的压力是我们自己给的。而压力就像是一个刽子手，它扼杀了一切快乐的因子。

活在当下，别去预支那些烦恼

许多人总是没完没了地考虑明天，预支那些属于未来的烦恼，结果给自己找来了许多烦恼，这就是所谓的“烦恼不寻人，人自寻烦恼”。

明天到底会怎么样呢？我们都无从得知，因为明天还是未知的，即便我们对明天有许多的猜测和幻想，那也应该对明天怀着美好的愿望，而不是为明天而沉重，不要既浪费了今天，又给未知的明天蒙上了阴影。尽管，我们常说“防患于未然”，但我们若是对未来过度地焦虑和担忧，时间长了，反而会成为一种心理负担，整个人都会陷入焦虑的泥潭，最终不可自拔。我们更需要活在当下，不为未知的明天而较真，珍惜今天只要做好今天的自己，那明天定然是美好的。

威廉·奥斯勒年轻的时候，曾经是蒙特瑞综合医院的一名医科学生。他在那里学医的一段时间里，对自己的生活充满了忧虑，不知道怎样才能通过眼下的期末考试，也不知道将来要创立什么样的事业，更不知道明天该怎么去生活。他整天为这些事情担忧着，无心自己的学业。偶然一次，他无意间在一本书上看见了这样一句话：“对我们大家来说，生活中最重要的事情不是遥望将来，而是动手理清自己手边实实在在的事。”正是从书上看到的这句话，改变了这位年轻的医科学生，使他后来成为了最有名的医学家，创建了举世闻名的约翰斯·霍普金斯医学院，并成为了牛津大学医学院的钦定讲座教授，那可是学医的英国人所能获得的最高荣誉。

后来，威廉·奥斯勒爵士给耶鲁大学的学生作了一次演讲，他说：“像我这样一个曾在四所大学当过教授，撰写过畅销书的人，大家以为我会有‘特殊的头脑’。但是事实并非如此，我的朋友都知道，我的脑袋实是在普通不过的。”

有人问他：“那你的成功秘诀是什么呢？”威廉·奥斯勒爵士认为：“我之所以能够成功，是因为我活在完全独立的今天。”

奥斯勒爵士的话并不是让我们不为明天而下工夫做准备，而是要尽自己最大的努力，把今天的工作做到完美无缺，不去预支烦恼，这才是应付未来唯一可靠的方法。奥斯勒把每一天都当做是完全独立的，他不

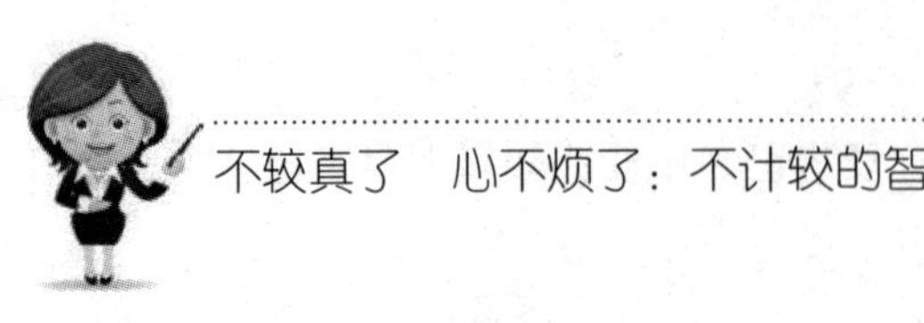

会沉溺在过去，也不会为未来忧虑，所以他能够信心满满地应付今天的事情。生活对于他，每一天都是快乐的，每一天都是自由自在的，所以最后他能够在医学上取得瞩目的成就。

一位著名的心理学家为研究“忧虑”问题，做了一个很有趣的实验。

心理学家要求实验者在一个周日的晚上，把自己未来七天内所有忧虑的“事情”都写下来，然后投入一个“烦恼箱”里。三周过去了，心理学家打开了“烦恼箱”，让所有实验者一一核对自己写下来的每个“烦恼”。结果发现，其中90%的“烦恼”并没有真正发生。

这时，心理学家要求实验者将真正的“烦恼”记录，并重新投入“烦恼箱”。三周很快过去了，心理学家又打开了“烦恼箱”，让所有实验者再一次核对自己写下的每个“烦恼”，结果发现，那些许多曾经的“烦恼”已经不再是“烦恼”了。所有的实验者感觉到，对于烦恼，总是预想的比较多，但往往出现的很少。

对此，心理学家得出了这样的结论：一般人所忧虑的“烦恼”，有50%是明天的，只有10%是今天的，而最终的结果是，至少有90%的烦恼是自己想出来的烦恼，至于今天的烦恼是完全可以轻松应对的。

对未来生活的焦虑和恐惧，成为了现代人普遍的一种心理，即使人们当下的生活过得很不错，仍会不自主地担心未来，总是没完没了地考虑明天会怎么样呢？这样只会让我们的心变得更加沉重，如果总是将多余的心思花在考虑明天的事情上，那生活是不能够平静的，烦恼只会接踵而至。如果我们无视今天的生活，总是担心明天会发生什么，这样所造成的结果是我们既没能过好当下的今天，反而置自己于忧虑之中。

1. 不要为明天的烦恼而较真

明天是未知的，既然它是未知的，那就表示它有诸多可能，我们所担忧的不过是众多可能中最坏的那一种，但我们的运气真的那样差吗？

想来肯定不是。因此，我们应该活在当下，珍惜今天，不要为未知的明天而沉重，也不要为明天的烦恼而较真。

2. 乐在当下

古人云："生于忧患，死于安乐。"意思是，只有忧愁患害才能使人发展，安逸享乐只会令人萎靡死亡。虽然，我们不否认"忧患意识"所带给我们的"未雨绸缪"的益处，但如果我们总是担心明天的生活，内心总是存在一种忧患意识，那我们如何安心地活在当下呢？我们如何过好今天呢？

一个人的烦恼，大多是预支而来的，或者更确切地说，来自于内心的瞎想，因为对未知的明天充满恐惧，才会生出那么多烦恼。越是忧虑，心就越累，在这样的情况下，还不如轻松地活在当下，让未知的明天继续未知。

与人争吵是对自己的责罚

佛说："烦由心生。"一切烦恼都是源于内心的较真，就好比因为生气而与人争吵，这样愚蠢的行为也只有那些较真的人才会做得出来。当然，一个人在生气时总会有这样或那样的理由：受到了辱骂，受到了不公正的待遇，受到了欺骗。但如果我们真的追究起来，错误却并不在自己，为什么会因为别人的错误而生气呢？更令人难以置信的是，为什么会对自己做出如此的责罚——与人吵架呢？吵架，这件事也是挺费神的，小则动口，大则动手；轻则嘴巴干涩，重则身体受伤。无论怎么说，吵架都是一件对自己无益的事情，如果仅仅是因为别人的错误而与人发生争吵，那对自己更是一种残忍的责罚。

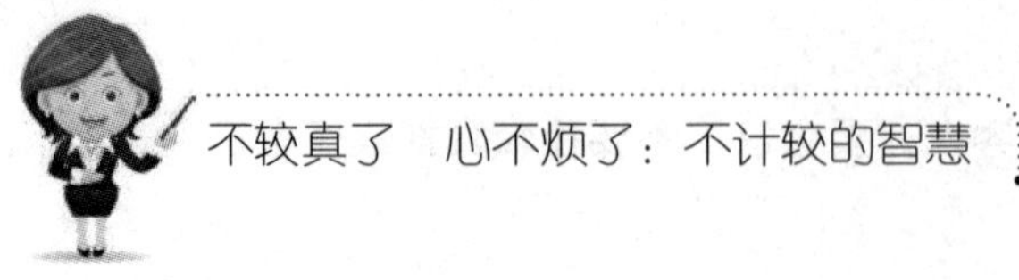

从前，有一个妇女，她心胸狭窄，总是为一些小事与人吵架，每一次生气，她都没有办法控制自己。长此以往，这位妇女的脾气变得越来越坏，为了改掉自己的坏毛病，她便向一位大师求助。

见到大师，妇女就把自己的苦恼一股脑儿全倒出来，大师听了，一句话不说，就把她带到了一个封闭的柴房里，然后，把大门锁了。妇女气得破口大骂，她一个人在漆黑的屋子里骂了很久，但是，没有一个人理会他。妇女骂累了，她想到自己无论骂多久都是没用的，她又开始哀求大师开门，但是，大师还是无动于衷。

过了很久，大师再次来到门前，妇女主动告诉大师："我不生气了，不吵架了，因为这根本不值得。"大师笑着说："还知道值得不值得，可见你心中还有衡量，还是有气根。"妇女不解，问道："大师，什么是气？"这时，大师打开了房门，将手中的茶水洒在地上，妇女想了很久，恍然大悟，向大师叩谢而去。

德国哲学家康德曾说："发怒，是用别人的错误来惩罚自己。"也许，别人的错误是应该受到惩罚，但并不是一定要通过与人争吵来实现，而且，吵架并不能达到惩罚他人的目的。所以，不妨放下心中的愤怒，尽早息事宁人。

从前，在古希腊住着一位名叫斯巴达的人，他有一个很特别的习惯：每次生气或与别人争吵的时候，他都会以很快的速度跑回家，然后，绕着自己的房子和土地跑三圈，跑完以后，就坐在田边喘气。许多人对他这样的习惯很不理解，每次好奇地问他这是为什么，斯巴达总是微笑着不语。

斯巴达是一个勤劳而精明的人，在自己的努力经营下，他的房子越来越大，土地也越来越广，但不管房子和土地有多大多广，一旦遇到了自己生气或者与别人争论的时候，斯巴达依然会绕着自己的房子和土地跑三圈。

直到有一天，斯巴达老了，他的房子变得特别大，土地也变得特别广，不过，这并不会影响他那数十年不变的习惯。每当斯巴达生气的时候，他仍然会拄着拐杖艰难地绕着自己的房子和土地走三圈。好不容易走完了三圈，太阳已经下山了，而斯巴达则独自坐在田边，一边喘气，一边欣赏着自己的房子和土地。

这时，孙女在斯巴达身边恳求："阿公！您可不可以告诉我？"斯巴达感到不解："告诉你什么呢？"孙女挨着斯巴达坐了下来，说道："请您告诉我，您一生气就要绕着土地跑三圈的秘密。"斯巴达笑着说："年轻的时候，只要一和别人吵架、争论、生气，我就会绕着房子和土地跑三圈，一边跑一边想：房子这么小，土地这么小，哪有时间去和别人生气呢？一想到这里，我的气就消了，整个人变得平和起来，把所有的时间都用来努力工作。"孙女感到很不解："阿公！可是，现在您已经年老了，房子也大了，土地也广了，您已经是最富有的人了，那为什么还要绕着房子和土地跑呢？"斯巴达温和地说："可是，我现在依然会生气，为了克制内心愤怒情绪的蔓延，我在生气时还是绕着房子和土地跑三圈，边跑边想：自己的房子这么大了，土地这么多了，又何必要和别人计较呢？一想到这里，我的气也就消了。"

为了克制内心生气的情绪，斯巴达绕着房子和土地跑三圈，跑完了气也就消了，再也不不想与人吵架了。斯巴达看似愚蠢的行为，可谓是智者的行为，因为不生气才是聪明人的选择，而生气只不过是愚者的本性。

1. 习惯较真的人容易与人吵架

在生活中，那些处处较真的人从来不愿意服输，一旦自己的利益受到了一点点损失，他就会气愤不已，动不动就跟身边的人吵架，以此想夺回自己的利益。其实，吵架的起因大多是绿豆芝麻那样小的事情，何必那么较真、计较呢？放下心中的苛责，你会发现，事情并不如想象中那么严重。

2. 发泄内心的愤怒情绪

当有人惹怒了我们，当内心愤怒的情绪膨胀到极点的时候，我们要善于通过合理的途径发泄情绪，比如找个无人的地方，对着大山、大海发泄一通，大喊几声，估计心里会好受一些。等自己心情平静了之后，再回到当初的事情中，你会发现根本没必要生气。

包容自己，用美的眼光看世界

很早以前，我们就听过这样一句话："这个世界并不是缺少美，而是缺少发现美的眼睛。"当我们总是在抱怨这个世界的时候，你何曾想过，它的美丽你从来没发现过。因为总是带着较真的眼光，这让我们在看待这个世界时多了几分挑剔，多了几分苛责，于是我们就会有许多烦恼，甚至会生气、愤怒。包容自己，还有一种最恰当的方式就是用一种美的眼光看待这个世界，用心去欣赏属于这个世界的美丽。眼睛是最美丽的窗户，它从来不会撒谎，有时候阻碍来自于我们的内心。当我们无法包容自己，内心充满抱怨的时候，我们会用一种挑剔，甚至憎恶的眼光看待这个世界，当然，与此同时我们也错过了美丽的风景。

乔丽是报社的一名记者，最近她接到了一份特殊的采访任务。当她拿到被采访者的资料时，不禁有些难过，这是一个怎样的女人：丈夫早些年得了重病去世了，欠下了大笔的债务，家里有两个孩子，其中一个还身患残疾。女人只在一家小型工厂里当一名女工，微薄的薪水养着整个家，还需要还债。乔丽一下午都坐在家里，想着：她家里不知道是什

么样子？女人和孩子都蓬头垢面，满脸悲苦，又黑又潮的小屋里没有一点儿鲜活的色彩，自己去了，也许只会不断地听到哭诉。

那个周末，乔丽满怀深情，按着地址找到个那个女人居住的地方。当她站在门口时，有些不敢相信自己的眼睛，她甚至怀疑自己找错了地方，于是又向女主人核实了一遍。确认无误之后，她再开始重新打量这个家：整个屋子干干净净，有用纸做的漂亮门帘，墙上还贴着孩子上学获得的奖状，灶台上只放着油、盐两种调味品，但却把罐子擦得干干净净，女人脸上的笑容就像她的房间一样明朗。乔丽坐在用报纸垫上的凳子上，热情的女人为她拿来了拖鞋，乔丽看见那双鞋居然是用旧的解放鞋的鞋底做的，再用旧毛线织出带有美丽图案的鞋帮。

当女人也一起坐下来时，乔丽不禁有些好奇她是怎么把这个家打理得这样舒适的。女人一边干着活，一边微笑着说："家里的冰箱洗衣机都是隔壁邻居淘汰下来送给我的，其实用起来也蛮好的；工厂里的老板同事也都很照顾我，还会让我把饭菜带回来给孩子吃；孩子们也很懂事，做完了一天的功课还会帮忙干家务活……"

乔丽听着听着，眼睛有些湿润了，叹息道："虽然你所面临的环境是糟糕的，但是，你却能用美的眼光看待这个世界。"这并不是同情，而是一种赞叹，赞叹女人的坚强，更赞叹女人的乐观。

我们再回忆那个女人漫不经心的话："家里的冰箱洗衣机都是隔壁邻居淘汰下来送给我的，其实用起来也蛮好的；工厂里的老板同事也都很照顾我，还会让我把饭菜带回来给孩子吃；孩子们也很懂事，做完了一天的功课还会帮忙干家务活……"如果换做是另外一个较真的女人：邻居淘汰下来的洗衣机还能用吗？厂里吃剩下的饭菜，孩子吃了有营养吗？家里连一张桌子都挪不开，怎么让孩子们做作业？同样的环境，前者所看到的都是美好的，而后者所看到的则是糟糕的，那是因为前者懂得用美的眼光看世界。

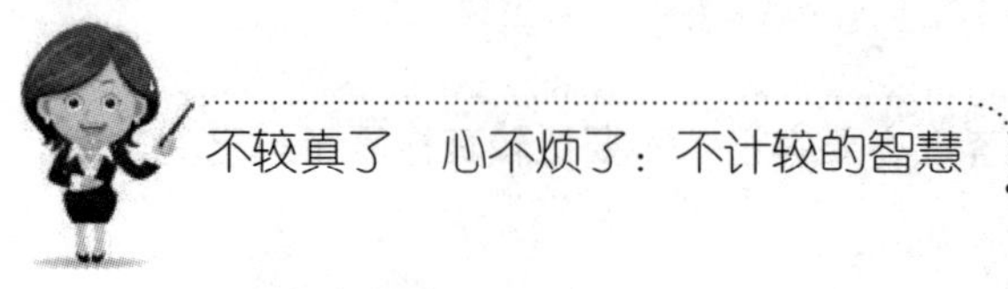

1. 摆正好的心态

威廉·詹姆斯说："世界精神太忙碌于现实，太驰骛于外界，而不遑回到内心，转回自身，以徜徉自怡于自己原有的家园中。"用美的眼光欣赏这个世界，关键在于自己的心态。

2. 什么是美的眼光？

什么是美的眼光？当然是积极乐观的眼光。当拥有阳光般的心态，我们的眼光自然会充满美丽。因为心中怀着爱，怀着对未来的无限美好憧憬，所以凡是我们目光着眼之处，必然是美丽的。

[第 5 章]

善于为己宽心，不较真才躲得过不如意

在生活中，我们要善于为己宽心，淡定从容，不以物喜，不以己悲；正所谓胜负乃兵家常事，输赢不需要计较；有时候，被人误会了，不要急于过分解释；学阿Q，自我调节；学会遗忘，将那些烦心的事情抛之脑后。如此不较真，我们才能躲得过生活中的种种不如意。

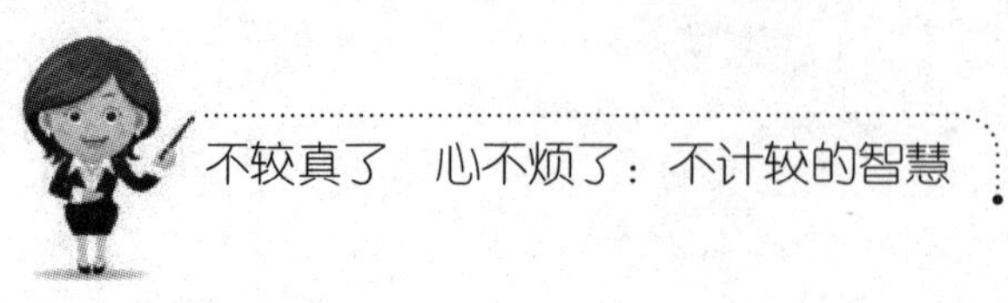

淡定从容，不以物喜，不以己悲

吕坤在《呻吟语》中这样写道："在遭遇困难的时候，内心却居于安乐；在地位贫贱的时候，内心却居于高贵；在受冤屈而不得伸的时候，内心却居于广大宽敞，就会无往而不泰然处之。把康庄大道视为山谷深渊，把强壮健康视为疾病缠身，把平安无事视为不测之祸，那么你在哪里都不会安稳。"如果说较真是一种偏执的心态，那淡定从容则是人生的真正态度，一个人若是能做到淡定从容，不以物喜，不以己悲，不管遇到什么事情，他都能泰然处之：得意时，淡然坦荡；失意时，泰之若素。生活中总会有很多不尽如人意的地方，所谓"世事常难遂人愿"，在这时如果我们与自己较真，心里总也迈不过去那个坎，那心灵就会陷入各种各样的困惑中，难以拥有轻松畅快的快乐。比如，到达成功的巅峰，便会满心欢喜；一旦失意了，就会在失落中彷徨，情绪低落。其实，这些都是对自己的一种苛刻，换而言之，是自己跟自己较真，才会让自己的心灵难以体会到轻松的快乐。

胡雪岩是一个遇事不惊的人，在任何时候，他都表现得淡定从容，不以物喜，不以己悲。

当上海阜康的挤兑风潮波及杭州的时候，本来，在杭州负责主事的螺蛳太太是一个很有主见的人，但是，遇到这样大的挤兑风潮，她也没了主意，不知所措。就在这时，胡雪岩回到了杭州，他来到钱庄的时

候，正好遇到店里开饭，胡雪岩神态祥和，看起来一点儿也不担心、悲伤。竟然，他还闲情逸致地去看伙计们的饭桌，看到伙计们的饭桌上只有几个平常的菜，胡雪岩竟留心起来，不一会儿，就嘱咐钱庄档手谢云清："天气冷了，该用火锅了。"另外，他还要求谢云清将用火锅的规矩改改，要按照外国人的办法，以气温的变化为标准，冬天什么时候吃火锅，夏天什么时候吃西瓜。

虽然，胡雪岩这样关心伙计的行为在平日里也常有，但是，眼看钱庄就要面临破产的困境，他依然有如此的闲情来关心琐事，足以见其淡定从容的心态。其实，胡雪岩明白，在这个时候陷入悲伤之中，不仅于事无补，甚至，会更加坏事。对此，他告诉自己：不要悲伤，不要怨恨任何人，甚至，连自己都不能怨，只想自己该做什么，怎么做，这才是最关键的。

在危机来临的时候，胡雪岩比任何人都懂得"不以物喜，不以己悲"的道理，时刻保持从容，不忧虑、不悲伤、不较真，该做什么就做什么，跟什么事情都没发生一样。另外，胡雪岩的从容在一定程度上可以缓解危机的影响。比如，在这个时候，店里的伙计早已经心急如焚，可胡雪岩还有说有笑，跟往常一样，这对于稳定伙计们的心有很好的作用。这一点就是胡雪岩的过人之处，他不仅仅自己淡定，保持从容，还要将那份从容感染给伙计，使大家同心协力，共渡难关。

5年前，王太太还过着风光无限的生活，住洋房，开跑车，有英俊潇洒的丈夫和乖巧懂事的女儿，那时候，是她最幸福的时刻。可现在什么都变了，一切源于那次车祸。5年前，王太太一家人外出自驾游，在细雨纷飞中，由于路面湿滑，酿成了严重的交通事故。在事故中，只有王太太一个人活了下来，当知道丈夫和女儿都已离去的时候，她竭尽全力朝着墙壁撞去，心里不断地问老天："为什么不带我一起走？为什么？这究竟是为什么？"摸着头上的血，她笑了，对身边的护士说："上天不

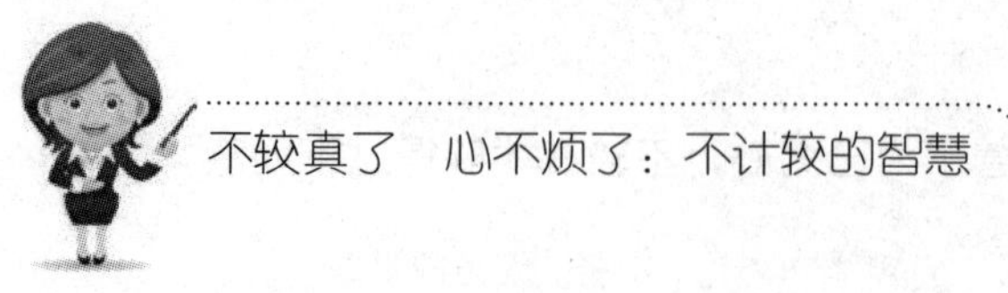

让我离去，肯定有理由，就让我代替他们活下去吧。”

康复后的王太太租了一间小屋，原来的积蓄在手术治疗中已经花光了。虽然，感到心中很累，但王太太还是坚强地活了下去。找工作、交房租、买菜、做饭，生活中的每一件事都做得一丝不苟，淡定从容。昔日的好友走进了她的家门，惊讶地说：“以前你过惯了锦衣玉食的生活，可如今，你是怎么活下来的？你忍受得了吗？”王太太笑了笑，眼睛望着窗外，说道：“人生的大悲大喜，我都经历过了，对于我来说，还有什么可怕的呢？还有什么不能忍受的呢？以后的我就要这样从容地活下去，不悲不喜，品尝最平淡的生活。”

从昔日锦衣玉食的生活突然沦落到拮据不堪的生活，这样的心理落差是很大的，一个普通的人是难以承受的。但有着淡定从容心态的王太太忍受下来了，而且通过这些事情领悟出许多人生的道理：人生虽然有大起大落、大悲大喜，但只要不与自己较真，凡事以宠辱不惊应对，那就会品味到最甘甜的滋味。

1. 不较真是一种良好的心态

只要我们保持宠辱不惊、不较真的心态，坦然地面对生活本身，才有可能在失意时不被击倒，在得意时不至于从巅峰坠落。对于生活中的任何事情，都要以一颗平常心对待，淡定从容，切莫大喜大悲。

2. 淡定面对风云变幻的人生

有人说：“一个淡定从容的人，他没有不满，没有怀疑，没有嫉妒，没有牢骚，没有抱怨，没有恐惧，不悲不喜。”很多时候，我们的压力与不快乐是因为自己拥有的东西太少，而奢望太多。得意时的轻狂、失意时的沮丧，常常令我们陷入了悲与喜的纠葛之中。人生在世，更要学会淡定，从容不迫，在沉迷时清醒，在贪求时淡泊，对任何事情，拿得起，放得下，宠辱不惊，看庭前花开花落。

为人潇洒点，别为眼前的小事烦恼

在生活中，有许多这样的人，他们往往能勇敢地面对生活中的艰难险阻，却被小事情搞得灰头土脸、垂头丧气。其实，生活在这个世界，每天我们所遭遇的琐碎小事可以说是不胜枚举，如果我们总是较真，总是为那些眼前的小事烦恼，那我们将郁郁寡欢。太过较真，犹如握得僵紧顽固的拳头，失去了松懈的自在和超脱。生命就是一种缘，是一种必然与偶然互为表里的机缘。有时候命运偏偏喜欢与人作对，你越是较真地去追逐一种东西，它越是想方设法不让你如愿以偿。这时那些习惯于较真的人往往不能自拔，仿佛脑子里缠了一团毛线，越想越乱，他们陷在了自己挖的陷阱里；而那些不较真的人则明白知足常乐的道理，他们会顺其自然，而不会为眼前的事情所烦恼。在山坡上有棵大树，岁月不曾使它枯萎，闪电不曾将它击倒，狂风暴雨不曾把它动摇，但最后却被一群小甲虫的持续咬噬给毁掉了。这就好像在生活中，人们不曾被大石头绊倒，却因小石头而摔了一跤。

二战后，一位名叫罗伯特·摩尔的美国人在他的回忆录里写下了这样一件事：

那是1945年3月的一天，我和我的战友在太平洋海域的潜水艇里执行任务。忽然，我们从雷达上发现一支日军舰队朝着我们开来。几分钟后，6枚深水炸弹在我们潜水艇的四周炸开，把我们直压到海底280英尺的地方。尽管如此，疯狂的日军仍不肯罢休，他们不停地投下深水炸弹，整整持续了15个小时。在这个过程中，有十几枚炸弹就在离我们几十英尺左右的地方爆炸。倘若再近一点儿的话，我们的潜艇一定会被炸出一

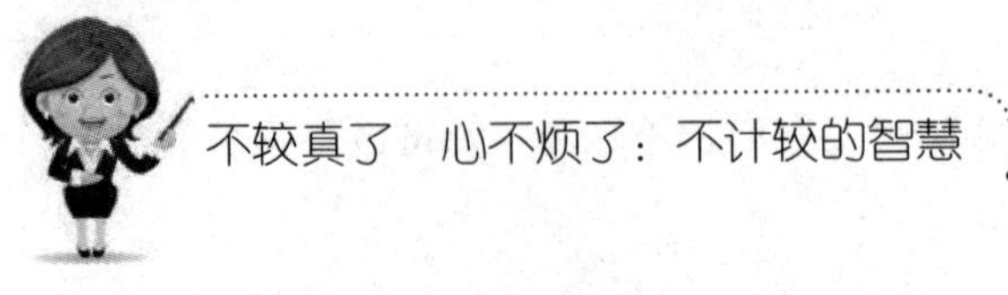

个洞来，我们也就永远葬身太平洋了。

当时，我和所有的战友一样，静躺在自己的床上，尽量保持镇定。我甚至吓得不知如何呼吸了，脑子里仿佛蹿出一个魔鬼，它不停地对我说：这下死定了，这下死定了。因为关闭了制冷系统，潜水艇内的温度达到摄氏40多度，可是我却害怕得全身发冷，一阵阵冒虚汗。15个小时之后，攻击停止了，那艘布雷舰在用光了所有的炸弹后开走了。

我感觉这15个小时好像有15年那么漫长，我过去的生活一一浮现在我眼前，那些曾经让我烦恼过的事情更是清晰地浮现在我的脑海中——爸爸把那个不错的闹钟给了哥哥而没给我，我因此几天不跟爸爸说话；结婚后，我没钱买汽车，没钱给妻子买好衣服，我们经常为了一点儿芝麻小事而争吵。

但是，这些当时很令人发愁的事情，在深水炸弹威胁我的生命时，都显得那么荒谬、渺小。当时，我就对自己发誓，如果我还有机会重见天日的话，我将永远不再计较那些眼前的小事了。

做人要潇洒点，不要总是为眼前的小事而烦恼，如此简单浅显的道理，我们却始终不能明白。有些事情在我们经历时总也想不通，直到生命快到尽头时才恍然大悟，如果上帝不再给我们一次机会，那岂不是永远的遗憾。

在每年的七八月份，北极地区的冰雪开始大面积融化，气温也逐渐开始回升，出现了短暂的春天景象，十分美丽。但是，随着气温的升高，也开始出现了大量的蚊虫，由于当地物种稀少，那些饥饿的蚊虫就会飞到人们聚居的地方，吸食人们的血液来维持自己的生命。让人感到奇怪的是，当地的居民却对这些嗡嗡乱叫的蚊虫十分仁慈，从来不轻易伤害它们。有的游客会拿出杀虫剂喷洒，还会被当地居民所制止。这是为什么呢？

原来，一种被称之为驯鹿的动物是当地居民过冬的主要肉质动物来源。可是，在天气比较暖和的时候，大批的驯鹿会自发地成群结队向低纬度地区迁移，因为那里有大量的水草，如果没有人驱赶它们，它们就不愿意在严寒到来的时候准时回来。在北极地区，想靠人力来驱赶驯鹿，这根本是不可能的事情。这时候，那些讨人厌的蚊虫就显示了它们的威力。当天气开始降温，蚊虫就会飞到低纬地区逃命，自然会与驯鹿不期而遇。那些吸食血液的蚊虫是驯鹿无法抵御的天敌，所以那些驯鹿走投无路之下只能返回，正好钻进了人们事先已经设计好的陷阱里。

聪明的印第安人掌握了自然界物物相扣的规律，所以甘愿忍受蚊虫吸食的痛苦，来求得长远的生存。在他们看来，眼前的小事情并不需要挂在心上，那些长远的考虑才是智慧者的生存之道。所以，在那些被蚊虫吸食的痛苦日子里，印第安人并没有过多地埋怨，而是保持着一份乐观豁达的胸怀，因为他们知道有了蚊虫的存在，这个冬天就不用愁食物了。

1. 眼前的事情总会成为过去

可能，生活中的我们总为眼前的事情而发愁，可能是没钱买房子，可能是没钱买车，可能是没钱给自己和亲人买好看的衣服，但这些事情总会成为过去。正如“面包会有的，牛奶会有的”，一切总会好起来的，有这样良好的心态，何必还与自己较真呢?

2. 换一种心态看问题

在这短暂的人生中，千万不要浪费时间去为眼前的事情而烦恼。虽然我们无法选择自己的老板，无法选择自己的出身，无法选择自己的机会，但我们可以选择一种好的心态去看待问题。凡事看得开、看得透、看得远，我们就能赢得一份好心情。

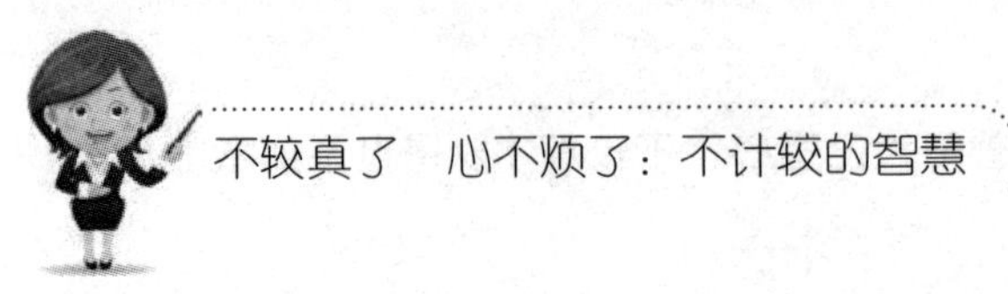

输赢不计较，胜败皆是常事

在兵法中，有这样一句话：“胜败乃兵家常事。”简单的一句话，却启示了一个大道理：尽量将输赢丢开，胜败皆是常事。其实，在生活中何尝不是这样呢？当我们遭遇失败的时候，需要告诉自己：“将输赢丢开。”不要较真自己到底是输了还是赢了，你越是较真，心情就越是糟糕。确实，生活中从来没有输赢，我们所需要保持的是淡定的心态。对于我们每个人而言，生活是风云变幻的，那些意想不到的事情总会在我们不经意的时候发生，既然输赢的结果已经出现了，我们所需要的就是保持一颗平常心，不计较输赢。面对失败，我们不能因一时的挫折而丧失斗志，一蹶不振，不能因为一次输赢而患得患失，失去了应对失败所需要的平和心态。有时候，人生就是一场又一场的赌博，输赢并不是自己所能决定的，我们所能做好的就是填满中间空白的过程，如果我们没办法决定是输还是赢，那就选择平和的心态对待之。

大学毕业后，他放弃了父母托关系为他找的铁饭碗工作，只身带着单薄的行李南下，来到了炙手可热的沿海地区。每天做很简单、枯燥的工作，他都能从中找到自己的快乐。他好学，遇到不懂的问题都会向同事请教，时间长了，老板欣赏他的踏实与认真，晋升他为秘书。之后，他不断地升职，在企业中有了较高的职位。这时候，他毅然放弃了高薪职位，拿着多年的积蓄，开了一家小公司。在他的努力经营下，小公司一天天成长，他成了远近闻名的大老板。

在那年的金融海啸中，他的公司不幸也遭遇了很大的冲击。得知

消息的时候，他还在家里，父母担心地看着他。他很平静，反而安慰父母："没事，当年我也是一无所有，现在不过是时间的问题而已。"他回到了公司，有条不紊地处理事宜，员工看着平静的他，本来慌张的情绪也平缓下来了，该做的工作还是接着做，好像什么都没变，公司一步步走上了正轨。

要以平和的心境接受失败，不计较输赢，因为胜败乃是常事；对于失败之后的残局，要有条不紊、泰然处之地加以处理。在上面这个案例中，我们所能够学到的是不较真的心境，以及那种临危不惧的心态。在生活中，我们会遇到这样或那样的事情，可能会较真，不承认自己输了，或紧张、慌乱、无措，但只要保持良好的心态，淡定从容，事情看起来就没那么糟糕。所谓"船到桥头自然直"，在平和的心境下，不利变为有利，一切困境都会过去。

胡雪岩刚开始做丝绸生意的时候，就面临了一次失败。当时，胆大的胡雪岩买下了湖州所有的蚕丝，打算自己来控制价格，以此打击洋商。没想到，生意最后是做好了，可前前后后算起来，最后却倒赔了一万多两银子，再加上之前欠下的旧债，差不多有十几万两。面对如此的打击，胡雪岩依然镇定自若，该拿给朋友的分红，一分不少，从他身上看不到一点"输"的痕迹，因为他知道，只要自己内心不败，总有一天会成功。

后来，上海挤兑风潮来临，胡雪岩又一次站在输赢的转角。当时，上海阜康钱庄的挤兑风潮已经波及了杭州，胡雪岩正全力调动、苦撑场面，费尽心机保住阜康钱庄的信誉，试图重振雄风。可是，在这关键时刻，可谓是"屋漏偏遭连阴雨"，宁波通裕、通泉两家钱庄同时关门。原来，这通裕、通泉两家钱庄是阜康钱庄在宁波的两家联号，胡雪岩意识到这次自己真的要输了。朋友德馨打算出面帮忙，并愿意垫付20万两维持那两家钱庄，胡雪岩很感动，却婉拒了这一番好意，他觉得自己已

经不能挽回败局，也不想拖累朋友。于是，胡雪岩决定放弃通裕、通泉两家钱庄，全力保住阜康钱庄。

面对危机，胡雪岩能够输得起，经过一番考虑之后，他总结出了：人生做事，必然会有输有赢，胜败乃是兵家常事，关键是心里不能输。既然选择了做生意这样有风险的事业，就要“赢得起，更要输得起”。

1. 输也要输得漂亮

胡雪岩说：“我是一双空手起来的，到头来仍旧一双空手，不输啥！不但不输，吃过、用过、阔过，都是赚头。只要我不死，你看我照样一双空手再翻过来。”因为那份坦然的心境，胡雪岩虽然输了，但输得漂亮，实在令人佩服。

2. 不要较真生活中的输赢

在生活中，输与赢不过是不同的结果而已，任何一个人，既要有赢的渴求，同时，也要有输的心理准备。输赢乃常事，我们所能做的就是始终保持一颗平和的心态。因为生活本就没有输赢；即使输了，不要输了斗志，不要输了志气。如果你总是计较生活中的输赢，那估计你常常会成为输家，而非赢家。

其实没人在意，不要把自己当焦点

在生活中，有的人习惯与自己较真，不断地苛责自己，他们最常用的方式就是把自己当焦点，注意自己的一言一行，好像有了一点点疏忽，自己就成了大罪人一样。实际上，在生活中，每个人有每个人的生活方式和言语行为，根本没人在意你今天说了什么，做了什么，千万不

要一厢情愿地把自己当成了焦点。如果你觉得别人在观察你、注意你，那也是因为你太过较真了。每天人们都有很多事情需要考虑，他们根本没有多余的时间和精力来观察你到底说了什么、做了什么，或者说哪些事情没做好。只要不是太大的事情，通常情况下人们是不会在意的，任何人都不会成为大家的焦点，因为每个人的焦点都是他们自己。因此，不要苛责自己，如果在做事情过程中有了一点儿疏忽，不要自责，因为没人会在意。

小雨是店里新来的营业员，她是一个小心翼翼的女孩子，就连说一声："你好！"她都会微微点头，唯恐自己的言行让店长不太满意。其实，对于这样一个谦和有礼的女孩子，店长是很喜欢的。

小雨并不明白店长的心思，她每天都在担心自己的工作做得不够好，担心自己做错了事情。有一天，她在摆弄蛋糕的时候，不小心手抖了一下，小蛋糕摔在了地上，小雨害怕得眼泪流了下来，店长急忙安慰："没事，没事，一会让师傅重新做一个。"可小雨心里好像背上了一个沉重的包袱，总在担忧这件事：店长会不会因为这件事辞退我？我怎么这样笨呢，其他人工作总是做得那么好，可我……她越想越泄气，每天忧心忡忡，接连着工作出现了很多纰漏。店长疑惑了，这样一个女孩子到底为什么烦心呢？

在店长的再三开导下，小雨才道出了自己的心结。店长听了有些哑然失笑："这都是一些小事情，值得为这样的事情担心吗？工作中犯了一点儿小错，没有人会在意的，因为大家都在关注工作的事情，没有人会关注你。当初我当实习生的时候，犯下的错误更多，但我从来不担心，因为犯错了才能更好地改正错误，不是吗？"听了店长的话，小雨顿觉得豁然开朗，自己并不是焦点，又何必需要去在意别人是怎么看的呢？

因为太在意别人的目光，我们的言行都会小心翼翼，如履薄冰，心

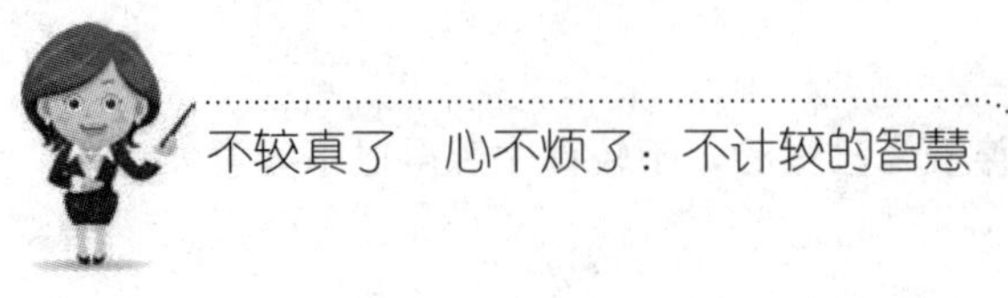

中好像揣着一颗炸弹一样，随时准备着逃跑，这样整日忧心的日子有什么快乐可言呢？其实，将自己当成焦点，那不过是自己在与自己较真，实际上根本没人会在意你的言行。

1. 你不需要让所有的人都满意

我们生活的最初点，似乎都是在让所有的人都满意，而从来没有让自己满意过。事实上，我们要懂得这样一个道理：你不需要讨好所有的人，只有自己喜欢才是最重要的。

2. 做自己喜欢的

在生活中，什么是快乐？其实，快乐很简单，就是做自己喜欢的事情。如果我们太过在意别人的眼光，把自己当成焦点，那只会让自己身心疲惫。因此，要学会做自己喜欢的事情，享受自己生活的世界，没人会在意你做了什么。

遭遇误会，不用马上急于解释

有时候，我们会遭遇误会。所谓误会，也就是因主、客观原因造成的隔阂。当然，单就人际交往而言，误会一旦产生了，我们就应及早解释，早日消除误会，让彼此的关系冰释前嫌。但是，就“误会”本身而言，我们是没有必要马上急于解释的。在生活中，被人误会是一种不爽的情绪体验，让人气愤、郁闷和苦恼，这是每个人都不愿意遇到的事情，但有时却又不得不面对。遭遇误会，是马上急于解释还是找到合适的时机再解释，这其实也主要看人的心态。通常情况下，那些喜欢较真的人，他们往往会急于解释，因为他们不允许自己被误会、被冤枉，相比较解释不成功的结果，他们更不能忍受自己被误会的痛苦。他们内心

有一股较真的劲儿，那就是不把事情还原真相就不罢休，不过，正是因为这样较真到底的劲头，最后，他们往往是解释不成功，反而影响了两人之间的关系。

其实，遭遇误会，不马上急于解释是不错的做法。从心理学角度说，人们在遭遇对自己不利的情况时通常会启动自我保护机制，使人很难在瞬间接纳与自己相反的意见和看法，因此，急于解释不仅不容易被人接受，有时还会被误以为是掩饰，从而引发新的误会。实际上，遭遇误会那是别人的原因，自己何须如此较真呢？为自己而活，不因别人而累，生活才会更轻松快乐。假如我们把误会当成是增加了解、促进交流、增进友谊的机会，那即便是无心插柳，柳也会成荫。

小真是一个较真的女孩子，即便是一件小事，她也非要揪出个子丑寅卯来。这不，今天小真正为被同事误会的事情而闹心呢。

小真本是心直口快的人，有什么话，噼里啪啦一阵，说完了心里就没事了。之前，在与同事小王进行合作的时候，就因为她这样的个性，使得两人闹出了不少矛盾。心胸狭窄的小王心里一直很别扭，他经常会注意小真的言行，观察她是否在上司面前打自己的小报告。这天正巧小王进办公室的时候，看见小真和上司有说有笑，没过几个小时，上司就让小王将手头的这项工作移交给小真负责。小王心怀嫉恨，看来小真真的在上司面前说自己坏话了。

不料，第二天小王的猜疑就传到了小真的耳朵里。她一听到这传闻，顿时脸红脖子粗，拍起了桌子，嘴里叫嚣着："自己工作做不好，凭什么就怀疑我去打小报告，我小真是这种人吗？平生最恨的就是被人冤枉。"旁边的同事安慰道："小声点儿，当心一会儿吵起来。"没想到，小真反而声音大了起来："我才不怕呢，被人冤枉，这样的事情，我怎么咽得下这口气，我不会罢休的！"说完，就走出了办公室，直朝着小王所在的办公室走去，刚进门，就大声嚷嚷："谁怀疑我打小报

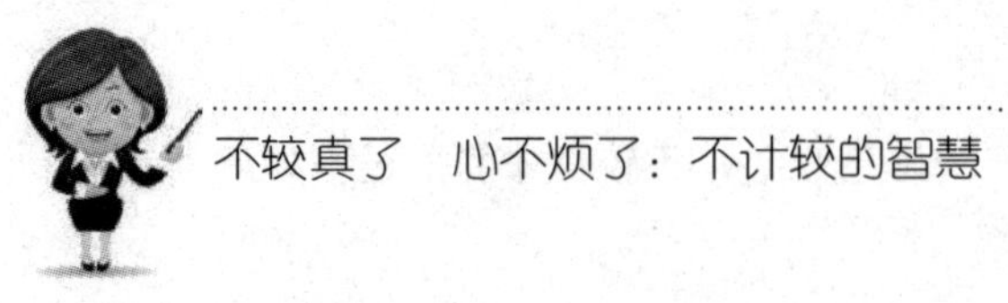

告，站出来！我今天就是较真到底了，怎么样？我可以马上让上司来对质，我小真说了什么话，我记得清清楚楚，绝不像某些人那样，不敢说出来，尽在背后使坏。”小王憋不住了：“谁说了什么自己心里清楚，还用得着别人说吗？”就这样，两人吵了起来。

结果，上司来了，两人的火气才平息下来，但两人都受到了处罚，理由是：破坏工作环境。

小真就是典型的较真型，对于自己被误会的事情，她咽不下这口气，非要将事情闹大了才罢休。但是，难道把事情闹大了就能让事情得到解决吗？实际上其结果往往是把事情弄得更糟，误会不仅没有消除，而且会增加彼此之间的隔阂，而这一切都是源于小真的较真劲儿。

1. 遭遇误会，怎么办

当我们被人误会时，首先需要沉得住气，冷静地分析误会的根源，然后学会沟通，寻找时机，准确地表达自己的真实想法和意愿。当然，沟通时需要讲究方法。假如对方心直口快，你大可以单刀直入，向他说明；如果对方性格比较内向，那就需要多花一点儿心思，避免产生新的误会。而且，沟通还需要有真诚的态度，如果误会在于自己，那就诚恳地向对方道歉；如果误会在于对方，也不要得理不饶人。

2. 不较真，保持豁达的心态

遭遇误会时，不要较真，重要的是保持宽容豁达的心态看待是非功过，不要把对方往坏处想，或兴师问罪，或处心积虑地寻衅报复，所谓“开口便笑，笑古笑今，凡事付诸一笑；大肚能容，容天容地，于人何所不容”。宽容是一种力量，也许别人正煎熬在因为自己的不慎引起误会而给对方造成的痛苦中，这种痛苦比我们遭遇误会更沉重。

自我调适，学点阿Q精神

孔子曾这样评价自己的得意门生颜回：“一箪食，一瓢饮，居陋巷，人不堪其扰，回也不改其乐。”颜回以求道为乐，他获得了其乐融融的生活。其实，与颜回有着同样心态的人，还有鲁迅先生笔下的阿Q。虽然，阿Q与颜回相差十万八千里，但是，他们有一个共同的特点，就是他们都游刃有余地掌握了快乐的哲学，不较真，不气恼，哪怕遇到了再大的事情，却依然懂得安慰自己。所谓的“自欺欺人”，其实也是阿Q精神的一种。在阿Q身上，有一个引人注目的特点：“在遇到任何挫败或生气时都会以虚幻的胜利感来安慰自己或欺骗自己。”由此而延伸，人们将这一种情绪调节法称为“阿Q精神胜利法”。在生活中，如果我们经常较真，那就很有必要学习阿Q精神胜利法，即便遇到再生气的事情，也要懂得安慰自己，让自己活得更快乐。

在未庄，阿Q是一个极其卑微的人物，在他看来，整个未庄的人都不在自己的眼里。赵太爷进城了，阿Q并不羡慕，还说出了自尊自大的话来：“我的儿子将来比你阔得多。”阿Q进了几回城，变得十分自负，甚至，有点瞧不起城里人，遇到别人嘲笑自己头上的癞头疮疤时，阿Q也不生气，反而以此为荣，笑着回答：“你还不配。”

遇到与别人打架的时候，如果是自己吃亏了，阿Q也不生气，心想：“我总算被儿子打了，现在世界真不像样……”于是，本来愤愤不平的心理也得到了满足，以胜利的姿态回去了。赌博赢来的钱被人抢走了，阿Q也不气恼，如果没有办法摆脱“闷闷不乐”，他就自己打自己，这样感觉被打的是“另外一个”，这样，阿Q在精神上又一次转败为胜。

阿Q，本来只是鲁迅先生笔下所描绘的一个人物，但在现实生活中，人们越来越觉得自己更需要阿Q精神。于是，越来越多的阿Q出现在我们身边，阿Q精神甚至出现在我们身上。对于阿Q精神，人们总是分为两个派别：有些人觉得阿Q精神是民族的一种劣根性，是中国传统遗留下来的祸根；而有的人却觉得阿Q精神自有它的积极性，生活中正需要这样的精神。在这里，我们对阿Q精神不作任何评价，只是将其积极性当做我们学习的对象，对于它是否带有民族劣根性，那暂不是我们需要思考的问题。

在《三国演义里》，有众人皆知的“诸葛亮三气周瑜的故事”。

赤壁之战结束后，孙刘两家均欲取荆襄之地，如此一来，才能全据长江之险，与曹操抗衡。刘备屯兵在油江口，周瑜知道刘备有夺取荆州的意思，便亲自赶赴油江与刘备谈判。谈判之前，刘备心中忧虑，孔明宽慰说：“尽着周瑜去厮杀，早晚教主公在南郡城中高坐。”后来，周瑜在攻打南郡时付出了惨重的代价，不仅吃了败仗，而且，自己还身中毒箭，不过，周瑜还是将曹仁击败。可是，当周瑜来到南郡城下，却发现城池已经被孔明袭取，周瑜心中十分生气：“不杀诸葛村夫，怎息我心中怨气！”

周瑜一直想夺回荆州，先后与刘备谈判均无好的结果，这时，刘备夫人去世。周瑜便鼓动孙权用嫁妹之计将刘备诱往东吴而谋杀之，继而夺取荆州。没想到此计又被诸葛亮识破，将计就计让刘备与吴侯之妹成了亲。到了年终，刘备以孔明之计携夫人几经周折离开东吴，周瑜亲自带兵追赶，却被云长、黄忠、魏延等将追得无路可走。顿时，蜀军齐声大喊：“周郎妙计安天下，赔了夫人又折兵！”这次，周瑜气得差点儿昏厥过去。

过了一段时间，周瑜被任命为南郡太守，为了夺取荆州，周瑜设下了“假途灭虢”之计，名为替刘备收川，其实是夺荆州，不想再次

被孔明识破。周瑜上岸后不久，就有大路人马杀过来，言道“活捉周瑜”，周瑜气得箭疮再次迸裂，昏沉将死，临死前还长叹：“既生瑜，何生亮！”

周瑜才能过人，但终因自己心胸狭窄，在诸葛亮的“攻心”之计下被活活气死，临终前，他还发出“既生瑜，何生亮”的感叹。或许，周瑜至死都不知晓精神胜利法的存在。同样是拥有卓越才华的司马懿，却善于运用阿Q精神，即使诸葛亮派人给司马懿送去了“巾帼女衣”对其进行羞辱，司马懿却丝毫不生气、不较真，反而笑着对下面的人说：“孔明视我为妇人焉。”若无其事，将阿Q精神发挥到极致。

1. 学阿Q，不较真

精神胜利法就如同麻醉剂，让阿Q一次次摆脱内心的烦恼，不再为生活中的琐事而较真，从而变得无比快乐，即便在别人看来他是如何穷困潦倒，但他依然活得逍遥自在。阿Q依然是阿Q，面临绝望的物质困境，唯有用精神来安慰自己。

2. 自我安慰也是一种调节

当事情的发展出乎我们意料之外，当我们已经无法改变事情的结局，为什么不自我安慰一下？即便那是假设性的美好，对绝望的心境而言，也是一种恰到好处的安慰，也可以让我们心中燃起新的希望。

学会遗忘，把烦事抛到九霄云外

人生在世，忧虑与烦恼有时也会伴随着欢乐与快乐，就好像失败伴随着成功一样。假如一个人的脑子里整天胡思乱想，把那些没有价值的东西也记在脑海里，那他就会感到前途渺茫，总感觉人生不如意。人需

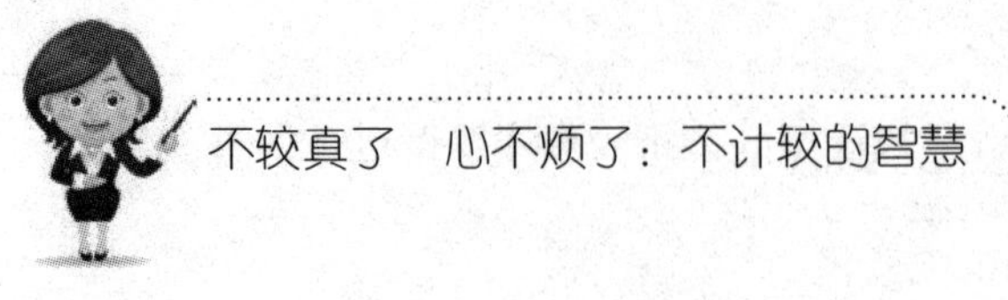

要学会遗忘，我们有必要定期对头脑中存储的东西给予及时的清理，把该保留的东西保留下来，把不该保留的东西予以抛弃，诸如烦恼。那些给人带来诸多不快乐的因素，实在没有必要过了很久之后还耿耿于怀，只有这样，我们才能过得更洒脱一点。在生活中，我们需要遗忘，用理智过滤自己思想上的杂质，保留真诚的情感。只有善于遗忘，才能更好地保留人生最美好的回忆。学会遗忘，就好比全副武装地穿上了防弹衣，戴上了防弹面具，将烦恼抛掷脑后，你会发现，任何烦心事都入侵不了自己的心灵。

生活中的烦恼来自于忘不了。欲动，则心动；心动，自然烦恼丛生。得与失、荣与辱、起与落，这些你在乎得越多，心里就会越痛苦；反之，你遗忘得越多，内心就越清净。不能遗忘，不能放下，这就是烦恼的根源。一个容易陷入较真的泥潭中的人，总也忘不掉过去，因为他无时无刻不在想：为什么当初会是这样呢？我已经被伤害这么多了，我不甘心。越是较真，越是容易陷入烦恼之中，深陷得无法自拔。因为较真的心理，他们无法忘怀，最后只能被烦恼吞噬，跌入痛苦的深渊。其实，这些人无疑是在自己折磨自己，其痛苦的原因不在任何人，只在于他们不懂得遗忘，不懂得放下较真的心态。

小丹是一个整天笑呵呵的女孩，她好像从来就没有烦心的事情。如果有人问她："为什么你每天都这样开心呢？"小丹笑得有点神秘："因为我有健忘症啊。"健忘症？或许，你会因此感到疑惑，但如果你接着听她说下去，就明白怎么回事了。

小丹说："我说的健忘症是我心里所假想的症状，事实上，我真的是一个比较健忘的人。换句话说，我是选择性记忆，我总是记住那些让我开心的事情，遗忘那些让我烦恼的事情。即便这么多年过来，我依稀记得第一次收到玫瑰花，第一次接到爸爸赠送的生日礼物，第一次接到大学通知书，第一次去酒吧玩，第一次在外面过生日……这些对我而言

都是快乐的，而且我已经忘记了上个星期我在为什么而烦恼，我已经全部忘记了。有人说我是乐天派，有人说我患了失忆症，不管到底是什么样的情况，我只希望我真的只记住快乐的，将生活中所有的烦恼都遗忘掉。”

听了小丹的话，我们是否会羡慕她有这样容易健忘的特质。其实，我们自己也是可以的。有时候，我们不愿意忘记，那是因为较真的心理，所以终与烦恼相伴。但是，如果我们想忘记，有决心遗忘那些烦恼，那它们就真的会被我们抛到九霄云外了。

1. 不较真了，也就不烦恼了

对于那些烦心的事情，如果我们总是较真，那只会让我们更加烦恼，不断地陷入烦恼的漩涡。但是，如果我们能放下较真的心理，把那些烦心的事情通通抛到脑后，那我们就会变得快乐起来。

2. 学会遗忘

学会遗忘，活在过去的痛苦中会让人步履沉重。遗忘是一种豁达，一种千帆过后的沧桑沉淀。世事无常，命运颠沛，生活还是会继续，遗忘一些烦恼的事情，会让我们的体内充满新鲜的血液，会让我们体会久违的轻松畅快之感。

[第 6 章]

真心地付出，不较真了才能留住幸福

两个人之间，不管哪一方，都需要真心付出，不计较，不较真，这样才能留住彼此的幸福。生活需要我们的包容，因为幸福需要空间绽放；被对方误会的时候，我们要学会理解；当生活遭遇了挫折与不幸，我们要试着站起来。对于爱情，我们要多付出一点，才能多收获一点。

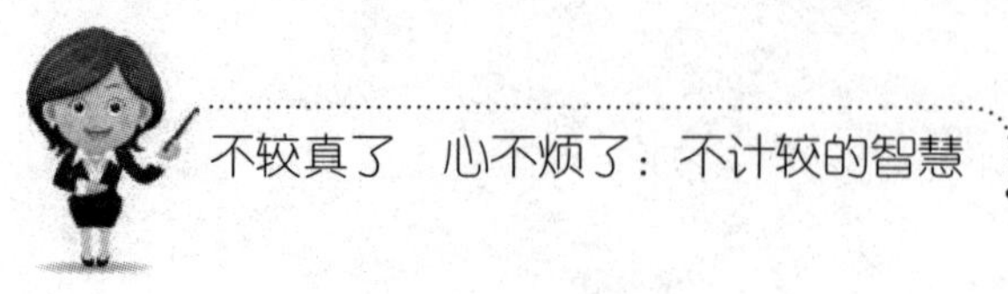

生活需要你的包容，幸福需要空间绽放

什么是幸福呢？或许，上天从来不会直接告诉我们，而是要我们自己去感觉隐藏在生活里的幸福。其实，生活从来都需要我们的包容，因为幸福需要空间绽放。生活本来就是一个盛满酸甜苦辣的大缸，需要我们去过滤，才能品尝出其中的甜蜜。对于生活中的一些烦恼，如果我们总是较真，处处计较，那我们所感到的不过就是生活的枯燥与痛苦，再也不会与幸福有缘。包容生活，就是努力将痛苦的生活过好，努力去与生活中的不幸抗争，包容那些生活里出现的瑕疵，这样我们才有足够的空间去感触幸福。

1832年，毕业于哈佛大学的亚伯拉罕·林肯失业了，他感到很难过，他下定决心要成为政治家，去当一名州议员。但糟糕的是，他在竞选中失败了，短短的一年里，林肯遭受了两次打击，对他而言无疑是痛苦的。接着，林肯开始自己创业，他开办了一家企业，可是还不到一年，这家企业倒闭了，在之后的17年里，林肯都在为偿还企业欠下的债务而奔波劳累。不久之后，林肯又一次参加竞选州议员，这次他成功了，在林肯内心深处有了一线希望，他认为自己的生活有了转机，心想："可能我就可以成功了。"

然而，人生的逆境好像永远没有结束的那一天。1835年，亚伯拉罕·林肯与漂亮的未婚妻订婚了，但离结婚的日子还差几个月的时候，

未婚妻却不幸去世，林肯心力交瘁，几个月卧床不起，没过多久，他就患上了精神衰弱症。

1838年，林肯觉得自己身体好了些，他决定竞选州议会议长，但是，这次竞选他又失败了。凭着再接再励的精神，1843年，林肯参加竞选美国国会议员，这次他所面临的依旧是失败。但林肯却一直没有放弃，他并没有想："要是失败会怎样？"1846年，林肯又参加竞选国会议员，这次他终于当选了，但两年任期过去，林肯面临着又一次落选。

不过，林肯并没有服输，1854年，他竞选参议员，但失败了，两年之后他竞选美国副总统提名，但又被对手打败。两年之后他再一次参加竞选，但还是失败了。无数的失败并没有让林肯放弃自己的追求，1860年，亚伯拉罕·林肯终于当选为美国总统。

在人生中总有着种种的不如意，但一个意志坚强的人能够包容生活，将逆境变为顺境，在挫折中寻找转机，他们在逆境中坚定地走了下去，最终获得了成功。相反，有些人缺少生活的历练，一旦遭遇挫折或身陷逆境，就一蹶不振。一次输给了自己，就意味着永远输给了自己。

女儿总是向父亲抱怨自己的生活，抱怨每件事都是那么艰难，自己快活不下去了。父亲没有言语，只是把女儿带进了厨房，他先烧开三锅水，然后往第一只锅里放胡萝卜，往第二只锅里放鸡蛋，往最后一只锅里放咖啡豆。然后，父亲将食物浸入开水煮，大约20分钟之后，父亲把火关了，分别将胡萝卜、鸡蛋、咖啡豆舀出来。这时，他才转过身问女儿："孩子，你看见什么了？"女儿回答："胡萝卜、鸡蛋、咖啡。"父亲让女儿打破了鸡蛋，将蛋壳剥掉，最后，让女儿喝了咖啡，女儿笑了，她小声问道："父亲，这意味着什么？"父亲解释说："这三样东西面临同样的逆境——煮沸的开水，但它们反应却各不相同。胡萝卜入

锅之前是强壮的，毫不示弱，但进入开水之后，它变软了、变弱了；鸡蛋原来是易碎的，但是经开水一煮，它的内脏变硬了；而咖啡豆是粉状的，进入沸水之后，它们改变了水。”父亲停顿了一下，问女儿：“哪个是你呢？“当逆境找上门来时，你该如何反应？你是胡萝卜，是鸡蛋，还是咖啡豆？孩子，你应该选择包容生活，这样你才会感受到生活的幸福与快乐。”

每个人的生活都不会一帆风顺，总会遇到这样或那样的挫折与坎坷，这时应该以怎么样的心态去面对？假如是一个较真的人，遭遇生活的烦恼，只会唉声叹气、怨天尤人，那么人生只会剩下困难；如果我们能以包容的心态去面对，积极奋发，那么生活最终会芳香四溢，开满成功之花。

1. 包容生活中的琐碎与枯燥

生活总是这样：不是这里让我们不满意，就是那里让我们不满意，到底是我们计较太多还是生活给的太少了？其实都不是，是因为我们无法包容生活中的琐碎与痛苦。每天我们都在计较自己的获得与失去，生活在我们的抱怨中越来越暗淡，自己的心情也越来越糟糕，最终每天都会生活在痛苦里。与其较真地生活，不如学会包容生活中的琐碎与枯燥。

2. 不较真生活中的小事

在许多小事情上，人们通常有一种飞蛾扑火的决然，有一种执着的勇气，他们很看重生活里的得失，哪怕是蝇头小利，也从来不放过。可是，在较真的过程中，他们得到了什么，又失去了什么呢？得到的不过是功名利禄、荣华富贵，但失去的却是心灵的快乐。

被人误会的时候懂得理解

有时候，我们会遭遇误会、误解，甚至一件微不足道的小事也会让对方觉得难以理解。误会重重，越想解释，看起来却越像掩饰，于是，误会就像是弥天大雾，阻断了人际的正常交往。一方迟迟打不开较真的心结，而被误会者更是受尽了委屈，心中愤恨不平。两个人的正常交际，仅仅因为这一次误会而被终结，使得两个本来关系不错的人成为了陌路人。其实，误会毕竟是误会，只要拨开了眼前的迷雾，生活就会重现阳光。当自己被误解的时候，也需要学会理解，以一种理解的心情来看待对方的言行，并试着解开这个误会，这样才会打开一直纠缠对方的心结。如果被对方误会了，你只是沉浸在委屈中，甚至作出反击的动作，势必会火上浇油。

小M和老公结婚三年了，两人非常恩爱，后来家里又添了一个小孩子，显得更加温馨和睦。小M感到很幸福，老公事业有成，女儿活泼可爱，这样幸福的一家，还有什么不满足的呢？

可是，最近小M听到了很多传闻，就连自己的好朋友也悄悄地暗示自己“要注意你老公的动向”。刚开始听到了这样的传闻，小M还以为是开玩笑，反过来安慰朋友：“没事啦，我现在很幸福，老公也很爱我。”朋友看着一脸幸福的小M，也有点宽慰：“其实，我也是听来的，据说你老公所在的公司来了个漂亮能干的总监，好像跟你老公走得挺近的。”小M听了，心里也有点儿疑惑，怎么从来没有听老公说过呢。有一天下午，小M特意打扮了一番去接老公下班，站在公司门口等着，一会儿，老公和一个女的并肩走了出来。老公看见了小M，有些惊讶，微笑着

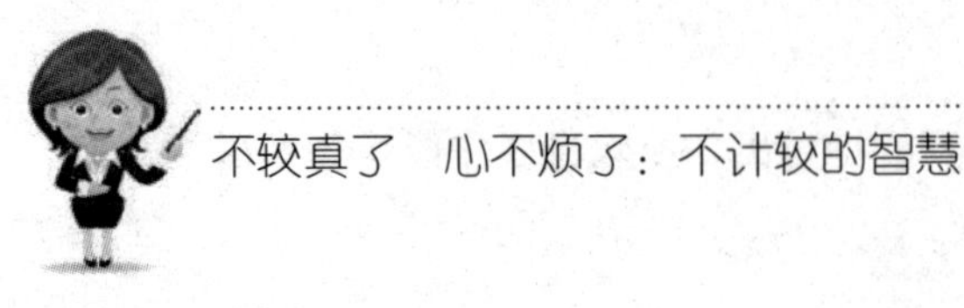

走过来。小M脸上却不好看，不屑地看了那女的一眼，就挽着老公走了。回家的路上，小M一句话也不说，老公问了几句，她也是没好气地回答。老公知道她在生什么气，但觉得自己现在说什么都会被认为是辩解，只好一脸的苦笑。

周末，在外面洽谈工作的老公打电话给小M“晚上出来吃饭，一会儿我来接你”。小M心里还有气：“你咋不跟那个什么总监一起吃呢，我可只是一个家庭妇女。”老公回了一句：“我就喜欢家庭妇女。”“什么，她已经结婚了，你还对她有那意思？”“哎，晚上出来再说吧。”小M差点把电话也砸了，但她不想就这样完事。晚上，小M来到了楼下，老公为她拉开了车门，她发现车上还坐了两个人，是那个漂亮的总监和苏军。老公作了介绍：“这是我们公司的总监小曼，这是她老公苏军，你认识的，我大学同学。”小M恍然大悟，幸亏自己没有做出什么行动，她捏了一下老公的手臂，嗔怪道：“也不早跟我说一声。”“可是，你没有给我机会啊。”老公笑着说。

小M的老公被老婆误会了，但他并没有因为小M的无端猜疑而大为过火，而是以包容的心态来理解她的言行。并且，他以一个戏剧性的方式解开了误会，最终两人又恢复到往日的恩爱。假设老公在受到老婆的猜疑时就开始生气，并且认为这是“莫须有”的罪名，怀着一种“反正我是清白的，你爱怎么想就怎么想”的心理，那一定会让这次误会升级为战火，还有可能使两人之间的感情破裂。

在爱情中，我们都需要真心地付出，若是遭遇了对方的误会，我们应该以理解的心态看待。他之所以会误会你，那是因为他太在乎你，所以不得不关注你的一切行为，虽然这看似霸道的爱，却是出自真诚的心，也是无可厚非的。

1. 不较真被人误会时的委屈

被人误会的感觉并不好受，因为这是一种冤枉，或者说是一种对信

任的质疑。但相比较被人误会的痛苦与委屈，不及时地解除误会才是最大的错误。误会一天不解释清楚，那就有可能加剧误会的迷雾，最后什么也说不清了。因此，不要总较真在被误会的委屈之中，而是要学会理解，适时解释误会，打开双方的心结。

2. 常怀一块静心石

当我们遭遇误会，对方甚至会做出一些莫名其妙的行为，这时我们应该对这种行为给予理解，以宽容的姿态拥抱对方。在我们心中，应该有一块静心石，对于别人的错误要放下，很多误会也就可以解开，也能够拨开云雾的遮蔽，让爱重新绽放出光芒。

丢掉生活的错，试着站起来

有人常常会抱怨："生活是不公平的。"有时候，生活也会犯错，因为一些疏忽，会让我们活得异常困难，甚至会遭遇挫折。但对于生活的这些错误，我们要看得开，而不是处处较真。生活本来就不是十全十美的，总会有这样或那样的缺陷，我们所需要做的就是丢掉生活的错带给自己的影响，尝试着通过自己的努力站起来。虽然，我们从来都掌控不了生活，但却可以掌控自己的命运。总是埋怨生活不公平的人，是因为他们自己无法丢掉生活的错误，总是在痛苦中较真，结果他们只会被生活的错误所吓倒，而丧失了再一次站起来的机会。其实，生活从来都是公平的，当你丢掉了生活的错，重新站起来的时候，你会发现，生活还是那么美好，就跟当初一样，而我们依然会有继续前进的动力。

在大山里，有一个悲惨的男孩，在他10岁时母亲就因病去世了，

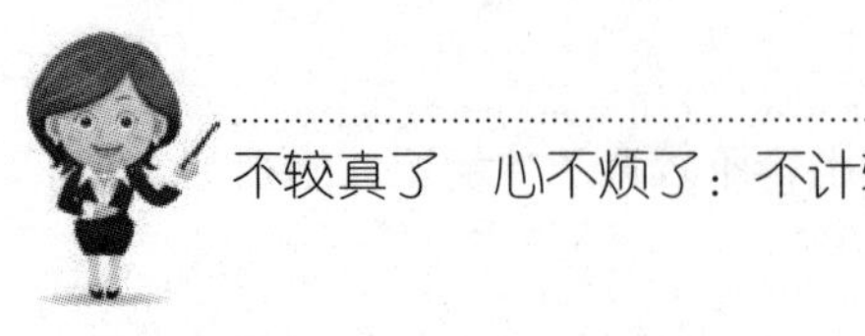

父亲是一个长途汽车司机，长年累月不在家，没有办法照顾男孩。于是，自从母亲去世后，小男孩就学会了自己洗衣、做饭，照顾自己。然而，上天似乎并没有过多地眷顾他，在男孩17岁的时候，父亲在工作中因车祸丧生，在这个世界上，男孩没有什么亲人了，也没有人能够依靠了。

可是，对于男孩来说，人生的噩梦还没有结束。男孩走出了失去父亲的悲伤，外出打工，开始独立养活自己。不料，在一次工程事故中，男孩失去了自己的左腿，惨遭人生的挫折，但男孩并不抱怨，也不生气，反而养成了乐观的性格。面对生活随之而来的不便，男孩学会了使用拐杖。有时候不小心摔倒了，他也从来不愿请求别人帮忙。同时，他还从事着一份简单的工作。

几年过去了，男孩将自己所有的积蓄算了算，正好可以开个养殖场。于是，他用自己全部的积蓄开了一个养殖场，但老天似乎真的存心与他过不去，一场突如其来的大火，将男孩最后的希望也夺走了。

终于，男孩忍无可忍，气愤地来到了神殿前，生气地责问上帝："你为什么对我这样不公平？"听到了男孩的责骂，上帝一脸平静地问："哪里不公平呢？"男孩将自己人生的不幸，一五一十地说给上帝听。听了男孩的遭遇后，上帝说道："原来是这样，你的确很悲惨，失败太多，那么，你为什么还要活下去呢？"男孩觉得上帝在嘲笑自己，他气得浑身颤抖："我不会死的，我经历了这么多不幸，已经没有什么能让我害怕，总有一天，我会凭借着自己的力量，创造出属于自己的幸福。"上帝笑了，温和地对男孩说："有一个人比你幸运得多，一路顺风顺水走到了生命的终点，可是，他最后遭遇了一次失败，失去了所有的财富，不同的是，失败后他就绝望地选择了自杀，而你却坚强、乐观地活了下来。"

生活无意带来的错误历练着男孩坚强的性格，生活的错铸就着男

孩积极乐观的心态。遭遇事业失败后，男孩忍不住了，责问上帝为什么对自己这样不公平？这样的行为，就是不能够包容生活的错。最后，在上帝的启发下，男孩明白了，即便自己失去了所有，但自己仍顽强、快乐地活着，不是吗？于是，他丢掉了生活的错，开始重新站起来。

1. 不要纠结于生活的错误

有时候，我们总会将自己的不幸归结于生活的错误，其实，这是有失偏颇的想法。即便真的是生活带来的某些错误，我们也要学会看得开，因为我们改变不了，只能接受。在接受生活的过程中，需要丢掉生活的错，发奋努力，让自己重新扬起生活的风帆。

2. 保持乐观的心态

罗斯福在参选总统之前被诊断出患了“腿部麻痹症”，医生对他说：“你可能会丧失行走的能力。”听了医生的宣判，罗斯福没有生气，反而乐观地说：“我还要走路，而且我还要走进白宫。”对于一个拥有乐观心态的真正强者而言，生活的一点儿小错误、小挫折并不算什么。用乐观战胜挫折，最终我们会赢得成功。

不断计较是因为爱得太肤浅

爱情，这个亘古不变的话题，总是吸引着无数的男男女女为之痴情、迷恋、乃至疯狂。不过，有谁真正懂得爱呢？爱是无私的，是毫不计较地付出，爱一个人，就是让他时时刻刻感受到爱带来的幸福与快乐。如果一个人总是在不断地计较，那是因为他爱得太肤浅。在生活中，男女吵架，我们总会听到这样的台词：“我为了你吃了

多少苦，流了多少泪，但你却这样对我？我的爱，放在你身上，不值得。”他总是在计较谁付出了多少，谁爱得更多。假如在这个过程中，他发现自己的付出比对方更多，就会心不甘：自己怎么会这样傻，愿意为一个人倾其所有。其实，这时他早忘记了，当爱情来临，一个人不会因为任何理由，而只会为了“爱”去毫无保留地对一个人好。你爱他，自然会心甘情愿地付出自己的一切，而且这样的付出也是心甘情愿的。当爱情遭遇了挫折或困难，这时你才像一个会计一样来计算你付出了多少，这样的行为对神圣的爱情而言是不是一种讽刺呢？真正的爱情是不需要计较的，是一种发自内心的自然流露，一个眼神、一句安慰，那都是爱。如果你还在为自己付出了多少而较真，那只能说明你的爱比较肤浅。

当然，在生活中，我们也会遇到那些不懂爱的人。他们就好像一个乞丐一样，只懂得无限度地索取，而不懂得付出。在他们面前，不管我们付出多少，都毫无回应。对于这样的爱，我们更不应该计较。要知道，不管我们付出了多少，不管我们为爱流了多少眼泪，那都是我们心甘情愿的。假如一定要追根究底，自己为什么会那么傻傻地付出，只有一个理由，那就是爱。一个对“爱情”理解得太肤浅的人，才会觉得自己的付出一定要有所回报，才会不断地计较自己获得了多少，付出了多少。

梅子是一个较真的女孩，她的较真不仅仅体现在生活上，而且还体现在她的爱情中。初次涉入爱河的时候，与大多数女孩子一样，她也会疯狂、迷恋，她差不多把自己的所有都给了爱情，在那个最美的年纪，最富有的年纪，她为爱痴狂了。

但很快，当她发现自己的爱并没有得到一定的回应时，她开始懊悔了，自己怎么会那样傻呢？自己毫无保留地对一个人好，却得不到相同的回报。于是，她开始计较了，当她心血来潮想给男朋友买件衣服的时

候，这时总有个小人在心里说：对他这样好，才不值得，还是给自己买吧。假如真的给男朋友买了东西，她马上就会要求男朋友给自己买同等价值，或超出自己所付金钱价值的东西。虽然，在这方面她表现得很小心，但还是被男朋友察觉了。不过，男朋友并没有说什么，还是一如既往地对梅子好。

最让男朋友受不了的是，每当两人吵架时，梅子总会数落自己如何付出，以及男朋友对自己关心的疏忽，比如“你知道吗？你从头到脚的东西都是我买的，连我自己都舍不得买，我啥时候都想着你。可你呢？上次跟朋友喝酒到半夜，可曾想过一人在家的我？你对我的关心到底有多少？我甚至怀疑，你到底爱不爱我，像我这样傻的女人，怎么会遇到你这样的男人？”说得多了，男朋友也不再沉默了：“难道你觉得爱情就是这样计较来、计较去的吗？像你这样斤斤计较的女人，谁跟你谁倒霉，即便你觉得你付出了很多，但你在我面前总是这样计较，让你曾经付出的那些变得一文不值。你的爱太肤浅了，我承受不起。”听到男朋友这样说自己，梅子再也忍不住了，一个人痛哭起来。

其实，生活中许多事情都是没办法等量交换的，也就是说，我们的付出与收获并不一定成正比。有的人付出了大量的时间和精力，但却难以赢得成功；有的人为了一段爱情，倾尽一生，却依然得不到回应。难道就因为我们毫无获得就否认曾经做过的努力吗？当然不，在自己付出过、努力过之后，我们不应该感到后悔，而是应该感到欣慰，因为自己努力过、爱过，此生可以无怨无悔了。

1. 你的爱，他看得见

当你在不断付出的时候，你身边的他是感受得到的，也会看得见。对于你付出的点点滴滴，他会看在眼里，记在心里。如果此时此刻，他没来得及对你的付出作出回应，那也是因为他还没准备好，或许需要等到自己成功的时候。但是，如果你将自己的付出说出来，处处计较谁付

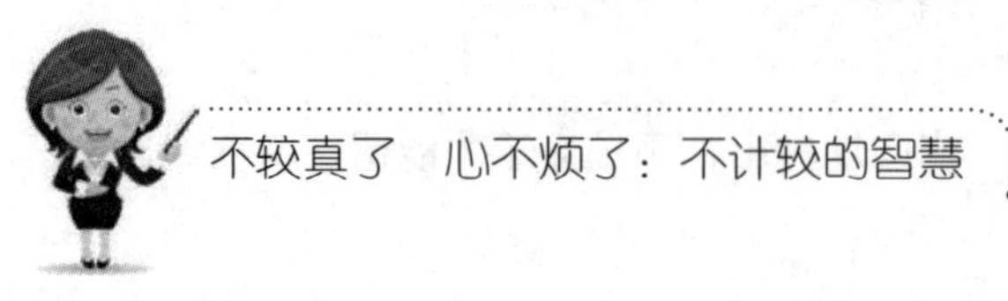

出比较多，那就会让他感觉很受伤。爱情本不应该是这样，真正的爱是不需要计较的。

2. 不要为没有回应的爱较真

在这个世界上，有的人就是为爱而生的，对待爱情，他们会全身心地投入，即便没有任何回应，他们也不会有半点怨言，真正的爱情就是这样的。如果我们总在为自己付出多少而较真，总在抱怨对方给予的爱太少，那在这个计较过程中，我们会逐渐失去别人对我们的爱。

不要再和过往的事情纠缠不休

一个人要想赢得幸福，就应该跟过去的事情说再见。对于那些已经过去的事情，如果你总是处处较真，耿耿于怀，那你就只能生活在过去，无法走出过去的痛苦记忆。在生活中，那些较真的人很容易陷入消极情绪的纠缠中，对于早已经发生过的事情，他们总会时不时地想起来，本来心情还蛮不错的，但只要想到过去，就好像陷入了泥潭，难以挣脱出来。在回忆过往的时候，他们会一个人悲伤落泪，一个人暗自神伤，最后搞得自己身心疲惫。

两个人在一起若是想要过上幸福的生活，那双方都应该忘记过去，不仅仅是自己的过去，还有对方的过去。有的人很容易与自己过去的经历分割开，但却揪住对方的过去不放。谁都有个过去，即便两个人走到一起，也不能保证对方的过去就是一片空白，他也有他的故事。然而，正因为每个人都有过去，那些为爱疯狂的人，就会很在意对方过去有着怎么样的故事，在他的生命里还有一位怎么样的主角。越是好奇，越是追问，可等他听完了整个故事，却再也快乐不起来

了，因为他总是在想对方的过去，总在纠结过去的一点点事情，最终使得两个人之间出现了隔阂。其实，想要一段感情走得更远，那我们就不应该与过去的事情纠缠不休，这不仅仅是在折磨自己，同时也是在折磨对方。

王梅今年三十岁了，虽然人已经快到中年，但还是孤身一人。每每遇到有人张罗介绍对象，王梅就会不好意思地摇摇头：“我哪还有资格拥有婚姻生活？”听到这样的话，旁人就会叹气，知道她又想起了过去那段错误的感情。

正值青春年华的王梅大学毕业后，身边有不少追求者。但心高气傲的王梅总希望自己能在特别的时间里遇到特别的人，然后展开一段特别的感情。她在寻觅着，等待着那个人的出现。直到王梅25岁那年，有一次她去外地出差，在火车上遇到了一个风度翩翩的男人。虽然，这个男人看上去比自己大几岁，但王梅就是欣赏这样阅历比自己丰富、年纪比自己大的男人，以为这样自己就可以享受幸福了。

分别的时候，两人互留了联系方式，王梅虽然对这个男人充满着期待，但人海茫茫，谁知道还能再碰到吗？没想到，就在王梅回到城市的第二天，她就接到了那个男人的电话，他带着极富磁性的声音说：“我跟你同在一个城市，我要在这里工作三年。”王梅兴奋极了，两人顺理成章地走到了一起，王梅还带着他一起回家见父母。在父母询问某些家庭细节的时候，却发现这个男人支支吾吾，全然没有了游刃有余的气度。父母规劝王梅：“他是一个外地人，你怎么能摸清他的底细呢？”沉浸在爱恋中的王梅毫不在乎：“他爱我，这就是他所有的底细。”

他们在一起同居了三年。在这三年中，王梅虽然提过结婚的事情，但男人总是以事业未成为推托，王梅心想：既然两人都在一起了，又何必在乎那一张纸呢？于是，心安理得地过起了同居生活。不料，三年之

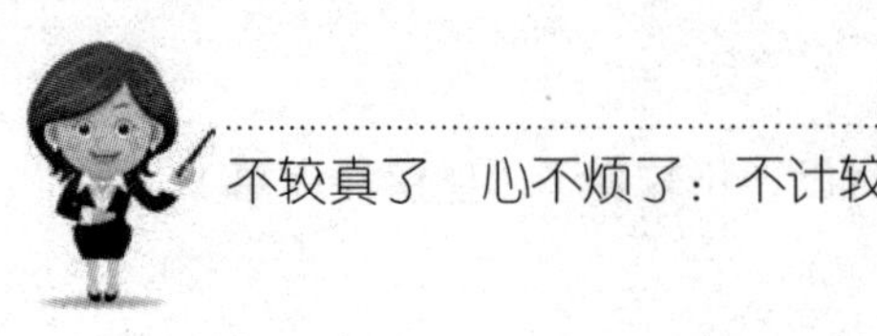

后的某一天，男人突然失去了联系，就好像是从这个城市消失了。王梅再也找不到他，去了他公司询问，才知他早已经有家室，这次来这个城市确实是工作三年。听到这个消息，王梅随即晕倒在地。

她也想过去找他，但面对他另外那个家庭，该如何解释呢？当初是自己错看了他，不听父母的劝告才和他在一起，如今该以怎么样的方式去质问他呢？说到底，他的底细自己并不清楚，只是一厢情愿地以为他会爱自己，会跟自己结婚，不料却是这样一番结局。从这以后，王梅就整日沉浸在自己的错误之中，再也走不出来了。

谁没有过去呢？如果过去的事情对于我们而言是难过的，那就更应该忘记它，只有忘记了，才会重新出发，开始新的生活。对于过去，我们要看得开，一段感情没有了，那就去寻找新的寄托。如果自己曾经犯下了某些错误，那就应该选择另外一条宽阔的道路，这才是上上之策。沉浸于过去，只会给自己未来的生活蒙上阴影；忘记过去，我们才能更好地开始新的生活。

1. 不要为过去而较真

一个人不要苛责自己，比如计较曾经的错误，这就是苛责自己。一旦陷入这个泥潭，你所损失的不仅仅是健康的身体，还有美好的心情。一个人如果长期活在过去的痛苦中，他是没办法感受到快乐和幸福的。因此，在感情中，不要太过苛责自己，何必让曾经的错误来折磨自己呢？

2. 忘记过去，才能重新开始

一个人总是沉浸在过去，那他就会拒绝新生活的开始。总是纠结于过去，跟自己较真，那就是折磨自己。既然过去已经被贴上了曾经的标签，那就意味着都是陈年旧事，纠结于这样的事情有什么用呢？只有忘记过去，我们才能重新开始，才能赢得幸福的生活。

多付出才能多收获

在一段感情中，我们不仅要学会自爱，同时也要学会怎么去爱一个人。有的人太自爱了，以至于他的眼里只有自己，只想着无限地从对方那里获取更多的东西，却浑然忘记了自己也需要付出。人与人之间是相互的，感情亦是如此，假如你能真心地付出多一点儿，多为对方考虑，不让对方操心，那同时你也会收获更多来自于他的爱。有些人的感情已经千疮百孔，但他还是叫嚣着“他一点儿都不理解我”、“他从来没有顾及到我的感受”、“我已经受够了，他只在乎他自己”……当一段感情走到了尽头，你是否也应该反思自己的行为，在感情的城堡里，你是不是付出得太少了，是否从来没考虑过对方的感受，是否只是自私地想到自己，从来没有真正在乎过对方，才导致对方心灰意冷。其实，每个人的内心深处都有极其柔软的地方，那里就是爱的温床，只要你多付出一点儿，以真心换真心，就会得到更多的爱。

那些渴望爱情的人们，心里无非是渴望被人爱。不过，这个世界上，没有无缘无故的付出，也没有无缘无故的收获。当我们渴望获得别人的爱的时候，就应该想着自己应该付出点什么，付出越多，收获才会越多。一个再冷漠的人，当他感受到别人源源不断的爱时，他那冰山一般的心也会慢慢融化，从而回应你的爱。这就是在爱情中，为什么有的人会因为爱而感动，因为爱而醒悟。爱情本身是难以理解的，但当我们经历过，你会发现，爱情也不会有多么神秘，它更多地体现在日常生活的细节中。爱的付出，也就是生活中无微不至的关怀，以及凡事都为对方考虑的柔情，这就是爱情。爱情也是有地气的，那些被人们放大的爱

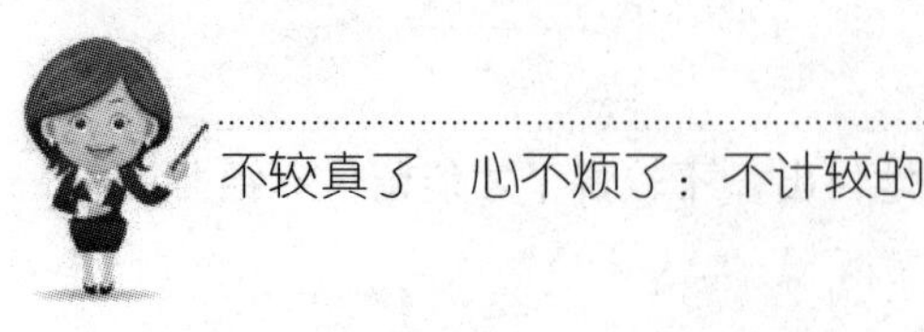

情，那些经典的爱情，不过是神话，不能在现实生活中生存下来。

青红大学刚毕业就嫁给了她现在的老公何冰，他们是大学同学，在大学相恋了三年，毕业之后如约进入了婚姻的殿堂。青红只是个普通的女孩子，长相普通、出身普通，但英俊的何冰却拜倒在她的石榴裙下。很多人感到不解，好奇地问青红，青红笑得很腼腆："其实很简单，在任何情况下，我都是把他放在第一或第二的位置，为他打点好一切，让他没有了后顾之忧。"

婚后的生活真的是这样，青红为了能让老公吃上热腾腾的饭菜无论多晚，她都会等着他回来一起吃晚饭。刚开始的时候，老公说你先吃吧不用等我，可青红还是执意要等他回来。时间长了，何冰知道她很固执，于是下班后推掉了许多应酬，早点回来陪她一起吃饭。平日里的生活，青红更是安排得有条不紊，家里的事情从来没有让他操过心。有了孩子后，她每天带孩子，还要照顾他，从来没有抱怨过。何冰的事业开始慢慢步入了正轨。一次，公司要派遣何冰去美国进修，面对这个大好机会，青红毫不犹豫地支持他去，并且拍着自己的胸脯说："家里有我呢，不用担心。"在美国进修的何冰时时挂念着家里，等到回国的那天，他下了飞机就赶往了家里，却发现家里没有人。打电话问父母，才知道一个多月前，爸爸得了重病，作为儿媳的青红毅然担负起照顾爸爸的重担，每天医院、家里来回跑，整整一个月都没有好好休息，现在爸爸的病好了，可青红却累坏了，正在医院里打点滴。

何冰看着瘦了一圈的青红，心里满是愧疚地说："爸爸生病了，怎么也不告诉我一声，我可以申请提前回来。"青红笑着说："怕耽误你的工作，再说也不是什么大事，你看爸爸现在不是好了吗？"何冰抱着躺在病床上的青红，心里充满了感激，还有满满的爱。

青红幸福的婚姻生活都来自她亲手的编织，正是那份发自内心的

爱，让她无论在什么时候都把对方放在了第一或第二的位置。多付出一点儿，凡事多为他想一点儿让他时刻感受到你的体贴与关爱，他就会多爱你一点儿。爱，并不仅仅是说在嘴上，而是融入实际行动中，爱他就不要计较自己付出了多少，爱他就要学会付出。

1. 爱是相互的

在爱情中，多付出一点儿，凡事多为对方考虑，这是获取爱的最好途径，也是最有效的方式。当我们在为爱付出的时候，对方也会以满怀深情的爱来回报自己。两个人之间的爱是相互的，虽然不计较多少，但却在乎你有没有付出。

2. 爱本身就是一种付出

如果你向世界宣布你是多么深地爱着一个人，那世界不会相信你的语言，它只相信你的行动，因为爱本身就是一种付出。当你开始去爱一个人的时候，那就意味着你需要做好付出的准备。当然，这并不是等量交换，而是心与心的交换，你付出越多，收获的爱就会越多。

太多的爱难以经得起时间的考验

劳伦斯曾经在《儿子与情人》中说，“爱情应该给人一种自由感，而不是囚禁感。”爱应该是伸缩自如的，而不是禁锢的、束缚的，真正的爱情应该是彼此有着自由的呼吸空间。人世间最美的爱情就是两个人既是共同体，又是相互独立的个体。在爱情中，我们需要付出很多，但这并不意味着你给的爱越多越好。虽然，爱情需要火花的碰撞，也需要激情的燃烧，但如果你将爱情的弦绷得太紧，那就会让爱经不起时间的折腾，在浪漫地释放之后，爱会走向决裂的坟墓。爱情就好像一滴晶莹

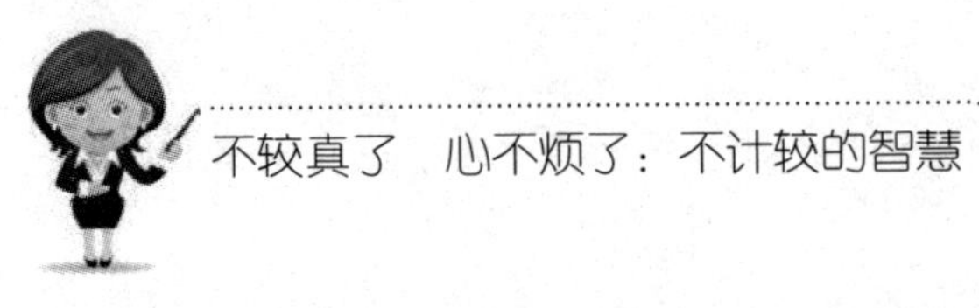

剔透的水珠，你越是给的太多，越是抓得太紧，那它就越快地从指缝中流走、蒸发，最终成为没有颜色的悲哀。爱太多，就会让爱情背负上“捆绑”、“束缚”的痕迹，太多的爱，是难以经得起时间考验的，当时间慢慢逝去，爱也就消失了。

小丽美丽端庄，在一家公司工作，由于优秀的表现被老板器重和追求，可是，就在收到老板主动送过来摆放在自己办公桌上的玫瑰花，并写着：“可以做我的女朋友吗？”后，小丽不假思索地将玫瑰花送还给老板，并说：“我们做朋友可以，但很抱歉我不能做你的女朋友，因为我已经有了非常爱我的男朋友了。”当小丽把这件事情告诉男朋友后，男朋友高兴之余还有一丝不悦。之后，他就像变了一个人，病态地苦苦缠着小丽，要求她准时下班，甚至要求开会时要现场手机拍照发回给他，看看身边是男的还是女的，并开始怀疑小丽的升职也是和老板有着暧昧的关系。后来，男朋友不惜辞去了工作，专门在家盯着小丽。为此，小丽非常苦恼，没有一刻的自由，背负这巨大的精神压力，无奈先后三次提出和男朋友分手。可是，男朋友一次次哀求，保证下次再也不这样了，甚至不惜以自杀来挽回小丽的同情。小丽整天痛苦着，自己也不知道该怎么办？

男朋友对小丽的爱，当然是不容置疑的，他深深地爱着小丽，但这样的“爱”不仅令小丽感觉害怕，也会让它随着时间的流逝而消失得无影无踪。面对这样病态的爱、失去自由的爱，小丽只有选择离开。当小丽一再要求分开，深爱着小丽的男朋友居然以自杀来引起小丽的注意。如果男朋友懂得收缩爱的尺度，那他就不会陷入病态的情感之中了。

安娜，一个有着宗教信仰的贵族妇女；沃伦斯基，一个上流社会的花花公子，这两条原本没有交集的平行线，在各自的人生轨道上谱写着没有起伏的生活旋律。有一天，因为一个转角的火车站，他们相遇并走到了一起。为了爱情，安娜不惜放弃丈夫、儿子、家庭，放弃自己的身

份地位，与社会决裂，孤注一掷，把所有的赌注都压在情人对自己的爱情上。

除了爱情，她可以说是一无所有，但她还是很自豪。因为对她来说世界上只有一样东西，那就是沃伦斯基的爱情。只要有了它，她就觉得自己很高尚，很坚强。她认为她爱沃伦斯基就应该完全占有他，丝毫也不允许沃伦斯基有自由活动的空间和权利。

而沃伦斯基作为一个男人,尤其是从小就出入彼得堡上流社会的花花公子，不可能蛰伏于二人苦心营造的爱巢而对外界不闻不问。他还有自己的生活和事业，他觉得“我什么都可以为她牺牲,就是不能牺牲我男子汉的独立性”。最终，一场爱情悲剧发生了，在假想情敌索罗金娜小姐的挫败下，安娜卧轨自杀。在临死的一刻，她叨念着“您，您会后悔的”。

安娜的爱情悲剧令人唏嘘，她所一直苦苦追求的爱情不过是被束缚的爱情。她已经在追逐的过程中失去了自我，她放弃了丈夫、儿子、家庭，放弃了自己的身份地位，这样的爱情从一开始就注定了面临死亡。

1. 不要束缚的爱

台湾作家席慕容曾这样说过，“忧伤的来源其实是起于丰盈之后的那种空芜。对生命，对内里的激情，我们从来没有人能够得到真正知足”。正是出于对激情的无止境的追求，才让许多人走入了爱的误区。他们害怕那眼前的爱只是一种昙花一现的美，对爱情的渴望，对爱情的较真，使自己变得越来越自私，爱情被束缚了，对方也在反抗了。

2. 给爱人一个自由呼吸的空间

每个人所渴望的爱情应该是舒适的、温暖的，而不是禁锢的、束缚的。因为一个人所渴望的爱是适度的，比起疯狂的爱恋，他更需要一个可以自由呼吸的空间。因此，在感情中，不要给对方太满的爱、太多的爱，这样的爱穿不进时间的衣裳，最终会消失不见。

[第 7 章]

释怀中放下，为心灵松绑不和自己较真

有位长者说得好：“人一生要学会的东西太多，唯有释怀恐怕是很难学会的。”在人生的旅途中，我们总是恋恋不舍一些东西，却不知道心灵已经载满了沉重的行李。忙，固然是充实的象征，不过，面对难以缓解的压力，我们应该学会释怀，及时打开心灵的包袱，放飞快乐的心情。

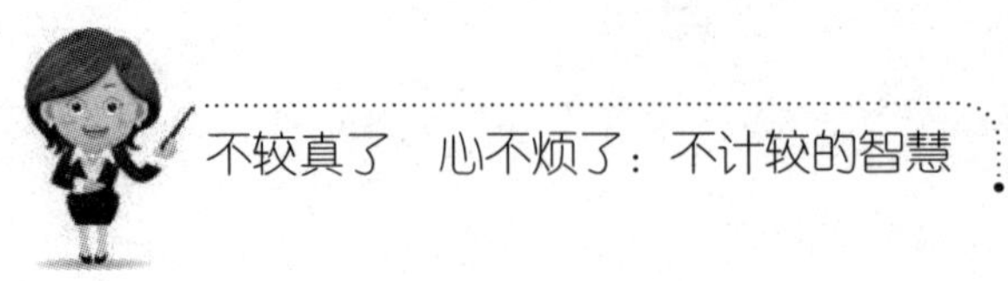

能够拿起就应该懂得放下

爱迪生说："没有放弃就没有选择，没有选择就没有发展。"生命并不是只有一处灿烂辉煌，学会包容过去，融通未来，创造人生新的春天，人生将更加明媚和迷人。对于人生中的种种，既然拿得起，就应该懂得放下。对于自己的过去，大可不必耿耿于怀，是好是坏都已经成为过去，且把它看做是一张白纸，放下了，心中就没有了埋怨与不满，生活的一切都会顺利平稳。假如我们认为人来到这个世界是应该有所作为的，那就更需要重视自己的存在。因为每个人的生命都是伟大的、富有创造力的，只是我们经常会忽略这一点。在生活中，从来不缺乏体验与成长的机会，即使身处绝境，不也正是开辟新天地的大好时机吗？当我们不堪重负前行的时候，就应该学会放下，而不较真其中，只有这样，我们才有力气继续前行。

有人说："人生最大的幸福就是拿得起，放得下。"一个人在处世中，拿得起是一种勇气，放得下更是一种肚量。对于人生道路上的鲜花、掌声，有智慧的人大都等闲视之，屡经风雨的人更是有自知之明；对于坎坷与泥泞，能以平常心对待，就十分不易。在人生的旅途中，若是遇到了大的挫折与大的灾难，可以不为之所动，可以坦然承受之，这就是一种肚量。禅宗以大肚能容天下之事为乐事，这便是一种很高的境界。对于生活中的种种，既来之，则安之，便是一种超脱，不过，这种

超脱又需要经过多年的磨炼才能养成。拿得起，实在可贵；放得下，方是人生处世之真谛。

人生道路上有鲜花、有掌声，有多少人能等闲视之；人生路上也有坎坷泥泞、满地荆棘，又有多少人能以平常心视之。我们要学会坦然面对，拿得起、放得下，既来之、则安之，这是一种超脱的心境。“荣辱不惊，闲看庭前花开花落；去留无意，漫随天外云卷云舒。”荣辱不惊，乐天知命，那就是一份安详自在。

1.“拿得起，放得下”是一种平和的心境

佛曰：“一花一世界，一木一浮生，一草一天堂，一叶一如来，一砂一极乐，一方一净土，一笑一尘缘，一念一清静。”这一切都是源于心境。一花一草便可以是整个世界，难得那份洒脱，难得那份豁达，更加难得的是那份心境。

2. 不较真，才能真正地放得下

擅画者留白，擅乐者稀声，养心者留空。在生活中，人们往往是拿得起放不下，因为较真，他们难以放下各种欲望。其实，放下是一种智慧，它作为生存之态，是化繁后的睿智，是画龙后的点睛，是深刻后的平和。正如美国作家梭罗所说：“一个人越是有许多事情能放下的，他就越富有。”而只有不较真了，我们才能真正地放下。

放下攀比心理，做最好的自己

有人坦言：最害怕就是参加各种同学会，因为现在的同学会简直就是“攀比会”，比事业，比地位，比房子，比车子，比银子……因为较真，越比越急，越比越累。其实，这样的烦恼都是自找的，放下

攀比之心，做最好的自己，你一定会发现生活轻松很多。我们所没能明白的是，生活中的差别是无处不在的，我们很容易会在这种差别中产生攀比心理，并且习惯性地将自己所做的贡献及所得的报酬与别人进行比较。如果两者大致相等，就会感到心理平衡；如果对方强过自己，那我们就会心理失衡。比如，某些人看到与自己同等级别的人用车比自己高级，住房比自己宽敞，自己甚至还不如某些级别和职务低的人，心里就会感到很不平衡。其实，这就是典型的攀比心理，通常也是因为较真的心态所造成的，因为处处较真，总是情不自禁地与他人的一切进行攀比。

从前，有一位贫穷的农夫，他有一位非常富有的邻居，邻居有很大一个院子，有一栋非常漂亮的房子，还有一辆漂亮的马车。对此，农夫产生了攀比之心，心想：他一个人住那么大的房子，可我呢？一家五口人拥挤在一个小草房里，上天真是太不公平了。每次遇到这位邻居，贫穷的农夫都会冷漠地走开，似乎这样一种姿态可以满足自己的自尊心。到了晚上，农夫就开始痛苦了，他翻来覆去就是睡不着，总想着自己能住上邻居那样的大房子，

后来，村子里来了一位智者，据说，他能给那些痛苦的人指引道路，从而让他们过上快乐的日子。农夫觉得自己也应该去看看，来到那里，发现人们已经排了很长的队伍，而排在自己前面的不是别人，正是那位邻居。农夫感到很奇怪："这样一位富有的人也会感到痛苦吗？"过了半天，邻居进去了，农夫还在外面等着，可是，直到太阳下山，邻居还没有出来，农夫的嫉妒又开始了："上帝真是不公平，怎么智者就跟他说了这么多。"终于，邻居出来了，那位富人的脸上显露了从未有过的笑容。

农夫心中一动，急忙走了进去，智者说："你为何而痛苦啊？"农夫回答说："我总是看我那位邻居不顺眼。"智者微笑着说："这是

攀比心在作怪，你需要做的就是克制自己，想想自己所拥有的东西。”农夫十分生气：“智者啊，你怎么也那么偏袒呢？给我的邻居那么多忠告，却只给我简单的两句话。”智者说：“你一进来，我就猜到你是为什么而痛苦，是贫穷所带来的攀比心理。可是，那位富人进来，我只看到他殷实的外在，看不到他精神的匮乏，详细询问了才知道他的症结所在。”农夫不解：“他也会感到不快乐吗？”智者说：“当然，虽然他比你富有，房子比你大，但是他只有一个人。而你呢？还有贤惠的妻子和可爱的孩子，现在，你想想，你所拥有的是不是他所缺乏的，这样一想，你就不会痛苦了。”听了智者的话，农夫心中释然了，他感到快乐的日子离自己不远了。

俗话说：“人生失意无南北。”即便是在富丽堂皇的宫殿里也有悲恸，而在破旧不堪的瓦屋中也会有笑声。只是，在平时生活中不管是别人展示的，还是我们所关注的，总是风光的、得意的一面。这就好像女人的脸，出门时美丽动人，那不过是给别人看的；回到家里卸妆之后，素面朝天，往往却不是那般光彩照人了。

在某单位有一位小职员，过着安分守己的平静生活。有一天，他接到了一位高中同学的邀请电话。十多年未见，他带着重逢的喜悦前往赴约。昔日的老同学经商有道，住着豪宅，开着名车，一副成功者的派头，这让小职员羡慕不已。自从那次见面以后，他就好像变了一个人，整天唉声叹气，逢人便说自己心中的苦恼：“这小子，以前上学时考试老不及格，凭什么现在有那么多钱？”同事安慰说：“我们的薪水虽然无法和富豪相比，但不也够花了嘛！”

小职员懊恼地摇摇头：“够花？我的薪水积攒一辈子也买不起一辆奔驰车。”同事却看得很开：“买不起奔驰也一样能上班下班、外出旅行，一样过得挺好。”可那位小职员却终日郁郁寡欢，后来竟然得了重病，卧床不起。

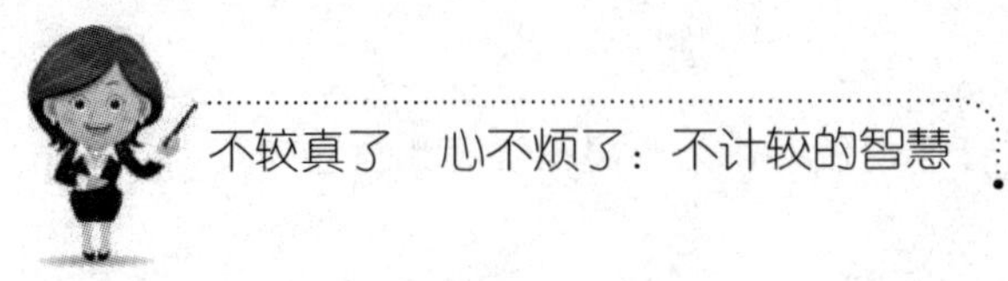

在生活中，有很多我们一直很在意的东西，与别人比较，根本没什么可比性，做好自己才是最智慧的选择。

1. 降低不切实际的期望值

其实，幸福往往就在我们身边，但不少人却无从感知，这就是“身在福中不知福”。有时候，我们必须对自己的能力有一个较为清醒的认识，不能太较真，不能过多地与人攀比，要抛弃不切实际的幸福期望值。如果你能降低不切实际的期望值，就会发现幸福是唾手可得的。

2. 做好独特的自己

俗话说：“天外有天，人外有人。”其实，我们每个人都有自己的独特之处，别人拥有的未必适合你，你所拥有的往往是别人所羡慕的。因此，抛弃攀比之心，做好自己，才能更接近幸福。

重振旗鼓，弃掉自责与悔恨

在生活中，若是遭遇了灾难和不幸，我们本该静下心来寻找解决办法，但现实生活中的大多数人却总是不能自已，他们会纠结于自己的失误，不断地自责、悔恨，总会反反复复问自己：为什么不幸的总是自己？为什么总是做错事情？为什么上天总是这样不公平？遭遇失败之后，如果我们总是与自己较真，涌上心头的永远是对自己的责备，以及对过去的悔恨，那我们怎么还会有时间去拼搏、积极向上呢？或许，我们只会沉浸在自责与悔恨的痛苦之中，渐渐地身心变得越来越颓废，对未来失去了希望，内心的斗志已经被失败的痛苦腐蚀，早已经忘记了重振旗鼓，而只是不断地较真在过去的失败和不幸之中。当然，意志消沉之后，我们已经失去了挣扎的勇气，最后，只

能如同行尸走肉般地活着。这样的人生，还有什么意义呢？如果在生活中遭遇了磨难和不幸，那么我们应该丢掉自责与悔恨，重振旗鼓，重新扬起生活的风帆。

一天夜里，小偷潜入了谈迁的家里，但是，他发现家里空荡荡的，根本没有什么值钱的东西。正当小偷失望而归的时候，他一眼瞥见了屋子角落里有一个锁着的竹箱，小偷如获至宝，以为里面装着值钱的财物，就把整个竹箱偷走了。其实，那个竹箱里并没有什么值钱的东西，而是谈迁刚刚写好的《国榷》，对小偷来说，这东西一文不值，而对谈迁来说，却是珍贵的书稿。

20多年的心血化为了乌有，这对谈迁来说，是一个致命的打击。他已经年过半百，两鬓花白，似乎再无力坚持下去了。但是，谈迁没有放弃，他不断地鞭策自己：再写一本将会更精彩。在强大信念的支撑下，谈迁从痛苦中崛起，重新撰写那部史书。10年以后，又一部《国榷》诞生了，新写的《国榷》104卷，500万字，内容比之前的那部更精彩、翔实，谈迁也因而名垂青史。

如果在书稿《国榷》被盗之后，谈迁就一直沉浸在自责与悔恨的痛苦之中，那估计我们现在已经无法浏览到如此精彩的《国榷》了。值得庆幸的是，谈迁虽然年过半百，但他还是放下了心中的痛苦，不较真，适时鞭策自己，在痛苦中崛起，铸就了《国榷》这部传奇。

在金蒙特18岁的时候，她就成为了全美国最年轻、最受欢迎的滑雪选手，“金蒙特”这个名字出现在美国的大街小巷，照片也上了许多杂志的封面。美国人全部都看好金蒙特，认为她一定能为美国夺得奥运会的滑雪金牌。

然而，不幸总是降临在那些满怀希望的人身上。在奥运会预选赛最后一轮的比赛中，由于雪道太滑，金蒙特不小心就从雪道摔了出去。当她在医院里醒来，发现自己虽然捡回了性命，但肩膀以下的身

体却永远失去了知觉。金蒙特明白：人活在世界上只有两种选择，奋发向上或者意志消沉。最后，金蒙特选择了奋发向上，因为她对自己的能力坚信不疑。

当然，金蒙特改变了成为滑雪冠军的信念，在艰难的日子里，她依然追求着有意义的生活。她学会了写字、打字、操纵轮椅和自己进食，同时，金蒙特确立了自己新的信念，那就是成为一名教师。由于行动不便，当金蒙特向教育学院提出教书的申请时，学校的领导都认为她不适合当教师。但是，金蒙特想成为教师的信念十分坚定，她继续接受康复治疗，同时，不放弃自己的学业，终于，金蒙特获得了华盛顿大学教育学院的聘请，实现了自己的目标。

金蒙特在失去了做一名滑雪运动员的机会后，她并没有因自责而放弃自己的人生。虽然，这样的打击是残酷的，但她更明白，面对不幸只有两种选择，奋发向上或者意志消沉。最后，金蒙特没有沉浸在过去的痛苦回忆中，而是不再较真，给自己树立了与自己合拍的目标——做一名教师。或许，对一名正常人而言，做一名教师是很简单的事情，但对于金蒙特来说，却是比较困难的，好在她能够坚持下去。终于，她的所有努力都换来了应有的成绩。

1. 有时间较真，不如想办法改变现状

在生活中，有的失败和不幸是不可避免的，我们所能做的就是接受，然后想办法改变现状。如果面对失败与不幸，你还有时间和精力去痛苦、悲伤、自责、悔恨，还不如好好利用现有的时间去打磨自己，从而放下内心的不甘和痛苦，然后重新拥抱成功。

2. 重振旗鼓，迎头赶上

在某些时候，要想赢得成功，还需要适时调整我们的心态。一旦遭遇失败，就应该选择重振旗鼓，调整心态，迎头赶上，而不是垂头丧气，自暴自弃。当我们在遭遇失败与挫折的时候，需要冷静分析造成失

败的原因，采取什么样的方式可以避免失败，总结出失败的经验，吸取其中的教训，鼓舞自己，重拾之前那种激动振奋的心情，再一次给成功一个热情的拥抱。

放下重负，让心变得轻盈

曾经有位哲人说："当我们需要前行的时候，需要放下重负，让自己的心变得轻盈，这样才能更好地前行。"重负，有可能是我们心灵上的包袱，也有可能是我们肩膀上的负重，但不论是哪里存在的负担，这都将阻碍我们继续前行，甚至会让我们身心疲惫不堪。在人生的道路上，有的人因为负荷太重而步履维艰，有的人因为欲壑难填而疲于奔命，有的人因为深陷其中而难以自拔。如果你想要所走的每一步充实而轻盈，那么，适时放下一些重负，让自己变得轻盈，这何尝不是一个可行的办法。生命如舟，载不动太多的物欲和虚荣，假如你不想这生命之舟搁浅或者沉没，那就应该放下重负，让自己轻松前行。

小宋从小就喜欢画画，拿着笔在墙上、报纸上涂画着五颜六色，妈妈看见了，就把他送到了美术班里学习。长大后的小宋更加喜欢绘画了，高考那年，他费尽口舌说服了妈妈，让自己报考美术学院。在大学里，小宋描画着自己的蓝图，他会坚持下去，通过画画挣钱来让妈妈幸福。

大学毕业后，小宋开始找工作了。他整天奔波于各家报社，希望能够成为报社的一名美术编辑，可是，各家报社的总编都以种种理由拒绝了他的求职申请。在多次碰壁之后，他绝望了，本来希望通过自己的一技之长带给妈妈幸福的生活，却发现社会根本没有自己的容身之地，养活自己已经很困难了。在现实的残酷打击下，他开始愈加颓废了，妈妈心疼地说："你既然那么喜欢画画，不如自己开一间画室吧。"

思索了很久，小宋决定放下心中的重负，自己开一间画室。于是，他向亲戚朋友借了十几万，再加上妈妈的积蓄，他开了一间属于自己的画室，既教小朋友画画，又出售自己的作品。几年之后，小宋的画室成为了这个城市有名的美术培训学校，他不仅还清了所有的欠债，还拥有了自己的房子、车子和存折上不小的数字，当初给妈妈许下的承诺也实现了。他每天教画之余，用心地钻研自己的作品，也逐渐提高了自己的绘画水平，在美术界里也成为了小有名气的画家。

对于绝大多数人而言，面对沉重的负荷，以及自己梦想得到的东西，他们无法放手，他们会本能地抓住那些东西，唯恐失去。在难以割舍之下，如果真的失去了，他们就会为得不到而烦恼，郁郁寡欢。小宋适时放下心中的重负，既解决了眼前的生活问题，而且为自己实现梦想奠定了基础。

曾经有个人，他总埋怨生活的压力太大，生活的担子太重，他试图放下担子。他觉得很累，被压得透不过气来。他听人说，哲人柏拉图可以帮助别人解决问题。于是，他便去请教柏拉图。柏拉图听完了他的故事，给了他一个空篓子，说："背起这个篓子，朝山顶去。可你每走一步，必须捡起一块石头放进篓子里。等你到了山顶的时候，你自然会知道解救你自己的方法。去吧！去找寻你的答案吧……"于是，年轻人开始了他寻找答案的旅程。

刚上道，他精力充沛，一路上蹦蹦跳跳，把自己认为最好的、最美的石头，都一个一个扔进篓子里。每扔进一个，便觉得自己拥有了一件世上最美丽的东西，很充实，很快乐。于是，他在欢笑嬉戏中走完了旅程的1/3。可是，空篓子里的东西多了起来，也渐渐重了起

来。他开始感到，篓子在肩上越来越沉。但他很执著，仍一如既往地前进。

而最后一个1/3的旅程确实是让他吃尽了苦头。他已经无暇顾及那些世界上最美丽、最惹人怜爱的东西了。为了不让沉重的篓子变得更重，他毅然舍弃了其中的一些，只是挑选了些非常轻的石头放进篓子。他深知，这样的舍弃是必要的。然而，无论他挑多轻的石头放入篓子，篓子的重量也丝毫不会减少，它只会加重，再加重，直到他无力承受。但最后，他还是背着篓子，艰难地踏上了这最后的1/3旅程。

俗话说："远路无轻物。"在人生的道路上，如果我们需要负重前行，越行越远的时候，我们会感到举步维艰，虽然会抱怨自己怎么会选择了这么多东西，但还是不舍得放手。但直至终点，打开担子，我们才发现：那些曾经我们以为得不到的东西，现在对我们而言却是无用的东西。

1. 不要较真于内心

有时候，心灵的重负才是真正阻碍我们前行的绊脚石。如果我们总是较真于内心，无法放下某些欲望，那么是难以保持轻松的姿态前行的。因此，不要较真于自己的内心，要让不堪重负的心灵变得轻盈起来。

2. 学会放下

曾经有位哲人说：当我们无法得到的时候，放下也是一种智慧。生活中需要我们坚持的东西太多，以至于我们承受不了现实给我们的压力，那么不妨学会放下一些东西，这是一种生存的智慧。因为只有放下了某些东西，你才会重新得到一些东西。

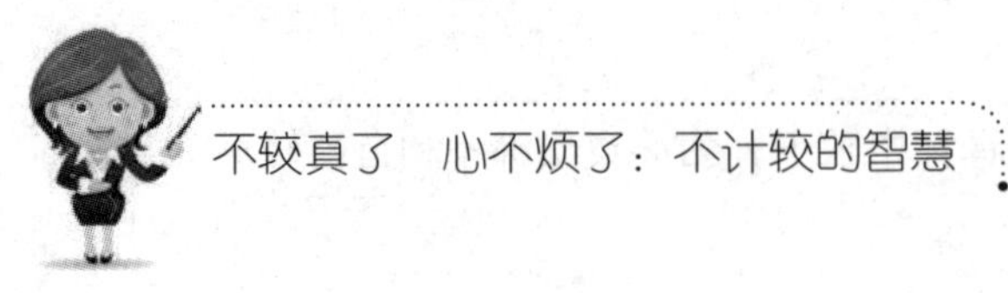

放下苛刻，别被不真实的完美压垮

追求完美，似乎是每一个人的梦想，在生活中，他们总是在追逐繁复的完美，在这样追逐的过程中，无数的烦恼困扰着他们，愤怒、生气，越是较真，越是觉得心很累。或许，在任何人的心中，完美都是一座宝塔，我们可以在内心里向往它、塑造它、赞美它，但是，却不能把它当做一种现实存在，否则只会让我们陷入无法自拔的矛盾之中。在某些时候，我们应该放下苛刻，别被不真实的完美压垮。一个人不能在自我怜悯中空虚地度日，最重要的是，我们不应该事事较真，而是要学会珍惜眼前的幸福。智者说："追求完美是人类正常的渴求，同时，也是人类最大的悲哀。"对于我们而言，应该放下内心的苛刻，放弃追逐完美的诉求，最终拥抱简单的快乐。

有个学生在课堂上向沙哈尔提问道："请问老师，您是否知道您自己呢？"沙哈尔心想：是呀，我是否知道我自己呢？他回答说："嗯，我回去后一定要好好观察、思考、了解自己的个性以及心灵。"

本·沙哈尔教授回到家里就拿来了一面镜子，仔细观察着自己的外貌、表情，然后来分析自己。首先，沙哈尔看到了自己闪亮的秃顶，想："嗯，不错，莎士比亚就有个闪亮的秃顶。"随后，他看到了自己的鹰钩鼻，心想："嗯，大侦探福尔摩斯就有一个漂亮的鹰钩鼻，他可是世界级的聪明大师。"他又看到了自己的大长脸，就想："嗨！伟大的美国总统林肯就有一张大长脸。"他还看到了自己的小矮个子，就想："哈哈！拿破仑个子就很矮小，我也是同样矮小。"最后他看到了自己的一双大撇撇脚，心想："呀，卓别林就有一双大

撇撇脚！”

于是，第二天他这样告诉学生：“古今国内外名人、伟人、聪明人的特点集于我一身，我是一个不同于一般的人，我将前途无量。”

或许，在别人看来，本·沙哈尔的长相既不出众，更算不上完美，但是，他很会欣赏自己。怀着这一份自足常乐的心态，他将自己身体的每个部分都与名人、伟人、智者扯上了关系，那么，即使自己的五官不是完美的，但自己一定是一个前途无量的人。本·沙哈尔不再苛责，因此他收获了一份最简单的快乐。

一个失意的人找到了智者，他向智者诉说着自己的遭遇和无奈，哀叹道：“为什么在我的生命里总是找不到绝对的完美呢？”智者沉思了许久，问道：“可能是你自己对这个世界苛责太多，所以，烦恼才会找到你。”说完，智者舀起了一瓢水，问失意者：“这水是什么形状？”失意者摇摇头：“水哪有什么形状？”智者不语，只是将水倒入了杯中，失意者恍然大悟：“我知道了，水的形状像杯子。”智者没有说话，又把杯子里的水倒入了旁边的花瓶，失意者悟然：“我知道了，水的形状像花瓶。”智者摇摇头，轻轻拿起了花瓶，把水倒入了盛满沙土的盆里，水一下子溶进了沙土，不见了。智者低头抓起了一把沙土，叹道：“看，水就这么消失了，这也是人的一生。”失意者陷入了沉思，许久才说道：“我知道了，你是通过水来告诉我，社会处处就像是一个个不规则的容器，人应该像水一样，盛进什么样的容器就成为什么形状的人。”

智者微笑着说：“是这样，也不是这样，许多人都忘记了一个词语，那就是水滴石穿。”失意者大悟：“我明白了，人可能被装于规则的容器，但也能像这小小的水滴，滴穿坚硬的石头，我们要像水一样，能屈能伸，不能要求多么规则的容器，而是需要做到既能尽力适应环境，也要保持本色，活出自我。”智者点点头，说道：“当你不再较

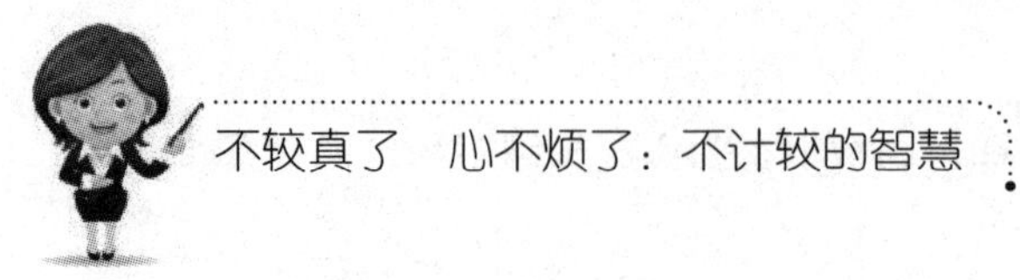

真，放下了心中的苛求，你会发现，任何事物都是完美的，自然，你也获得了久违的快乐。”

生活的快乐在于简单，生命的美丽在于真实，纵然有诸多缺憾，但它却是无法复制的、无与伦比的美丽。不必较真，不必苛求，没有必要去追求一些不真实的完美，因为美丽的事物总会伴随着一些缺憾。

1. 放下苛责的心态

追逐完美，本身就是一种苛责的生活态度，为了达到心中完美的目的，人们苛责自己、苛责他人，苛责一切的人和事。在现实生活中，所谓的“完美”终究伴随着缺憾，即使自己努力苛责，那些人和事依然达不到绝对的完美。在这个世界上，本来就没有绝对完美的事物，如果我们一味地将追求完美的茧一层一层地套在身上，那么最终，我们也会死在这重重的包裹之中。

2. 以平常心看待缺憾

每个人的一生中总会经历不同的坎坷或挫折，没有一个人可以保证他就是完美无缺的。上帝对于每个人来说都是公平的，他给予了你一样东西，肯定会拿走另一样东西，关键是你如何去看待生命里的缺憾。

多一些信任，放下那些猜忌

猜忌是人性的弱点之一，从古至今，那都是害人害己的祸根，是卑鄙灵魂的伙伴。一个人假如掉进了猜忌的陷阱，那必定会处处较真，神经过敏，对他人失去了信任，对自己也会心生疑窦。猜忌的人总是痛苦的，因为他不断在与自己较真，在这个过程中，他痛苦，甚至疯狂，那种纠结于内心的痛苦是旁人所无法体会的。那些习惯猜忌、猜疑心很重

的人，整天疑心重重、无中生有，认为每个人都不可信、不可交往。由于现代社会的多元化，不知道在什么时候，信任已经变成了奢侈品，我们经常会看到一些因信任而上当受骗的例子，因此就连我们自己也不再愿意轻易地相信某个人了。不过，我们始终不能忘了，信任是我们生活中最不可少的一件事情，如果缺少了信任，我们的生活就失去了阳光，世间也会少了许多温暖。

在《三国演义》中，曹操是一个喜欢猜忌别人的人，因此，他也做了不少冤枉别人的事情。

当曹操刺杀董卓失败后，与陈宫一起逃至吕伯奢家里。由于曹吕两家是世交，吕伯奢见到曹操来了，就想杀一头猪款待他。但曹操一听到庄后有磨刀的声音，便怀疑人家要加害自己，一声“缚而杀之”，更让他深信不疑。于是，曹操不分青红皂白，不问男女，杀了吕伯奢一家大小。一直杀到厨房，发现被捆着等待挨刀的大肥猪，才知道自己错杀了好人。

尽管如此，曹操还是赶紧与陈宫急忙逃出庄外，正好路遇沽酒回来的吕伯奢，这时的曹操没有半点的愧疚之意，为了达到防止被追杀的目的，他竟然对自己父亲的结义金兰举起了带血的屠刀。

此外，曹操还有一大心病，他唯恐别人会趁自己睡觉时加害自己，于是，常常吩咐左右：“我梦中喜欢杀人，我睡着的时候大家不要靠近。”有一天，曹操在帐中睡觉，被子掉在了地上，一个侍卫过来帮曹操把被子盖好。曹操跳起来，拔剑杀了侍卫，又上床继续睡觉。醒来之后，曹操故意惊问道：“是谁杀了侍卫？”左右据实报道，曹操痛哭，命令大家厚葬侍卫。其实，曹操知道，自己是在有意识的状态下拔刀杀人的，但又唯恐失天下人心。因为猜忌，可谓是欲盖弥彰。

曹操的疑心病伴随了他一生，在这个过程中，他自己也是痛苦不

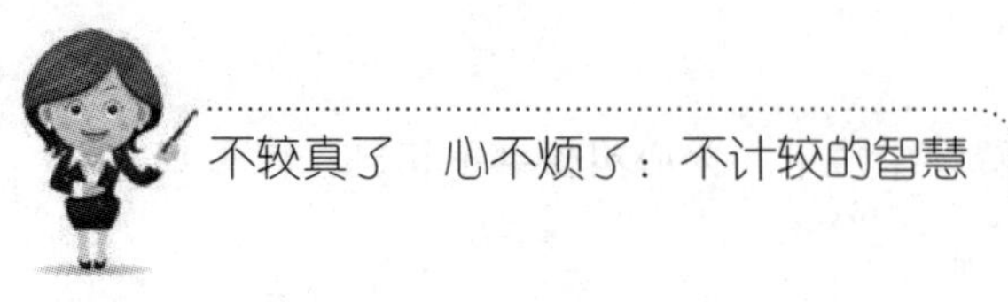

堪。他每天不断地猜忌，猜忌有谁对自己不忠不敬，猜忌谁对自己有所企图，终日为猜忌所累，这就是疑心病给他带来的最大痛苦。

一艘货轮在大西洋上行驶，突然，一个黑人小孩不慎掉进了波涛滚滚的大西洋。孩子大喊救命，无奈风大浪急，船上的人谁也听不见，他眼睁睁地看着货轮拖着浪花越走越远。求生的本能使得孩子在冰冷的海水里拼命挣扎，他用尽全身的力气挥动着瘦小的双臂，努力让自己的头伸出水面，睁大眼睛盯着轮船远去的方向。

船越走越远，船身越来越小，到最后，什么都看不见了，只剩下一望无际的大西洋。孩子的力气快用完了，实在游不动了，他觉得自己要沉下去了。放弃吧，他对自己说。这时，他想起了老船长那慈祥的脸和友善的眼神，不，船长知道我掉进海里之后，肯定会来救我的，想到这里，孩子鼓足勇气用生命的最后力量向前游去。

船长终于发现那个黑人孩子失踪了，当他断定那个孩子是掉进海里以后，下令返航回去找。这时有人劝道："这么长时间了，就是没有被淹死，也让鲨鱼吃了。"船长犹豫了一下，还是决定回去找。终于，在那孩子就要沉下去的最后一刻，船长赶到了，救起了孩子。

当孩子苏醒之后，跪在地上感谢船长的救命之恩时，船长扶起孩子问道："孩子，你怎么能坚持这样长的时间呢？"孩子回答说："我知道您会来救我的，一定会的！"船长好奇："你怎么知道我一定会来救你的？"孩子睁着天真无邪的眼睛，回答道："因为我信任你，我知道你是那样的人。"听到这里，船长"扑通"一声跪在黑人孩子面前，泪流满面："孩子，不是我救了你，而是你救了我啊！我为我在那一刻的犹豫而羞耻。"

对每一个人而言，可以完全被一个人信任是一种幸福，可以毫无保留地信任一个人也是一种幸福。当然，大胆的相信他人不是一件容易的事情，信任一个人有时需要许多年的时间，有些人甚至终其一生也没有

真正地信任过任何人。

1. 不要因与自己较真而失去对别人的信任

有时候，我们难以去信任别人，问题不在于别人，而在于我们自己。因为我们总是较真，总是猜疑别人对自己是不是有不好的企图，是不是想加害于自己，这样的想法多了起来，我们就难以信任他人。有时候，对方明明是值得我们信任的人，但因为较真，我们经常会失去这种信任。

2. 多一些信任

信任有时仿佛是易碎的玻璃花，哪怕只是一句玩笑，都会对信任产生影响。当然，有的信任是经过多年的接触才建立起来的，同时，这样的信任也是经得起考验的。当我们心中有了一点猜忌的时候，为什么不能对他人多一些信任呢？

拒绝繁复的诱惑，简单的才更实际

在人生的旅途中，除了沿途的美丽风景，还有很多繁复的诱惑。在每个人的心里都住着一个魔鬼，那就是欲望。诱惑越是繁复，他们越是难以自拔，甚至奋不顾身、倾尽一生。每个人都有这样或那样的欲望，有的人喜欢权力，有的人喜欢金钱，有的人喜欢名利。欲望本身的特点就是难以满足，喜欢权力的人当上了一个小科长，这或许算是美事一桩，但他觉得自己晋升的空间还有很多，当了科长想当经理，当了经理想当总裁，就这样不断地循环下去，欲望越来越大，扭曲了内心，他成为了欲望的奴隶。被欲望腐蚀的心灵是空洞的，它难以体会到简单的快乐。那些被欲望缠身的人，其实是最痛苦的人。如

果我们不想自己过得这样痛苦，那就应该学会拒绝繁复的诱惑，因为只有简单的才更实际。

大学毕业后，小柯考上了公务员，在一个小镇上做一个小科长。或许，是因为学生气太重，有棱有角，他对任何事情都公事公办，严格按照上级所传达的文件处理。他这样的做法使自己处于了一个孤立的境地。同一个办公室的小张怪里怪气地说："果然是文学院的人才，酸腐啊酸腐。"小柯感到不解，难道人民的公仆不应该像自己这样吗？

到年底了，每个科室要上交一份人事报告，就是对各个科室的同志进行客观的评价，主要是以科长撰写，而且这样的评价会成为年度表彰大会的依据之一。小柯根据平时的观察情况写出中肯的意见，其中对一名同事作了批评，因为他天天缺班，没有干过一件正经的工作。谁知这样的表述立即为小柯带来了灾难，原来那位同事是镇长的儿子，所以才这么放肆。小柯觉得自己说的很有道理，但是，上面却没有任何说法，最后找了个借口撤去了他的科长职务，他成了一个闲职。

小柯觉得太受打击了，为了恢复原职，他仔细观察了周围同事的一言一行，逐渐感染到一些官僚风气。虽然，他心里觉得这好像违背了做人的原则，但是如果不改变自己现在的处境，会一辈子没有什么出息。于是，他开始融入到这个圈子，认识了许多达官贵人，聪明的他还懂得投其所好，花钱送一些礼物，说几句奉承话。没过多久，他就直接被任命为办公室主任。后来，他在官场里如鱼得水，从镇长秘书、副镇长、镇长一直到市委书记一路晋升，成了许多同事羡慕的对象。看着自己的位置，小柯很欣慰，但他并没有觉得满足。有了权力，他更想要金钱、美色，许多想依靠他这棵大树的不同行业的人纷纷送名车、递香烟、送美女，小柯的日子过得很逍遥。

但好景不长，纪委很快把他锁定为重点目标，在经过一段时间的调

查之后，发现他受贿金额巨大，当即被革职并被带到了纪检委。

欲望就像毒品，是会上瘾的，而且那根本就是一个无法填满的无底洞。在繁复的诱惑面前，欲望是极容易被勾起的，太过强烈的欲望不再是对自己的肯定，相反会否定或取消别人的存在。

在宏村，有一位德高望重的老人，他同时是一位医术精湛的老中医。他行医的宗旨是悬壶济世，解人疾苦。对于那些贫困的病人，他不仅免费医治，而且还给予精神安慰和金钱上的帮助。他在家乡行医了半个多世纪，积蓄颇为丰厚，于是就在家乡开办了一座济老院，收留那些晚年生活无依无靠的老人，这个济老院完全是慈善性质的。

虽然，老人花了大笔的钱来办济老院，但他自己的生活却坚持一切从简的原则。在宏村行走，他常年穿戴的都是旧而干净的布衣、布帽、布鞋，这些衣物的历史都在30年以上，宏村的人们很少见到他添置新的衣帽。平时家里人置办新的衣服给他，他也不穿，而是将这些崭新的衣服送给那些缺穿的人。在饮食上，他更是主张粗茶淡饭，以素食为主。生活如此之简单，但老人却生活得异常快乐，他闲来没事时就会去济老院陪那些老头、老太太唠家常、叙往事。在老人70岁的时候，他在济老院的前后院种植了大片的竹子，等到他101岁逝世时，竹子已经是郁郁葱葱，蔚然成林了。

后来，宏村的人为了纪念这位老人，专门在竹林前立碑，除了记述老人的生平事迹外，还为这片竹林题下了“慈竹林”三个大字。

简单的生活，首先应该有简单的心态。老中医舍得花大笔钱来办济老院，做慈善事业，但并不意味着他在自己的生活中也是大手大脚，甚为讲究；相反，他自己的生活却是一切从简，一点也不烦琐。恰恰是因为这样简单的心态，因而他更容易获得快乐，从而也获得了长寿。

1. 在诱惑面前，放下各种欲望

人类是欲望的产物，而生命则是欲望的延续，人不可能没有欲望。

欲望不会停止，它会伴随着人的一生。欲望的存在是无可厚非的，但是，人类是高级动物，可以控制自己的欲望，甚至放下自己的欲望。在生活中，在繁复的诱惑面前，我们要学会放下各种欲望，让自己轻松前行，方能体会最甘甜的快乐。

2. 简单的才是实际的，才是快乐的

生命之舟若是太过繁重，生命就不再是一个蓬勃向上和快乐进取的过程，而会成为一个痛苦无奈的延续。而一个在痛苦中挣扎的生命，无论拥有的东西再多，也都暗淡无光。就像古人所说的“大道至简”。其实，真正快乐的生活应该也是简单的，或者说，最简单的生活才是实际的，才是最快乐的。

[第 8 章]

得失间更从容，属于你的跑也跑不了

孟子曰：“鱼，我所欲也；熊掌，亦我所欲也。二者不可兼得，舍鱼而取熊掌也。生，我所欲也；义，亦我所欲也。二者不可得兼，舍生而取义也。”漫漫人生路上，我们总是面对着得与失的艰难抉择，得与失就如同一对生死兄弟，我们只能选择其一，有得必有失，有失必有得。

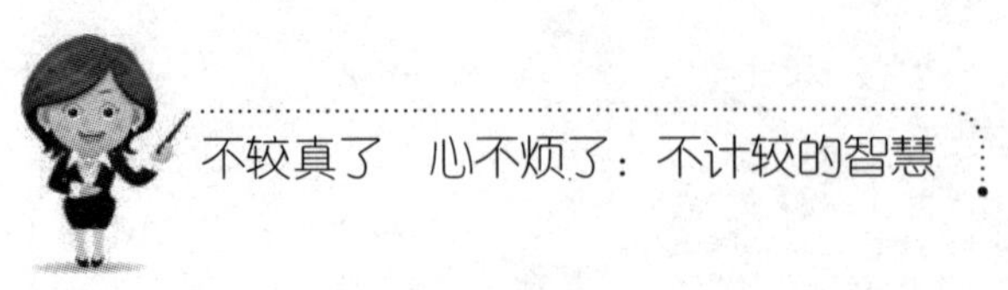

可以去争取，但不要害怕失去

在生活中，我们对于有些事物往往是等到失去时才觉得弥足珍惜，从而觉得遗憾，遗憾是因为失去的东西对自己很重要，那是自己努力争取过的，越是觉得惋惜越是说明东西的重要性。不过，遗憾也无济于事，因为世事难料，所谓“塞翁失马，焉知非福”，对于那些争取过的东西，我们不应该害怕失去。当然，失去意味着结束，对已成定局的事情做无谓的挽留或争取，那不过是在浪费自己的时间和精力，这是很愚蠢的，也是没有任何意义的。如果失去了，就应该让这件事告一段落，而不是处处较真，总是纠结在失去的痛苦之中。在失去之后，我们应该及时调整自己的心态，及时总结，吸取教训，避免在以后的生活中出现类似的问题，从而使自己得到成长。

不要害怕失去，因为我们所拥有的一切都将失去；不要担心未来，所有属于你的都会出现。当我们已经竭尽全力，努力争取过，那就不要害怕失去，自信、坚强、勇敢是洒在你心田的阳光。我们的老祖宗留下来一句老话：“旧的不去，新的不来。”这是很有道理的，正因为失去了，我们才会努力，使自己重新拥有更好的，这样社会才会进步。对我们而言，有些东西在冥冥之中是注定的，是你的终究是你的，不是你的就算你得到了还是会离你而去。只要我们努力过、争取过，那就不要后悔。因此，一旦失去了就不要较真、不要强求，凡事随缘，这样自己也

就不会太累。

老周是中学里一名优秀的老师，风趣幽默，博学多才，深得学生们的喜欢。照理说，这样一份稳定的工作，应该算是可以了。但老周并不这样想，想到家里拮据的生活，以及总是穿着朴素的妻子，他就觉得心酸。他觉得，一个大男人不应该让妻儿过这样的生活。“教师”这个职业，真的像某些人说的那样，吃得饱，饿不着，但永远也只能维持这样的水平，永远也富不了。老周眼看着身边的同学都下海经商了，他眼红了，谁不想过好日子呢？老周觉得，自己也可以去尝试一下。

说干就干，老周办了停薪留职手续。其实学校正进行人事调动，大家都觉得老周会成为学校领导班子的一员，却没想到他在这时候办停薪留职。但老周只是笑笑：“没事，万一海里不好混，我就还是上岸来。”大家都笑了。

老周拿了家里的全部积蓄，通过朋友的介绍，南下广州做小生意。殊不知，商海并不如学校那样安静，对于经常研究教学的老周而言，商海确实比较复杂，人心叵测，尔虞我诈，这让周老师感到很疲惫。这个世界是怎么了？怎么人们全部变成了这样子呢？虽然经常会有这样的感叹，但周老师还是努力去做生意，可他好像天生就不是做生意的料，不是投资失败，就是血本无归。

两年过去了，周老师还是一贫如洗，而且积蓄也没有了，他只好灰溜溜地回到了家里。闭门待了一个星期，周老师想通了，自己努力了、争取了，即便做不成生意，损失了钱财又怎么样呢？那至少证明自己原来并不适合做生意。这样想着，周老师决定重新回到学校做老师。

回到学校，周老师还是一名普通的老师，当年跟自己同一个水平的同事都成为了领导。一时之间，周老师领悟了得失的奥秘。朋友纷纷为周老师当年的冒失“下海”感到惋惜，更为现在的状况感到担

忧，但周老师却说："没事，凡事争取过，努力过，即便是失去了，我也不会后悔。"

对于未来的美好生活，周老师敢于去争取，敢于去努力，即便这个环境与自己的个性格格不入，他也会努力把事情做好。虽然最后，他做生意失败了，但在得失之间变得从容的他并不觉得后悔，更不会有遗憾。他觉得，凡事只要自己争取过了，努力过了，即便最后失去了，自己也是不会后悔的。

1. 失去意味着过去

不论失去的对我们有多么重要，那都是已经失去的，过去已经成为历史，而这些都是无法更改的。有些事物失去并不可怕，可怕的是人失去自我，失去信心。当我们面临失去，面临困难、挫折的时候，我们要相信阳光总在风雨之后。人生会面临无数次的取舍，不要害怕失去，只要我们把握现在，着眼未来，只要心中怀着希望，那明天就一定会更好。

2. 不要为失去而较真

当我们总为失去较真的时候，那是因为我们舍不得失去，总在为失去而后悔、惋惜、痛苦，但即便是这样，又能怎么样呢？难道后悔和惋惜可以让我们重新获得那些失去的东西吗？当然不能，因此，与其为失去而痛苦，不如为新的开始而努力。

越是紧握的沙粒越容易溜走

世间诸事就像沙粒，握得越紧溜得越快。在生活中，许多事情是不能强求的，当我们极力渴望某种东西的时候，越有可能失去。其实，对

于世界的万物，得失是一种缘，这是一种淡然、从容的缘，不能着急，不能较真，越是握得紧，就越容易失去。当我们获得了某件心爱的东西，可以说这是幸运的，不管最后的结局怎样，我们的心都是满足的。这些东西能够伴随我们一生当然是最好的，但如果失去了，也不要为失去而伤心、落泪、心碎，毕竟自己拥有过，曾经得到过。想想自己在过去获得快乐的那段日子，现在虽然失去了，但那些快乐的记忆依然留在我们的心中，这难道不也是一件快乐的事情吗？

生活中的得失是一种必然，获得了，应该快乐；失去了，也不要因此觉得痛苦。一件东西，当我们握得太紧，容易伤害到这件东西本身，同时，还容易让它从我们的指缝间溜走。当我们越是在乎一件东西的时候，就越有可能失去这件东西，这也是必然的，这就好像手心中的沙粒。反之，如果你将手摊开，将沙粒平放在手心，你会发现，那些调皮的沙粒可以安静地躺在那里，一动不动，它们不会溜走，也不会逃跑。一个人需要自由的空间，万事万物亦是如此，当我们以坦然的心境对待，对心爱的东西不要紧握，给予它以自由呼吸的空间，那缘才会伴随着我们，我们也不容易失去心爱的东西。越在乎，越容易失去，因为太过在乎，我们总是患得患失，花了大量的时间和精力来纠结于在乎的痛苦中，结果，不知不觉间，那些东西已经离我们而去。而且，因为太过在乎，若是失去了，心灵必然承受不住失去之痛，这对我们的人生何尝不是一次打击？

安安在读大学时，就梦想着成为一名演员。当然，她并不是就读于北影，或是在北京戏剧学院，她所上的不过是一个二流的大学。她整天拿着小说，幻想着自己有一天能在大屏幕上扮演不同的角色，说着不同的台词。偶尔遇到只有自己一个人的时候，她还会自言自语，自编自演。朋友都说："安安，你疯了吗？"安安只是笑着，因为这是自己一生的梦想，是不允许别人嘲笑的。

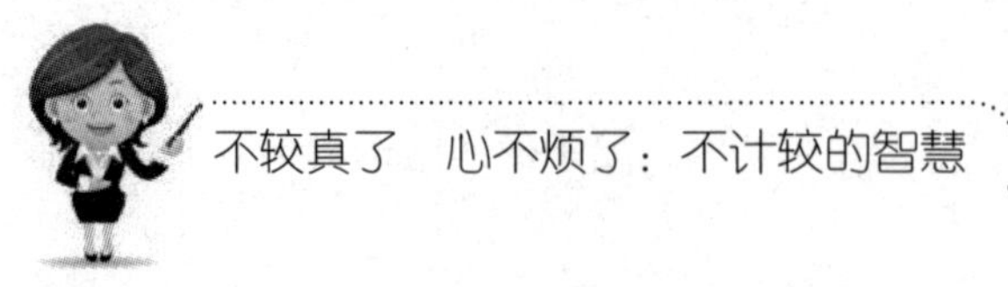

其实，安安长得很漂亮，属于那种让人眼前一亮的漂亮女孩，如果在大街上偶遇某个星探，她是有可能成为明星的。不过，这都只是假设而已，即便自己的梦想远得什么都看不见，但她从未放弃过自己的梦想。

大学毕业后，安安开始北上，她听说，王宝强就是在北影门口排队当群众演员时被发现的，说不定自己也有这样的好运呢。于是，安安每天都到那里排队，希望自己能在大屏幕中露个脸。但几个月过去了，安安还是安安，认识她的人寥寥可数。有一天早上，就在安安打算横穿马路去北影门口的时候，一辆小轿车不知道从哪里冒了出来，来不及刹车，安安被车门挂倒在地。等安安站起来，看见黑色玻璃里自己那张带着血的脸时，她惊叫一声，晕倒在地。

所幸的是，安安的伤并无大碍，只是脸上多了一道疤痕。拿着镜子，安安想：难道自己来北京的目的就是这个吗？那个自己握得紧紧的梦想，似乎一下子就消失了。想到这里，安安忍不住流下眼泪。哭了一个月，安安振作起来了，她开始到处投简历，找工作，日子在忙碌中一天天过去，她早忘记了自己当初来北京的目的了。

如今，安安已经是某杂志社的总编了，她的照片经常会上报纸，看上去，还是那么漂亮，只是多了一些成熟和睿智。偶尔看着自己的照片，想想过去曾经那个抓得紧紧的梦想，安安才想到一句话：有些事情就好像手中的沙粒，握得越紧，越容易失去。

有时候，当我们觉得一定要得到某件东西，否则誓不罢休时，那我们在追逐这个东西的过程中，估计就会真的失去了。人生中的许多际遇是无法强求的，有可能在街角的某处，我们会遇到人生中的大贵人，也有可能在我们获得宝贵东西的那一刻，突然之间失去了，这些都是有可能发生的。

1. 越是在乎，越容易失去

当我们极力渴望得到一件东西的时候，就很在乎这件东西的得失，可是有时候越是在乎越容易失去，越容易让自己痛苦。手中的沙土越去抓紧越容易流下来，最后只剩下少之又少的尘埃。世间万物皆是如此，对于自己渴望获得的东西，不要太过在乎，而是需要怀着淡然从容的心态，这样我们才能如愿得到自己想得到的东西。

2. 坦然面对得失

人生本来就是一种承受，当心爱的人离自己而去，不论你呼天唤地也都于事无补，生活本来就是聚散无常。世道本来就是跌宕起伏。得意时，好事如潮涨；失意时，皆似花落去，不要把得失看得太重。不管是获得，还是失去，这都是我们生命中不可缺少的一部分，我们应该坦然面对。

用“小失”积攒你的“大得”

有时候，暂时的失去只是为了更好的获得，此所谓“小失积攒大得”。人们常说：“好汉不吃眼前亏。”这些人总也不能容忍自己失去一点点，即便是蝇头小利也不行。结果，他们虽然暂时得到了，却永远失去了成功。实际上，这些所谓“好汉”的想法是错误的，真正的好汉应该有着锐利的眼光，他们所关注的是最后的“获得”，而不是眼前的收获与利益，他们宁愿以暂时的失去换取永久的获得，这才是一笔划得来的交易。那些鼠目寸光的人，他们不能吃眼前亏，心胸狭隘的他们不能够允许自己有一点点损失，若失去了，就处处较真，异常痛苦，势必要把自己失去的找回来。虽然，他们暂时赢得了小利，但却永远地失去

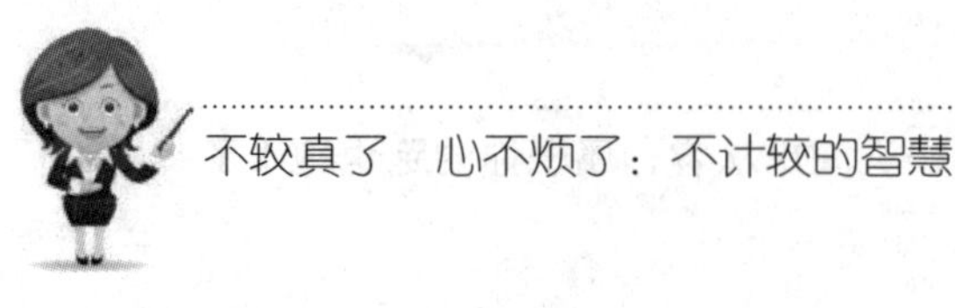

了更好的获得。那些真正的好汉，他们愿意吃眼前亏，视野辽阔的他们愿意以小失换大得，最后促成自己的成功。其实，凡事确实是这样。有时候，在眼前的不过是蝇头小利，即使你千方百计追寻了，那也不能铸就自己的成功。与其紧紧地抓住眼前的东西，倒不如把眼光放长一点，放长线钓大鱼，这样才能收获更多的东西。

2005年胡润百万富豪榜中，严介和以125亿元的资产位列中国大陆大富豪第二。即便是他今天如此的成功，在他发迹之前，也曾做过吃亏的事情。

在1992年，严介和租赁了一家濒临破产的建筑公司。但是，第一次接下的一项业务，居然是一个被承包商转包五次的建筑工程。他对那个业务进行了预测，立即傻眼了，如果自己接下了这个工程，至少得亏损5万元，这完全是一个没人敢接的工程，所以才落入自己的手中，是接还是不接呢？他陷入了沉思。因为自己没有后台也没有任何关系，在建筑业这个关系错综复杂的圈子中，他只能得到这样的业务。于是，他决定接下这个业务，即使亏损也无所谓。当工程完成之后，验收部门不相信这样的亏本工程会有好的质量。但检测结果令人瞠目结舌，所有指标个个皆优。虽然，他亏损了8万元，但良好的质量却为他赢来了一笔又一笔的业务，最终，他成功了。

容忍失去眼前的小利益，虽然这会让自己有部分损失，但其实也打通了走向成功之路的大门。严介和以小失换取了大得，巧妙地做了一笔一本万利的生意。人生也是一样，当你认为失去是一种损失，但之后你会收获更多的东西。失去也是一种获得，从表面上失去看似一种损失，但从长远来看，却是一种福气。

美孚公司闻名于全世界，当时为了占据中国这个极具潜力的市场，总公司决定在上海开设油灯厂。当时的中国还比较落后，绝大多数的中国人还不懂如何使用煤油灯。美孚公司的负责人在上海花了很长的时

间，使出许多招数，都没有取得想要的效果。后来，公司想出了一个决策：只要顾客购买两斤煤油，就可以奉送刻有“请用美孚油”字样的煤油灯一盏。这个决策一出来，很快取得了良好的效果。贪图便宜的人们认为：两斤油本来不贵，还可以白捡一盏价格不菲的油灯，太划算了。于是，购买煤油的人越来越多。短短一年中，美孚公司就“赔”掉了80多万盏煤油灯，这对于公司来说是个不小的损失。但是，正是这80多万盏白送出去的煤油灯，起到了广告的作用，成了美孚公司取之不竭的财源。就这样，美孚公司迅速占领了中国的“洋油”市场，而且盛销几十年，获利无穷。

美孚公司甘愿吃亏，不惜赔出去80多万盏煤油灯，这在消费者眼里却是“打着灯笼找不着的好事”，于是纷纷购买煤油，谁知，自己却给公司做了一个活广告，这就是典型的“小失换大得”。也因为这样，美孚公司放弃了眼前的利益而获得了长远的利益，小利变大利，利滚利，利翻利，先前看似赔本的“油灯”，最终却收获了高额的利润。这是一种商业中的计谋，也是每一个人都需要的智慧。

1. 有些失去是必然的

在人生旅途中，有得有失，失去是为了更好的获得。这样想来，有些失去是必然的，是不可避免的。当我们总想着获得的时候，我们必然会失去一些东西，然后才能获得一些新的东西。如果我们紧紧地抓住手里的东西不放，那我们就没办法获得新的东西。

2. 失去是为了更好的获得

如果我们失去了某些东西，比如心爱的人、稳定的工作等，这时不要较真，处处较真只会让自己更加心烦。我们所需要做的就是从容面对。只有失去了，我们才能寻找更多新的可能，从而获得一些新的东西。

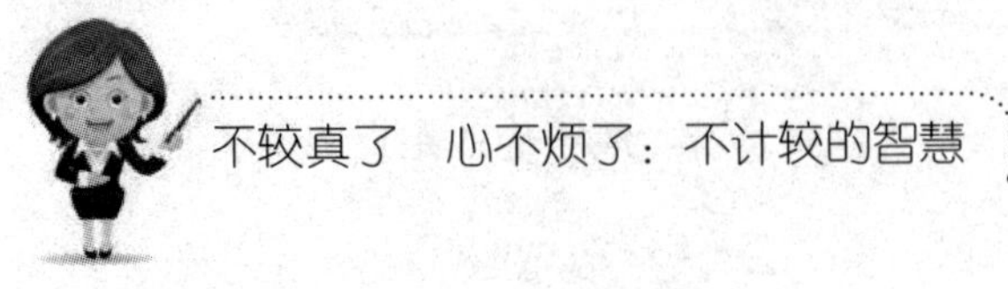

学会感恩，得失皆是收获

人生中，即便你得到了，必然还要有所失去；你失去了，依然会有所获得。人生就是得到与失去的过程，人生就在得失之间。在生活中，我们要学会感恩，因为不管是得到还是失去，对我们而言都是一种收获。执着地对待生活，紧紧地把握生活，却又不能抓得过死，松不开手。人生这枚硬币，它的反面正是那悖论的另外一个结论：我们接受失去，从而有所获得。先师门说："人生在世，紧握拳头而来，平摊两手而去。"在我们生命的最后，我们已经无所谓得失，我们所拥有的应该是一份从容面对得失的心态。感恩，其实就是一种从容的心态。获得了，我们应该感恩，感恩上天的恩赐，珍惜自己所拥有的；失去了，我们应该感恩，没有必要为失去而较真，因为失去了才会有新的获得。不管是获得，还是失去，都是组成我们人生的一部分，缺一不可。没有永远的获得，也没有永远的失去，我们所需要做的就是感恩自我，从容面对人生中的得失。

有位农民住在深山里，他经常感到环境艰险，生活艰难，于是便四处寻找致富的好方法。

有一天，一位外地来的商贩给他带来了一样好东西，尽管在阳光下看上去只是一粒粒不起眼的种子，不过听商贩说，这可不是一般的种子，而是一种叫苹果的水果的种子，只要将它种在土壤里，两年以后就能长成一棵棵苹果树，然后结出数不清的果实，再将这些果实拿到集市上可以卖好多钱呢！

农民欣喜之余，急忙将苹果种子收好，但脑海里涌现出一个问

题：既然苹果这样值钱，那么好，会不会被别人偷走呢？于是，他选择了一块荒僻的山野来种植这颇为珍贵的果树。经过两年的辛苦耕作，浇水施肥，小小的种子终于长成了一颗颗茁壮的果树，并且结出了累累的果实。这位农民看在眼里，喜在心中。因为缺乏种子，果树的数量还比较少，但结出的果实肯定可以让自己过上好一点儿的生活。他特意挑选了一个吉祥的日子，准备在这一天摘下成熟的苹果挑到集市上去卖个好价钱。

当这一天到来的时候，他非常高兴，一大早便上路了。但当他气喘吁吁地爬上山顶，心里猛然一惊，那一片片红灿灿的果实，竟然被外来的野兽和飞鸟吃了个精光，只剩下满地的果核。想到这几年的辛苦劳作和热切期望，他不禁伤心欲绝，大哭起来，自己的财富梦一下子就破灭了。但他转念一想，这不过是一个外乡人赠送的苹果种子，自己也没什么损失，有什么好伤心的呢？在随后的岁月里，虽然日子很辛苦，但他还是比较乐观，总相信自己一定能找到致富的途径。

不知不觉间，几年的光阴如流水一般逝去。有一天，他偶然之间来到了那片山野，当他爬上山顶以后，突然愣住了，因为在他面前出现了一大片茂盛的苹果林，树上竟结满了累累的果实。这会是谁种的呢？在疑惑不解中，他思索了好一会才找到了答案。原来，这么大一片苹果树都是自己种的。

几年前，当那些飞鸟和野兽在吃完苹果后，就将果核吐在了旁边，经过了好几年的生长，果核里的种子慢慢发芽生长，终于长成了一片更加茂盛的苹果林。农民想到这里，笑了，自己再也不会为生活发愁了。自己应该感谢那些飞鸟和野兽，如果当年不是那些飞鸟和野兽吃掉了这一小片苹果树上的苹果，肯定没今天这一大片苹果林了。

故事中的农民很懂得感恩，当自己的苹果被飞鸟和野兽吃光之后，他想到这不过是别人赠送给自己的种子，何必为这样的事情伤心呢？后

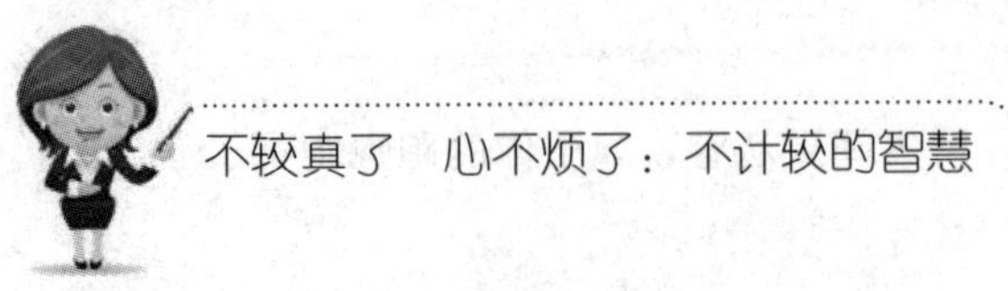

来，当他偶然发现当年那片苹果林竟然变得更茂盛时，想到这都是飞鸟和野兽的功劳，于是非常感谢它们。因为感恩，生活并没有完全夺走农民的希望，最后，这位懂得感恩的农民竟是满载而归。

1. 以感恩代替较真

当失去了某些东西时，有些人总是较真、痛哭，即便是这样，失去的东西也不会回来，不如以感恩的心态面对。上天在拿走我们一些东西的时候，还会给我们另外一些东西。失去了，不要沮丧，而是要怀着新的希望去迎接新的开始。

2. 失去是另外一种获得

花草的种子失去了在泥土中的安逸生活，但却收获了在阳光下发芽微笑的机会；小鸟失去了几根美丽的羽毛，却经过风吹雨打，收获了在蓝天下凌空展翅的机会。人生总是在失去与获得之间徘徊，没有失去就没有获得，而且，失去本身就是另外一种获得。因此，对于得失，还有什么看不开的呢？

珍惜当下所拥有的才是真谛

人生本来就是一个体验的过程，得与失，不过是处在永恒的变化中。昨天得不到，并不意味着今天不会拥有；即使今天拥有了，也不意味着明天不会失去。如果是永恒，也只会在拥有的那一刹那。珍惜现在所拥有的一切，这才是我们所需要的、最好的方式。有人说“得不到”和“已失去”的才是最好的，可能我们在不同的时间也会发出这样的感慨。那些没有实现的愿望，它们具有强大的力量，这样的力量就好像魔咒一般，笼罩在我们的头上，令我们迷恋水中花、镜中月，让我们对身

边唾手可得的幸福和快乐视而不见。如果我们能静下心来思考，那些得不到、已失去的东西其实只是源于对没有实现的愿望的渴望。即便我们放弃现在所拥有的一些东西，不顾后果地想尽办法得到了那些当初未能得到的东西，把那些失去的东西找了回来，谁又能保证这些东西就是我们真正所需要的呢？

从前，有一座圆音寺，每天都有许多人上香拜佛，香火很旺。在圆音寺庙前的横梁上有个蜘蛛结了张网，由于每天都受到香火和虔诚祭拜的熏陶，蜘蛛便有了佛性。经过了一千多年的修炼，蜘蛛佛性增加了不少。

忽然有一天，佛祖光临了圆音寺，看见这里香火甚旺，十分高兴。离开寺庙的时候，不经意间抬头一望，看见了横梁上的蜘蛛。佛祖停下来，问这只蜘蛛："你我相见总算是有缘，我来问你个问题，看你修炼了这一千多年来，有什么真知灼见？

蜘蛛遇见佛祖很是高兴，连忙答应了。佛祖问道："世间什么才是最珍贵的？"蜘蛛想了想，回答到："世间最珍贵的是'得不到'和'已失去'。"佛祖点了点头，离开了。

又过了一千年，有一天，刮起了大风，风将一滴甘露吹到了蜘蛛网上。蜘蛛望着甘露，见它晶莹透亮，很漂亮，顿生喜爱之意。蜘蛛每天看着甘露很开心，它觉得这是三千年来最开心的几天。突然，又刮起了一阵大风，将甘露吹走了。蜘蛛一下子觉得失去了什么，感到很寂寞和难过。

这时佛祖又来了，问蜘蛛："这一千年，你可好好想过这个问题：世间什么才是最珍贵的？"蜘蛛想到了甘露，对佛祖说："世间最珍贵的是'得不到'和'已失去'。"佛祖说："好，既然你有这样的认识，我让你到人间走一遭吧。"

在人间，蜘蛛遇到了甘鹿，她很开心，终于可以和喜欢的人在一

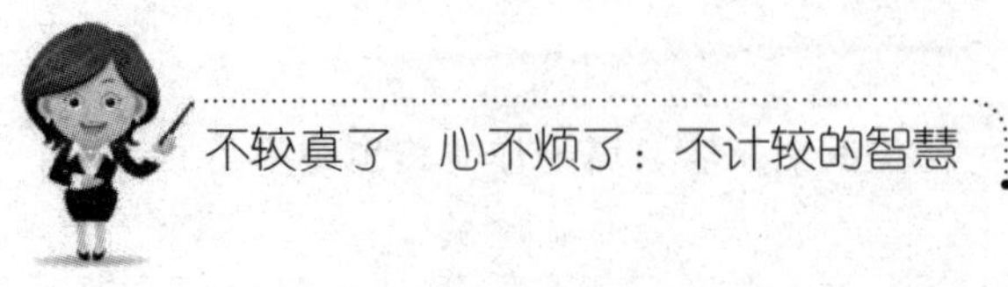

起了，但是甘鹿并没有表现出对她的喜爱。蛛儿对甘鹿说：“你难道不曾记得十六年前，圆音寺蜘蛛网上的事吗？”甘鹿很诧异，说：“蛛儿姑娘，你漂亮，也很讨人喜欢，但你想象力未免太丰富了一点儿吧。”几天后，皇帝下诏，命新科状元甘鹿和长风公主完婚，蛛儿和太子芝草完婚。

这一消息对蛛儿如同晴空霹雳。几日来，她不吃不喝，穷究急思，灵魂就将出壳，生命危在旦夕。太子芝草知道了，急忙赶来，扑倒在床边，对奄奄一息的蛛儿说道：“那日，在后花园众姑娘中，我对你一见钟情，我苦求父皇，他才答应。如果你死了，那么我也就不活了。”说着就拿起了宝剑准备自刎。

就在这时，佛祖来了，他对快要出壳的蛛儿灵魂说：“蜘蛛，你可曾想过，甘露（甘鹿）是由谁带到你这里来的呢？是风（长风公主）带来的，最后也是风将它带走的。甘鹿是属于长风公主的，他对你不过是生命中的一段插曲。而太子芝草是当年圆音寺门前的一棵小草，他看了你三千年，爱慕了你三千年，但你却从没有低下头看过它。蜘蛛，我再来问你，世间什么才是最珍贵的？”蜘蛛听了这些真相之后，好像一下子大彻大悟了，她对佛祖说：“世间最珍贵的不是‘得不到’和‘已失去’，而是现在能把握的幸福。”

得不到的让人渴望，已经失去的让人惋惜，但是我们都很在乎。不过，如果我们仔细回想，你会发现，我们不停地眺望远方根本不属于自己的一切，反而模糊了离我们最近的幸福。有人说，人生要活得有分寸，是你的终究是你的，不是你的抢过来也会离开你，何必让自己这样狼狈呢？失去的东西，那是因为我们自己没有好好地珍惜，与其为失去后悔，不如好好珍惜眼前的一切，这才是生活的真谛。

1. 不要为“得不到”和“已失去”较真

得不到的东西，那表示它根本不属于你，又何必要强求呢？即便你

强求来了，也会发现自己没有想象中的幸福；已经失去的东西，那已经过去了，即便你后悔再多，也挽回不了。与其为“得不到”和“已失去”而较真，不如好好珍惜当下所拥有的，这才是人生一大幸福。

2. 珍惜当下所拥有的

人往往如此，得到的东西不珍惜，一旦失去才倍觉珍贵。漫漫人生，多少人感叹：覆水难收，后悔莫及。有时候，不是幸福太少，而是我们不懂得把握。并非得到的越多就越幸福，幸福就是珍惜当下所拥有的，这样才不会给自己留下遗憾。

别再纠结于失去的，放手获得整个世界

在生活中，我们不要再为自己曾经失去的而较真，学会放手，说不定你能获得整个世界。既然我们降生在这个世界，又何必计较命运的不公、生活的失落呢？为什么要因为秋天的零落，而无视四季的美丽呢？君不见大地雪封冻结的冬天，那大树上微落着青色的绿芽吗？有时候，生活就像是一杯蔚蓝色的酒，酒杯里盛满的就是人生的酸甜苦辣，我们不应该沉醉自己，而是要努力将自己的人生变得洒脱、充实。在现实生活中，我们需要正确看待得失，我们应该相信，现在我们所拥有的，不管是顺境、逆境，都是上天对我们最好的安排。这样我们才能在顺境中感恩，在逆境中依旧心存快乐。对于那些失去的东西，不要为此感到郁郁寡欢，人生总会失去些什么，也会得到些什么，得失是一种均衡的规律。别再纠结失去的，别较真，放手吧，这样我们就可以获得整个世界。

人们总是习惯于得到而害怕失去，虽然有得必有失的道理人人皆

知，但人们觉得失去了可惜可叹。每当自己失去了某些东西，总要难受一阵子，甚至是痛苦。月亮也会有圆缺，但依然皎洁，人生即使有缺憾，依然很美丽。曾国藩说：“道微俗薄，举世方尚中庸之说。闻激烈之行，则訾其过中，或以罔济尼之，其果不济，则大快奸者之口。夫忠臣孝子，岂必一一求有济哉？势穷计迫，义无反顾，效死而已矣！其济，天也；不济，吾心无憾焉耳。”他把成功与失败都归结于天命，当然免不了唯心，但他对于自己所失去的，总以平常心对待，这就是一种坦荡的心态。很多时候，只要自己努力过，得到与失去都没那么重要了，也没有什么怨恨了。为人处世，尤其是这样，假如太计较失去的，自己也就没办法认真地做以后的事情。那些患得患失的人总是将得失放在首位，人活一世，即便得到的东西再多，死的时候也带不进坟墓，这又何必呢？如果失去了，那就学会放手，不要较真，不要纠结，这样我们才能收获轻松的心情。

战国时期，长城边上有个养马的老头，大家都叫他塞翁。有一天，他的一匹马丢了，面对邻居们的劝慰，塞翁笑着说：“丢了一匹马损失不大，没准会带来什么福气呢。”果然，没过几天，丢失的马不仅自己返回家，还带回了一匹匈奴的骏马。

就在邻居们都为塞翁的马失而复得高兴之时，塞翁却忧虑地说：“白白得了一匹好马，不一定是什么福气，也许会惹出什么麻烦来。”果然，塞翁喜欢骑马的独生子发现带来的马神骏无比，于是骑马出游，但高兴得有些过火，打马飞奔，一个趔趄从马背上跌下来，摔断了腿。面对邻居们的再一次安慰，塞翁说：“没什么，腿摔断了却保住了性命，或许是福气呢。”邻居们觉得他又在胡言乱语，他们想不出，摔断了腿还会带来什么福气。不久，匈奴大举入侵，青年人被应征入伍，塞翁的儿子因为摔断了腿不能去当兵。后来他们得到消息，去打仗的青年全部牺牲了，而塞翁的儿子躲过了一劫。

塞翁失马，焉知非福。有时候，你以为你失去了，实际上你却得到了最好的东西，人生就是这样。当你为失去而处处较真的时候，你所失去的不仅仅是一份美好的心情，还有可能影响整个事态的发展；相反，如果对于所失去的，你能完全地放下，那么你将获得一份轻松无比的心情。

1. 为失去而较真，无疑自寻烦恼

我们总是生活在得失之间，当一个人处心积虑想得到什么的时候，同时也无可奈何地失去了什么。因为鱼和熊掌不可兼得，我们所需要的就是这种“得不是喜，失不是忧”的情怀。如果我们能明白生命的可贵，那就会明白人生最美的是奋斗的过程，为失去而较真，只不过是自寻烦恼。

2. 不为失去而烦恼，抓住眼前的一切

泰戈尔曾说：“曾错过太阳，但我不哭泣，因为那样我将错过星星和月亮。失去了太阳，可以欣赏满天的繁星；失去了绿色，得到了丰硕的金秋；失去了青春岁月，我们走进了成熟的人生。”失去的不能再得到，过去的不能再回来，不如趁机会抓住眼前的一切，珍惜现在所拥有的，说不定我们能收获整个世界。

[第 9 章]

看淡名利，别让贪婪的执念拖垮一生

有人说："一个人光溜溜地来到这个世界，最后光溜溜地离开这个世界而去，名利都是身外物。只有尽一人的心力，使社会上的人多得到工作的裨益，才是人生愉快的事情。"人生在世，关键在于看淡名利，不被名利所困扰，一切顺其自然，不因升迁而喜，不因落选而悲。

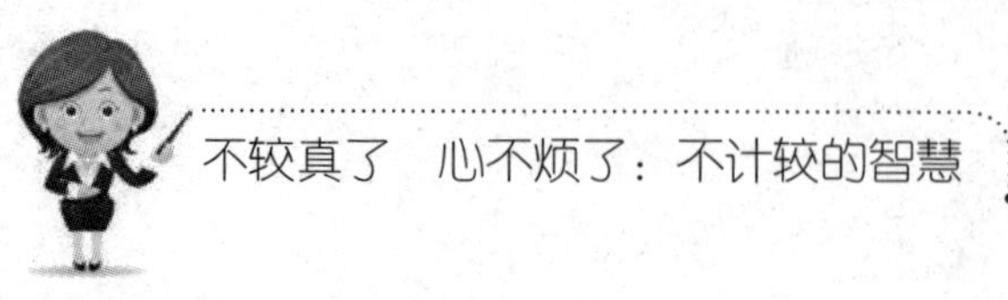

踏实为人，不要被名声威望所累

在生活中，一些人总为名声威望所累，平步青云位高权重者，也总担心自己被人看不起，总想折腾点大的动静以掩饰心中的不安，扬名天下似乎是每个心怀志向者的毕生梦想。对此，有人说："名关不破，毁誉动之，得关不破，得失惊之。"在名声和威望面前，我们更应该保持平静，气定神闲不仅是一种修养和风度，更是做大事者应持有的状态。一个人应该有高远的理想，壮志凌云、气冲霄汉，同时，就好像诸葛亮以"宁静以致远，淡泊而明志"为人生格言一样，对那些诱惑人的名声和威望，我们也要看淡。可能，有的人会觉得，壮志凌云和淡泊名利似乎自相矛盾，其实，这两点并不矛盾，而且还是一个和谐统一的整体。一个人有着远大的理想，与其淡泊名声和威望的态度，并无直接关系。在现实生活中，我们要踏实做人，不要被名声威望所累。

1999年，马老师得知学校把为自己申报院士的材料寄出以后，就十万火急地给中科院发出了这样一封信："我是一个普通教师，教学平平，工作一般，不够推荐院士条件，我要求把申报材料退回来。"他的理由是很多比自己优秀的学者还没有成为院士，了解他的人都知道他的话发自内心。

过了两年，新的院士评审规则要求申报材料必须由申请者本人签

字，马老师却拒绝签字。申报期限最后一天，原校党委只好以校党委名义到他家做工作。即便这样，马老师还是不同意签字：“我年纪大了，评院士已经没有什么意义了，应该让年轻的同志评。我一生只求无愧于党就行了。”领导说话了：“你评院士不是你自己的事情，这关系到学校，是校党委作出的决定。你是一名党员，应该服从校党委的安排。”然后，领导接着话题聊到了学校的党建工作，这激起了马老师对入党以来的美好回忆：“我这一辈子都服从党组织的安排。”领导赶紧接过话头：“那你再听从一次吧。”

不过，在考察马老师材料的时候，不少人产生了疑问：作为光学领域的知名专家，马老师的贡献是有目共睹的，可在许多论文中，他的署名却是排在最后，为什么呢？

通过对其同事的询问，才知道其中缘由。马老师从德国回来后，把自己在国外做的许多实验数据交给同事测试，测试完成之后的论文他修改了三四遍，当同事将马老师的名字署在最前面的时候，马老师却一口回绝了，坚持把他的名字排在了最后。

后来，马老师被评上院士后，学校给他配了一间办公室，并要装修。马老师着急了：“要是装修，我就不进这个办公室。”最后他不仅没进去，还把办公室改成了实验室。马老师和六个同事挤在一个办公室里，大家说太拥挤了，他却说：“挤点好，热闹！”

马老师经常说这样一句话：“事业重要，我的名声并不算什么！”

一个人不管取得了怎么样的成绩，都应该清醒地认识到：一个人的力量和作用是有限的，应该不计较名声、威望的得失，不计较荣辱进退，吃苦在前，享受在后，把自己的一切都奉献给社会。李白曾在《将进酒》中说：“古来圣贤皆寂寞，唯有饮者留其名。”圣贤之所以会寂寞，因为他们志存高远而淡泊名声。

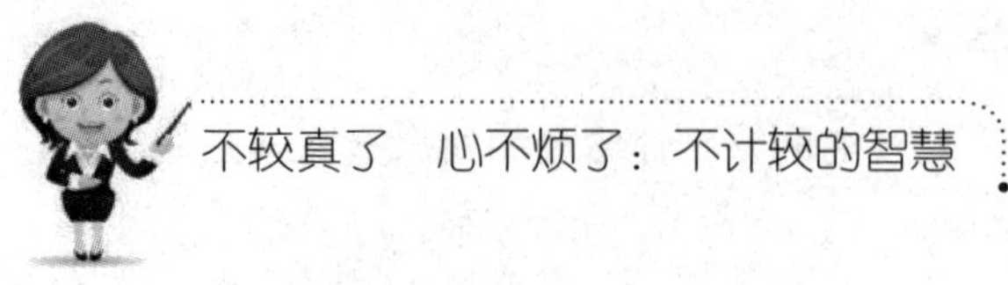

1. 名声和威望不过是身外之物

与金钱一样，名声和威望只不过是身外之物，它的存在不过是让某些人的虚荣心得到极大满足。在生活中，大多数人都是普通人，只有少数人才能集名声与威望于一身。不可否认，名声和威望带给我们精神上的优越感是诱惑人的，但如果你活着仅仅是为了这个目的，那对自己岂不是一种折磨？

2. 心存志向，踏实做人

在生活中，不要再为不能赢得好的名声和威望而较真了。你只需要踏实做人，心存高远志向。当人生达到了自己的既定目标，那就是一种成功。名声和威望是别人给的，很多时候根本契合不了心灵的节奏。如果不想自己太累，那就踏实做人，看淡笼罩在自己身上的名声和威望。

利是“利器”，越是渴求越会刺伤自己

“天下熙熙，皆为利来；天下攘攘，皆为利往”，从古至今，“利益”始终扮演着让人追捧的角色，它拥有一大群崇拜者，人们甘愿拜倒在金钱的石榴裙下。于是，在利益的诱惑下，人们为财富而痴迷，深陷其中而不能自拔。孟子说：“鱼我所欲也，熊掌亦我所欲也，二者不可兼得，舍鱼而取熊掌者也。”可以说，对利益最大化的追求是人类乃至所有生命与生俱来的本能和欲望。甚至，在欲望的驱使下，人们为了追逐利益，甚至会丧失良心、道义，那些被利益熏心的人并未意识到自己在追逐利益的过程中会失去更多的东西。利是一把双刃剑，当你对它越是渴求，它给你带来的伤害将会越大。当今社会，经济已经渗透到社会

的每一个角落，因而也形成了“视金钱如粪土”者寥寥、“爱财”者攘攘的状态。面对利益，如果你以一种平常心来对待，决然舍弃那些不属于你的财富，也许命运的眷顾就会让你获得更多的利益；假如你以一种贪婪的欲望，总是千方百计地想获得那些诱人的财富，越是渴求，那么你有可能什么都得不到，或者会失去更多的财富，甚至最后你还会被利益的剑刃所伤。

杨小姐是某省某商学院的会计，却因贪污罪、挪用公款罪被该市中级法院判处有期徒刑18年，本来一个聪明能干的会计，现在却只能在监狱中服刑。回忆起如何一步一步走向深渊，杨小姐自己也唏嘘不已。

大学毕业后，杨小姐就被商学院聘用为会计。之后，她认识了现在的丈夫，开始了幸福的家庭生活。正当她的人生道路一帆风顺时，有一天，下海经商的丈夫提议杨小姐帮他筹措一笔资金，短期内周转一下，并暗示可以挪用公款。当时，杨小姐虽然表面上严词拒绝了，内心却展开了激烈的思想斗争。借，党纪国法不容；不借，丈夫有困难自己岂能袖手旁观？正当杨小姐犹豫不决时，丈夫又一次言词恳切地提出了相同的要求，并信誓旦旦地保证，一星期内肯定还款。她开始动摇了，正是这第一次，使她迈进了泥潭，难以自拔。一个星期在焦虑不安中过去了，可丈夫还款的诺言变成了“明日歌”。杨小姐每日心惊胆战，上班怕同事、领导发现自己挪用公款的事实，下班怕听到丈夫无款可还的回答。丈夫投资失败了，那挪用的公款也亏损得一干二净。

这个时候，杨小姐已经在心惊胆战中丧失了理智，竟然又一次听信丈夫再借一笔款项一定还的保证。结果第二笔款与第一笔一样，也是泥牛入海，踪影全无。为了还钱，杨小姐决定再次铤而走险，挪用公款30万元，企图投入股市赚钱，结果损失惨重。为了逃避，她离开当地，试图外出寻找机会赚钱。但是，正所谓“天网恢恢，疏而不漏”，不久，

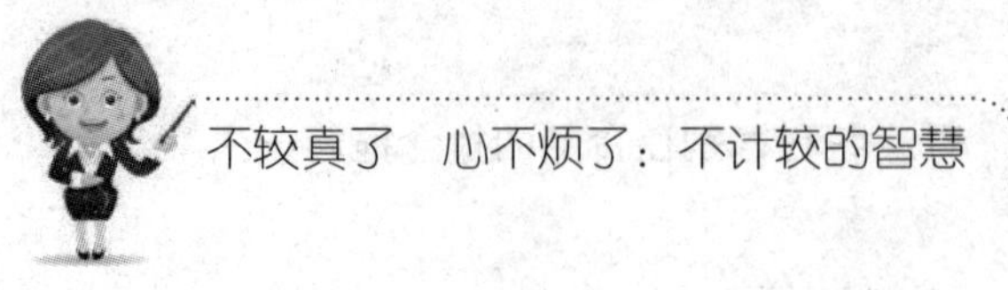

杨小姐就落入了法网。

本是干着一份让别人羡慕的工作，但杨小姐却因为对利益的渴求以及目无法纪的行为而毁掉了自己的一生。庞大的公款对于每一个人来说，都是一种致命的诱惑，有很多人克制不了自己的欲望，掉下了深渊。

震惊全国的三鹿毒奶粉案，奶商明明知道三聚氰胺有毒，仍以此为原料，研制出专供在原奶中添加的含三聚氰胺混合物，累计生产775.6吨，销售600多吨，销售额683.2万元。正定金河奶源基地负责人也是明知三聚氰胺对人体有害，仍先后将400多千克的三聚氰胺粉直接加入牛奶中销售，销售金额约280万元，导致全国29万多名婴幼儿患肾结石及6人死亡。两名奶商被河北石家庄中级人民法院分别以危害公共安全罪及产销有毒食品罪判处死刑。

《礼记·大学》中写到："生财有大道：生之者众，食之者寡，为之者疾，用之者舒，则财恒足矣。"这告诉我们生财也要有道，这才是真正的取舍之道。生财有道应该以人为本，应该极力地克制自己内心深处的贪欲，克制自己对利益的过度渴求。

1. 利是一把双刃剑

利益从来都是一把双刃剑，当我们在享受利益带来的优越生活的同时，却没意识到自己的一只脚已经开始踏入沼泽了，你越是挣扎，陷得越深，这就是利益带给我们的双重礼物。在生活中，我们要正确看待利益，对利益，追求应有度。当然，不可能说完全不追求利益，毕竟我们自己的生活也需要得到最基本的保障。

2. 追逐利益，以"人性"为出发点

在当今社会，任何财富的取得都要以"人性"为出发点，坚决不以私人利益而谋取"损人"的财富，不要由于对财富的过度追逐而丧失了基本的人性。面对财富，只有做到了取舍有道，方会赢得财源滚

滚而来。

别做守财奴，大方的人别人对你也大方

在生活中，我们经常会看到这样一群人：抠门、小气，与人交往总是只进不出。人们称这样的人为“守财奴”、“铁公鸡”。什么是守财奴？顾名思义，也就是只知敛财不知用度的人。莎士比亚在喜剧《威尼斯商人》中塑造了一个吝啬鬼的形象——夏洛克。他是一个资产阶级高利贷者，为了达到赚更多钱的目的，在威尼斯法庭上他凶相毕露：“我向他要求的这一磅肉，是我出了很大的代价买来的，它是属于我的，我一定要把它拿到手里。”与所有的守财奴一样，他的本性是贪婪。在现实生活中，守财奴是令人鄙夷的。一个人要是太过吝啬就会受到人们的嘲弄和讽刺，太为金钱的流失而较真，这样的人只能一辈子抱着金钱生活。假如一个人既吝啬又小气，那可以肯定，他注定只能成为“孤家寡人”。

在《儒林外史》中，严监生算是一个守财奴的经典形象了。听听严监生是如何向舅爷诉苦的：“便是我也不好说。不瞒二位老舅，像我家还有几亩薄田，日逐夫妻四口在家度日，猪肉也舍不得买一斤，小儿子要吃时，在熟切店内买四个钱的哄他就是了。”

严监生临死之前，他把手从被单里拿出来，伸着两个指头。大侄子走上前来问道：“二叔，你莫不是还有两个亲人不曾见面？”他摇了摇头。二侄子走上前来问道：“二叔，莫不是还有两笔银子在哪里，不曾吩咐明白？”他两眼睁得滴流圆，把头又狠狠地摇了几摇，越发指得紧了。

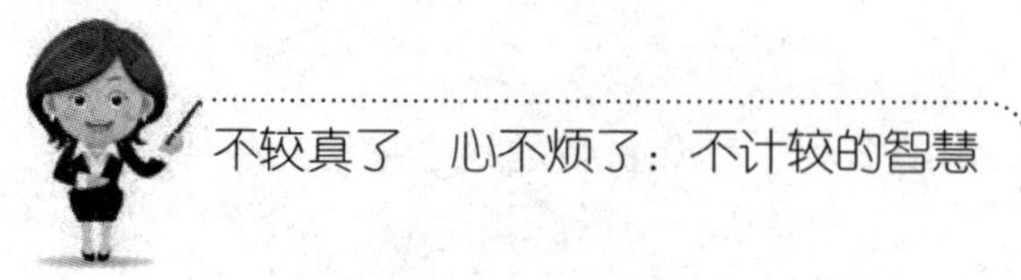

奶妈抱着哥子插口道："老爷想是因两位舅爷不在眼前，故此纪念。"他听了这话，把眼闭着摇头，那手只是指着不动。赵氏慌忙揩揩眼泪，走近上前道："爷，别人都说的不相干，只有我能知道您的意思，你是为那盏灯里点的是两根灯草不放心，唯恐费了油。我如今挑掉一根就是了。"说罢，忙走去挑掉一根灯草，众人再看严监生时，只见他一点一点把手垂下，登时就没气了。

这个经典的镜头成为了守财奴的标准画像，严监生就是一个为两根灯草而不肯咽气的土财主。人的一生是十分短暂的，钱财跟生命比起来简直是一文不值，哪怕你有万贯家财也不能买下来一秒钟的生命。

从前，有一个十分吝啬的人，他从来没有想过要给别人东西，连别人叫他说"布施"这两个字，他都讲不出口，只会"布、布、布……"大半天过去了，他还是"布"不出来，好像自己一讲出这两个字就会有所损失似的。但是，唯一让他感到纳闷的是，比他还要穷的人都生活得快乐幸福，但他却不知道幸福的滋味。

佛陀知道了这件事，就想去教化这个吝啬的人，佛陀来到了他住的城镇，开始宣扬"布施"。佛陀告诉大家布施的功德：一个人这辈子会富有，比别人长得漂亮，所有一切美好的事物，都跟他上辈子的布施有关。那个吝啬的人听了佛陀的话，心里很有感触，但是，自己就是布施不出去，他为此而感到懊恼。于是，他跑去找佛陀，对佛陀说："世尊啊！我很想布施，但是，就是做不到，你能告诉该怎么办吗？"佛陀在地上抓了一把草，将草放在那个吝啬人的右手，然后要他张开自己的左手，告诉他说："你把右手想成是自己，把左手想成是别人，然后把这草交给别人。"可是，那个吝啬的人一想到要把这草给别人，他就呆住了，心里不舍得拿出去。他看了看自己的左手，赫然发现："原来左手也是我自己的手。"他心里豁然开朗，一下子就把草交出去了。佛陀笑着说："现在你就把草交给别人吧。"那个吝啬的人真的将草交给了别

人。在以后的生活中，他学会了将自己的财物布施给别人，最后把自己的房子也布施给了别人，然而，他的身心获得了一种从来没有体验过的幸福与快乐。

一个人无法给予另一个人真正的发自肺腑的温暖，就不可能有精神的美。虽然，我们拿出了一些金钱，但却给别人带来精神上的快乐，这何尝不是一件美事呢？金钱，生不带来，死不带去，当花则花，你对人大方了，别人才会对你大方。

1. 不计较在金钱上对别人的帮助

有时候，身边的朋友或同事在金钱上有了困难，我们应该大方援助，因为在帮助别人的同时，我们也将收获一份精神上的快乐。在交际中，不要总想着别人出钱，而自己一毛不拔，这样只会让自己的人际圈子越来越狭窄。

2. 看淡金钱

俗话说："钱乃身外之物，生不带来，死不带走。"在生活中，能够体会到幸福与快乐的是我们的内心，而不是金钱所带来的优越的物质生活。对金钱，我们要看淡，这样我们才不会被金钱所驱使。我们要学会成为金钱的主人，而不是金钱的奴隶。

不断追求名利会让你心力交瘁

佛家说："打透生死关，生来也罢，死来也罢，参破名利场，得了也好，失了也好。"名利，说白了，不过是身外之物。一个人从呱呱坠地到长大成人，在其成长过程中，他追逐名利的思想会越来越重。从古至今，人们无时无刻不在为名利而追逐，尔虞我诈，不惜血本，有的甚

至以牺牲生命为代价，有的人为了一时的既得利益，竟然违背自己的良心，这种对名利的追逐其实就是一种人生的痛苦与悲哀。佛家说："假如真的能看透生与死，那也就看透了人们的生死虚妄。一个人，得名利时，如果十分欣喜，那就是一种生，也是一种死；一个人，失去名利时，如果痛苦万分，同样也是一种生，也是一种死。"追逐和争夺名利的人，永远会在名利的挣扎中痛苦着、流转着。

于连出生在小城维立叶尔郊区的一个锯木工人家庭，从小身体瘦弱，在家中被看成是"不会挣钱"的不中用的人，经常遭到父兄的打骂和奚落。卑贱的出身也使他常常受到社会的歧视。但是，从小他就聪明好学。在一位拿破仑时代老军医的影响下，他崇拜拿破仑，幻想着通过"入军界、穿军装、走一条红"的道路来建功立业、飞黄腾达。

在14岁时，于连想借助革命建功立业的幻想破灭了。这时他不得不选择"黑"的道路，幻想进入修道院，穿起教士黑袍，希望自己成为一名"年俸十万法郎的大主教"。18岁，于连到了市长家中担任家庭教师，而市长只将他看成是拿工钱的奴仆。在名利的诱惑下，他开始接触市长夫人，并成为了市长夫人的情人。

后来，与市长夫人的关系暴露了，他进入了贝尚松神学院，投奔了院长，当上了神学院的讲师。后因教会内部的派系斗争，彼拉院长被排挤出神学院，于连只得随彼拉来到巴黎，当上了极端保皇党领袖木尔侯爵的私人秘书。他因沉静、聪明和善于谄媚，得到了木尔侯爵的器重，以渊博的学识与优雅的气质，又赢得了侯爵女儿玛蒂尔小姐的爱慕。尽管不爱玛蒂尔，但他为了抓住这块实现野心的跳板，竟使用诡计占有了她。得知女儿怀孕后，侯爵不得不同意这门婚事。于连为此获得一个骑士称号、一份田产和一个骠骑兵中尉的军衔。于连通过虚伪的手段获得了暂时的成功。但是，尽管他为了跻身上层社会用尽心机，不择手段，然而最终功亏一篑，付出了生命的代价。

有人说，于连身上有着两面性的性格特征。于连最后在狱中也承认自己身上实际有两个我：一个我是“追逐耀眼的东西”，另一个我则表现出“质朴的品质”。在追逐名利的过程中，真实的于连与虚伪的于连互相争斗，当然，他本人内心也是异常痛苦的。最终，因不断地追求名利，让自己心力交瘁。

陶渊明是东晋后期的大诗人、文学家，他的曾祖父陶侃是赫赫有名的东晋大司马、开国功臣；祖父陶茂、父亲陶逸都做过太守。但到了东晋末期，朝政日益腐败，官场黑暗。

陶渊明生性淡泊，在家境贫困、入不敷出的情况下仍然坚持读书作诗。他关心百姓疾苦，怀着“大济苍生”的愿望，出任江州祭酒。由于看不惯官场上那一套恶劣作风，他不久就辞职回家了。随后州里又来召他做主簿，他也辞谢了。后来，他陆续做过一些官职，但由于淡泊功名，为官清正，不愿与腐败官场同流合污而过着时隐时仕的生活。

陶渊明最后一次做官那年，已过“不惑之年”的他在朋友的劝说下，再次出任彭泽县令。到任81天，碰到浔阳郡派遣督邮来检查公务。浔阳郡的督邮刘云，以凶狠贪婪远近闻名，每年两次以巡视为名向辖县索要贿赂，每次都是满载而归，否则便栽赃陷害。县吏说：“当束带迎之。”就是应当穿戴整齐、备好礼品、恭恭敬敬地去迎接督邮。陶渊明叹道：“我岂能为五斗米向乡里小儿折腰。”意思是我怎能为了县令的五斗薪俸，就低声下气去向这些小人贿赂献殷勤。说完，挂冠而去，辞职归乡。此后，他一面读书为文，一面躬耕陇亩。

正所谓“一语天然万古新，豪华落尽见真淳”。陶渊明不为“五斗米折腰”的气节，更是不断鼓励着后代人要以天下苍生为重，以节义贞操为重，不趋炎附势，保持善良纯真的本性，不为世上任何名利浮华所改变。

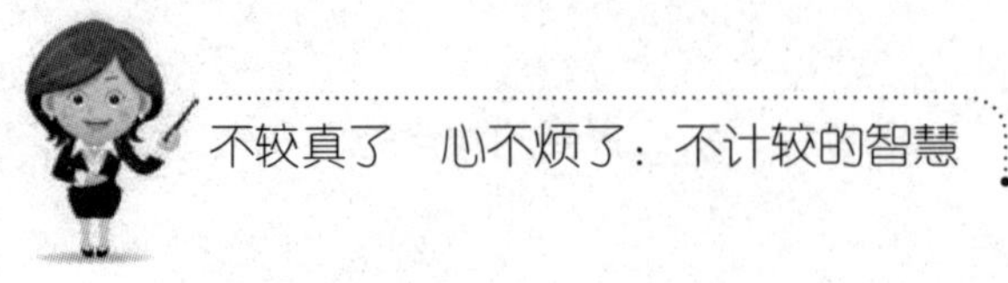

1. 克制自己对名利的欲望

人们对来自他人的奴役，都能够保持高度的警惕，而对来自自身欲望的奴役，往往不能保持足够的警惕。因为对名利的追逐，使得我们的人生好像一场战争，结果自己一辈子将深陷名利的漩涡中痛苦不堪。

2. 不要较真名利带来的优越感

在每个人的内心深处，对名利都有着一定的渴求。很多时候，一旦自己对名利的渴求得不到回应，人们便会灰心丧气，觉得人生无望了。其实，这只是一种较真心理，他只是在计较自己不能获得名利带来的虚荣感而已。

别把有限的生命投入到无穷的名利争夺上

人生在世，生命是有限的，如果你将有限的生命投入到无穷的名利争夺上，那将是一笔亏本的买卖。淡泊名利争夺，这是做人的最高境界。淡泊于名利，才能成大器，才能攀登上高峰。在物欲、名利横流的今天，如果你心怀志向，那就应该守住淡泊，朝着自己的人生目标不断前进。名利争夺是一场永久的战争，因为内心的贪婪，想得到更多的东西，就很容易把现在所拥有的也失去了。一个人如果在名利场上失掉了理智的指南针，那就会陷入名利的漩涡，结果越陷越深，难以自拔。其实，名利绝不是万恶之源，关键在于我们以怎么样的心态面对。当无穷的名利争夺之战席卷而来时，我们要保护好自己，时刻保持淡泊的心境，别把有限的生命投入到无穷的名利争夺之上。

钱钟书有着非凡的记忆力，被人叹称为“照相机式的记忆力”。他看过的即使是晦涩生僻的古籍，都能准确无误地复述，有时甚至一

字不差。更让人称奇的是，他的记忆力到了七八十岁的高龄也不曾衰退。1979年访问美国时，他常常对提及的学术内容倒背如流，把“耶鲁大学在场的老外都吓坏了”。过目不忘的天分和深厚的艺术修养，使他成为个性独特的小说家。他的《围城》充满了机智、幽默，蕴涵着深邃的讽刺，让人在浅笑中感悟深刻的哲思，回味无尽。他在《围城》里说，结婚犹如被围困的城堡，城外的人想冲进去，城里的人想逃出来。这智慧的譬喻，不仅对婚姻，也是对事业、理想、金钱等人世种种的凝练概括。

“文革”时期，钱钟书凭着超人的记忆力、达观的人生态度和孜孜以求的刻苦精神完成了学术著作《管锥编》。“管锥”喻意“以管窥天，以锥指地”。这部鸿篇巨制，可称是中国古典文化在20世纪的最高结晶之一，其广博的思想和浩瀚的内容使人震撼。达观直率、淡泊名利的品质凝聚成钱钟书荣辱不惊的人格魅力。“文化大革命”中，这位二十几岁便名扬四方的“文化昆仑”竟被指派在一名女清洁工的监督下打扫厕所，但他却能一直幽默乐观地生活，即使在惨无人道的批判面前，也有自己的应对方式。电视剧《围城》热播后，钱钟书的新作旧著，被争先恐后地推向市场。面对这种火爆，钱钟书始终保持静默。对所谓的“钱学”热，他认为“吹捧多于研究”、“由于吹捧，人物可成厌物”。

有人用钱策动他接受采访，他却说：“我都姓了一辈子钱了，难道还迷信钱吗?”一著名洋记者慕名想见他，他回话说：“假如你吃了一个鸡蛋觉得还不错，又何必要去认识那只下蛋的母鸡呢?”钱钟书认为作家的使命就是要抵制任何诱惑，要有一枝善于表达自己思想的笔，要有铁肩膀，概括起来说就是：头脑、笔和骨气。

当代文学巨匠钱钟书，终生淡泊名利，甘于寂寞。其实，正是因为他看淡名利，不卷入名利之争，始终保持内心的宁静，才使得他的文学

道路越走越宽。在生活中，对某些别有用心的人发起的“名利之争”，我们需要看淡，保持自己内心的宁静，不为名利心动，做事情不张扬，这样才能把事情做好。

重耳继位后犒赏诸臣，别人都急着表彰自己的功劳，而介之推从不言功劳所以没有受到奖赏。介子推说：“献公有九个儿子，只有晋文公一人了。惠公、怀公没人亲近，外内反对。天没有绝晋，必定要立人主。主持晋国祭祀的人，除了你还有谁呢？是天安排的，而几个随从出亡的人却说成是他们的力量，不是很荒谬吗？私下拿人的财产，还说是强盗，何况贪天之功占为己有呢？在下的从亡者把有罪的事当做正义，在上的君主奖赏他们所做的坏事。上下互相蒙骗，不好相处。”

他母亲说：“何不也去请求他，这样苦死了又能怨谁呢？”介子推说：“明知是有罪的事，效仿他，罪更大啊！因有怨言，不吃他的俸禄。”他的母亲说：“也让他知道，怎么样？”回答说：“言语，是身上的文采，身子都隐藏起来了，那还用得着文采？是求别人知道啊。”

他母亲说：“这样的话，我和你一块隐居。”于是隐居而死。晋侯寻找不到，就用绵上的田作为他的祭田，说：“以此记下我的过错，并用来表扬有德之人。”

佛家说：“本来无一物，何处惹尘埃。”一个身披勋章、衣锦荣华，整日于名利间慨叹的人不是成功之人。而那些功成身退、摒弃虚浮之物的淡名泊利者才是一个真正超脱世俗、释然于浮名之外的智慧之者。

1. 不为名利折腰

古人云：“志不行，顾禄位如锱铢；道不同，视富贵如土芥。”名利不过如敝屣，人应弃之。三国时名动天下的诸葛亮于《诫子书》中写道：“非淡泊无以明志，非宁静无以致远。”由此可见越是追名逐利者

愈发不能如愿以偿。把名利看淡些，不为名利而折腰，你会发现自己离目标更近些，看得淡名利的人往往会更容易实现梦想。

2. 简单快乐就好

面对繁杂纷乱的现实社会，有谁能做到真正意义上的宁静淡泊呢？即便是如此，在短暂的人生中，难道我们就应该为名利而穷尽一生？如果运气可以，我们最后会名利双收，但我们的生命可能已经接近尾声了，这样的人生有什么意义呢？所以，与其为无穷的名利斗争而痛苦，不如活得简单一点，这样生活才会给予我们更多的快乐。

名誉的光环只能笼罩一时

当一个人成功了，他所收获的不仅仅是利益，还有名誉。名誉与身份、地位是相关联的，它只是一种象征，是一种隐语。不过，就中国传统文化而言，人们对名誉的重视程度丝毫不亚于其对经济与金钱的重视程度。对某些达官显贵的人而言，名誉问题至关权位，这是必须尽力维护的东西。在古代，人们看待名誉甚至比生命更重要，诸如古代的君臣，要穿什么衣服上朝，要在什么地点下跪，要以什么样的规矩书写奏折等等，这些都是一种名誉的象征。对名誉问题呼声最高的莫过于“士可杀不可辱”，必要时可以用生命捍卫名誉。虽然，在现代生活中，名誉并不如古代时那般重要，但追逐名誉的人还是熙熙攘攘，络绎不绝。殊不知，有时候，名誉的光环只会笼罩一时，如果你一辈子活在这个荣誉的光环之中，那无疑是停止了自己的脚步，同时也局限了自己的人生目标。

居里夫人是一位卓越的科学家，生前曾两次获得诺贝尔奖金，107次

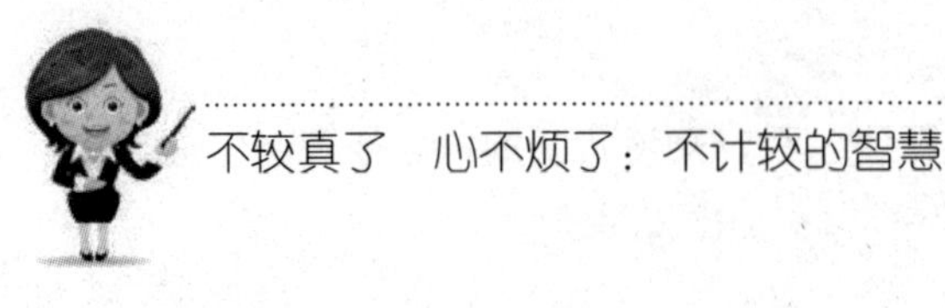

获得名誉头衔。但正如爱因斯坦说的："在所有的著名人物中，居里夫人是唯一不为名誉所腐蚀的人。"

有一天，居里夫人的一个女友来她家做客，忽然看见她的小女儿正在玩英国皇家学会刚刚奖给她的一枚金质奖章，女友大吃一惊，忙问："居里夫人，能够得到一枚英国皇家学会的奖章，这是极高的名誉，你怎么能让孩子玩呢？"居里夫人笑了笑说："我是想让孩子从小就知道，名誉就像玩具，只能玩玩而已，绝不能永远守着它，否则将一事无成。"

1910年，法国政府为了表示对居里夫人的尊崇，决定授予她骑士十字勋章，但是居里夫人拒绝接受。几个月后，她和杰出的物理学家、著名的天主教徒布朗利一起竞选科学院院士。但是，当时许多人反对妇女进入科学院，最后，居里夫人只差一票落选了。失败的消息传来，居里夫人的助手们以及实验室工人内心里别提有多难受了。

青年物理学家们都在默默地准备一些安慰的言词，想给自己的导师一些慰藉。没想到居里夫人就像平常一样微笑着从她的工作室里走了出来。她非常平静，看不出有一丝一毫的苦恼，甚至没有对这次竞选说一句评论的话。大家非常钦佩，非常感动，仍像往常一样，又伴着居里夫人——这位把名誉看得淡如水的女性一起搞科学实验了。

两次获得诺贝尔奖金，这对于普通人而言，是一种何等的殊荣。但对居里夫人而言，却是："我是想让孩子从小就知道，名誉就像玩具，只能玩玩而已，绝不能永远守着它，否则将一事无成。"名誉只是暂时的，它所闪耀出来的光环也是一时的，如果你仅仅依靠着名誉过日子，那最后可能连最初那点光环也会渐渐地暗淡下去。

莱特兄弟，也就是维尔伯·莱特和奥维尔·莱特，他们是美国发明家。1903年他们成功地完成首次飞行试验后，兄弟两人名扬全球。虽然成为世界知名人物，然而他们却完全没把声名放在心上，只是默默地工

作，不写自传，不参加无意义的宴会，也从不接待新闻记者。

有一次，一位记者要求哥哥维尔伯发表讲话，维尔伯回答说：“先生，你知道吗，鹦鹉喜欢叫得呱呱响，但是它却怎么也飞不高。”

有一次，奥维尔和姐姐一起用餐，吃到一半，奥维尔顺手从口袋摸出一条红丝带擦嘴，姐姐看见了问他：“哪来的手帕这么漂亮？”

奥维尔毫不在意地说：“哦，这是法国政府发给我的荣誉奖章，刚刚嘴巴沾油没手帕用，我就拿来擦嘴了。”

不可否认，名誉是对一个人成功的奖赏，对其本人而言，应该值得去回味。但与此同时，名誉也是一个休止符，如果你满足于目前所拥有的名誉，不再奋斗，甚至将所有的心思都花在了如何保持自己的名誉上，这样只会让自己停止前进的脚步。

1. 放下名誉

因为放不下名誉，一些人一味地追求虚名与浮利，紧张忙碌，疲于奔命，最后在周围喧闹的欢呼声中迷失了自己。因为放不下名誉，他们害怕受打击，墨守成规，小心翼翼，满足于自己目前所拥有的成绩；因为放不下名誉，他们东奔西跑，请客送礼，只为保住自己的名誉，但最终与他们之前所得的名誉背道而驰、渐行渐远。

2. 正确看待名誉

其实，名誉本身无所谓好坏，最关键的是在于你如何看待。人们往往容易忘却过去的失意愁苦，却舍不得那些名誉带来的耀眼光环。殊不知，只有告别过去，我们才能投入当下创造新的生活。学会看淡名誉，轻松前行，我们将会走得更远。

能够抛下名利，才能活出真的自在

名利，多么具有诱惑力的一个字眼，同时，它也是很多人立足社会、搏击人生的主动力。自古以来，名利就是许多人一生的奋斗目标，多少人为了光宗耀祖而削尖了脑袋挤进官宦之途，多少人因为人生的不得意而郁郁寡欢。但是，在名利场上，春风得意、踌躇满志的人毕竟是少数，大多数人为名利而苦恼，为那些自己得不到的名利而较真。其实，人生的道路本来很宽阔，如果我们把眼光尽放在名利上面，那只会让道路越走越狭窄。只有我们敢于抛下名利，才能活出真的自在。

从古至今，人们对功名利禄的向往都很强烈，特别是居高位者，每每容易在权力欲望中迷失，最终变得疯癫。不过，曾国藩却说："为官应当只问耕耘，不问收获。"这其中的淡然之心，可以说是令人敬佩。而正是这样将名利抛下的心理，让他最终得以保身。

淡泊者不求名利，曾国藩就此做出解释："淡泊二字最好，淡，恬淡也；泊，安泊也。恬淡安泊，无他妄念也。此心多名快乐啊！而趋炎附势，蝇头微利，则心智日益蹉跎也。"曾国藩是一个清醒的人，他认为："乱世之名，以少取为贵。"人生在乱世，世态发展皆在混乱之中，何谓富，何谓福，这都是难以说清楚的，所以人生还是少取为妙。他不仅懂得自己摆正心态，而且还严格约束家人。

在功成名就之后，同治6年5月，曾国藩在家书中劝告欧阳夫人说："居官不过是偶然之事，居家乃是长久之计，能从勤俭耕读上做好规模，虽一旦罢官，尚不失为兴旺气象。若贪图衙门之热闹，不立家乡

之基业，则罢官之后便觉气象萧索。凡盛必有衰，不可不预为之计。望夫人教训儿孙妇女常常做家中无官之想，时时有谦恭省俭之意，则福泽悠长。”

冰心老人曾告诉我们：“人到无求，心自安宁。”在冰心老人家一辈子的经历中，我们不难看出，清心寡欲，淡泊宁静，看淡功名利禄，正是她精神健康的奥秘。半个多世纪以来，冰心将全部的杂念全部抛到脑后，一心扑在为孩子们的写作、交流上，而孩子们也带给她无限的安慰和喜悦。或许，正因为她心静如水，永远保持着童心，才使得自己在古稀之年也耳聪目明，思维敏捷。淡泊以明志，宁静以致远，我们才会活得洒脱自在。

（原文）庄子钓于濮水，楚王使大夫二人往先焉，曰：“愿以境内累矣！”庄子持竿不顾，曰：“吾闻楚有神龟，死已三千岁矣，王巾笥而藏之庙堂之上。此龟者，宁其死为留骨而贵乎？宁其生而曳尾于涂中乎？”二大夫曰：“宁生而曳尾涂中。”庄子曰：“往矣，吾将曳尾于涂中。”

（译文）庄子此时面临着这样的选择：前面是清波粼粼的濮水以及水中从容不迫的游鱼，背后则是楚国的官位——两者巨大的差距使这道选择题看起来十分容易。但是大概楚威王也知道庄子的脾气，所以用了一个“累”字，只是庄子要不要这种“累”？多少人在这种“累”中体味到权力给人的充实感和成就感？这是生命中不能承受之“重”。

濮水的清波吸引了他，他无暇回头看身后的权势。他那么不经意地推掉了在俗人看来千载难逢的发达机遇。他把这看成了无聊的打扰。他只问了两位衣着锦绣的大夫一个似乎毫不相关的问题：“楚国水田里的乌龟，它们是愿意到楚王那里，让楚王用精致的竹箱装着它，用丝绸的巾饰覆盖它，珍藏在宗庙里，用死来换取‘留骨而贵’呢，还是愿意拖着尾巴在泥水里自由自在地活着呢？”两位大夫回答说：“宁愿拖着尾

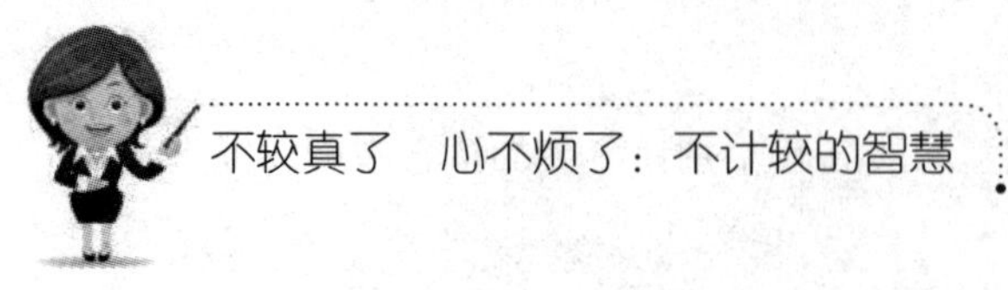

巴在泥水中活着。”庄子曰：“往矣！吾将曳尾于涂中。”

这个故事反映了庄子真实的心灵。庄子对于抛弃名利的坚持，让我们知道精神可以达到这样的境界。实际上，庄子的行为，确实让一代代“学而优则仕”的读书人，在赢得世俗成功的同时，内心总会有一种秘而不宣的羞耻感，还有一种受名利驱使的无奈感。

1. 抛下名利，会体验到简单的快乐

一个人假如具备抛弃名利的人生态度，那面对生活，他就会比常人更容易找到乐观的一面。他所看到的就是生活的美好，他不再对那些可望不可及的空中楼阁感兴趣。在纷繁的世界中，不去较真名利的争夺，在自己的心中构筑一片宁静的田园，你自然会体验到简单的快乐。

2. 名利之外，活得一身轻松

陶渊明伴着“庄生晓梦迷蝴蝶”中翩翩起舞的蝴蝶，在东篱之下悠然采菊，面对南山，陶渊明选择忘记，遗忘那些官场中的丑恶与仕途的不达，清新淡雅，与世无争，为自己寻回了一方心灵的净土。

[第 10 章]

不因缺憾较真，留点缺口才更接近完美

在生活中，让人感到遗憾的事情很多，就好像浩瀚天空中的奥秘一样多得说不清。缺憾，可能会令我们感到悲叹、惋惜，但正因为缺憾，才使得世间万物变得唯美动人。一花一世界，一叶一菩提，正因为有了小小的遗憾，这个世界才会变得更完美。

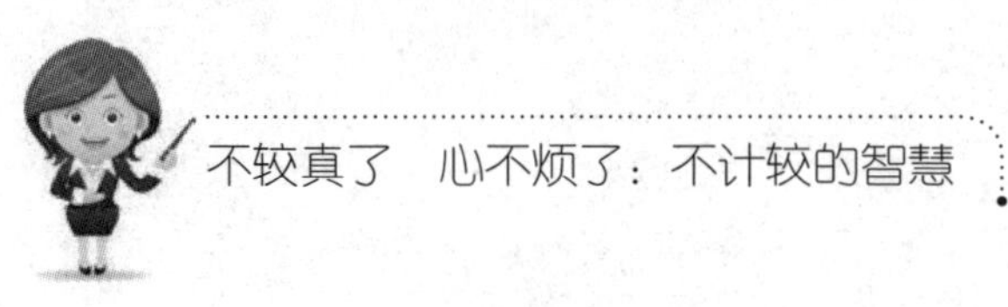

每一种美都有瑕疵，因而才与众不同

天气无论怎么风和日丽，却免不了留下随风的尘埃；人生无论怎么繁花似锦，都害怕丧失了壮阔的胸怀。其实，在这个世界，没有绝对的完美，不过，因为有瑕疵，才显得更完美，更与众不同。瑕疵，是完美的前提。怎样才能找到完美呢？在瑕疵中，是没有完美的，就好像这个世界上没有两片完全相同的叶子。对此，哲学家这样解释：“完美就在于他并不完美，世界根本不存在完美的标准，然而却有完美主义者。”其实，瑕疵和完美是相对的，有了瑕疵，才会显得与众不同，才会显得更完美。可以说，世间万物，所有的美都是有瑕疵的，因此才会显得与众不同。

当雄伟的三峡工程顺利竣工，成为世界举世瞩目的成功典范时，记者曾激动地问：“三峡最大的成功在哪里？”负责此项工程的工程师说：“最大的成功在于对它的批评。”确实，一件东西最大的成功在于它的瑕疵，因为瑕疵，它才会逐渐变得更完美。所谓的完美终究是不完美的，瑕疵使得不完美不断地发展，不断地进步趋向于完美，这样的美丽才会显得更不一样。西楚霸王项羽，自恃清高，认为只有自己才是最完美的，最终却失去了眼前的大好江山，含恨自刎乌江；王明阳格物致知，认为只要完全认清事物，事物就会最完美，最终却是毫无结果；关羽年迈却自恃雄才，结果败走麦城。那些总是追求完美、容不下瑕疵的

人，结果却是以瑕疵结束。在这个世界上，任何事物都是美丽的，因为有了瑕疵，所以才是独一无二的美。

国王有七个女儿，这七位美丽的公主是国王的骄傲。她们有一头乌黑亮丽的长发远近皆知，所以国王送给她们每人一百个漂亮的发夹。

有一天早上，大公主醒来，一如既往地用发夹整理自己的秀发，却发现少了一个发夹，于是她偷偷到了二公主的房里拿走了一个发夹。二公主发现少了一个发夹，便到三公主房里拿走一个发夹。三公主发现少了一个发夹，也偷偷地拿走了四公主的一个发夹；四公主也如法炮制地拿走了五公主的发夹；五公主一样拿走了六公主的发夹；六公主只好拿走了七公主的发夹。于是，七公主的发夹只剩下九十九个了。

过了一天，邻国英俊的王子突然来到皇宫，他对国王说：“昨天我养的百灵鸟叼回一个发夹，我想一定是属于公主们的，而这也是一种奇妙的缘分，不晓得哪位公主掉了发夹？”公主们听到了这件事，都在心里说：“是我掉的，是我掉的。”可是，她们头上明明都完完整整地别着一百个发夹，所以都懊恼得很，却说不出来。只有七公主走出来说：“我掉了一个发夹。”话才说完，一头漂亮的长发因少了一个发夹，全部披散下来，王子不由得看呆了。

故事的结局，当然是王子与公主幸福地生活在一起。

为什么不能容下瑕疵呢？一百个发夹，就好像是完美圆满的人生，少了一个发夹，就好像有了某种瑕疵。但正因为有这样的瑕疵，未来才有了无限的转机，有了无限美好的可能性，而且，因为那一点点瑕疵，才可以显示出自己的与众不同，而这样的美丽是十分难得的。

有的人一生都在追求完美，殊不知这个世界根本没有完美，完美不过是一种理想的境界。人的一生注定会有许多的瑕疵，你收获一些，就会注定失去一些，因为没有人可以完美地获得一切。在生活中，学会接纳别人的缺点，你才能拥有更多的朋友；学会接纳事物的瑕疵，你才能知足常乐。世间没有绝对的完美，太刻意地去追求完美，那只不过是给自己施加压力，甚至会让自己烦恼一生。要敢于面对瑕疵，因为有了瑕疵，才使得这样的美丽显得与众不同。

1. 别为完美而较真

虽然，在生活中我们都很崇尚完美，也追求完美，但我们距离完美到底有多远，完美到底是一种怎么样的境界，我们无从得知。我们常常会为生活中的瑕疵而烦恼，其实，这都是不值得的，因为这个世界不存在绝对的完美。万事万物，因为有了瑕疵，才显得那样美。

2. 瑕疵也是一种完美

我们不能描述完美到底是怎样的一种境界，但我们知道完美是独一无二的。这样想来，难道瑕疵不是一种完美吗？因为瑕疵，使得东西本身更加与众不同，这样看来，这件东西本身就是完美的。所以，我们说，瑕疵也是一种完美，因为有了缺憾，才会让美丽显得更加与众不同。

当一扇门关上，总有一扇窗为你打开

据说，所有的基督徒都相信这样一句话："上帝为你关上一扇门，一定会为你打开另外一扇窗。"有时候，前方的路已经走到了尽头，这时不要处处较真，既然已经没路可走了，那就不要纠结于为什么自己钻进了死胡同，而要积极地寻找打开的那扇窗。生活总是一个意外接着一个意外，原本幸福美满的生活可能顷刻崩塌；同样的，原本山穷水尽的境地，也会有柳暗花明又一村的转机。对量子宇宙论的

发展做出杰出贡献、著名的“黑洞理论”及《时间简史》的作者——残疾人霍金这样说道：“我要感谢上帝，如果我不是残疾人，酒吧、舞厅都会留下我的脚步。我残疾，少了许多社会繁杂事务，可以集中时间思考问题。”虽然，上帝给霍金关上了一扇门，却为他打开了另外一扇窗。

在一次船舶遇难中，仅剩下唯一一位幸存者被海浪冲到一个无人居住的小岛上。他热切地祷告，求上帝保佑自己早日得到营救，并每天留神观察地平线上可能会出现的帮助，然而却什么都没有出现。

后来，他只好筋疲力尽地设法用漂流的木头搭起了一个可以遮风挡雨的小茅屋，并储存一点仅有的东西，可是有一天，当他找完食物回来时发现他的小茅屋失火了，烟尘滚滚冲向天空，这最糟糕的事情还是发生了，一切都没有了。他悲愤得几乎晕眩：“上帝啊，你怎么可以这样对我！”他大喊着。

然而，第二天一大早，他被一艘驶向小岛的轮船的声音唤醒了，这艘船是来营救他的。他不禁感到疑惑：“你们怎么知道我在这里？”营救者回答说：“因为我们看到了你的信号烟。”

当事情变得极其糟糕的时候，我们常常容易沮丧，但不应该跟自己较真，因为即便是在经受痛苦和折磨的时候，也许正有另外一扇窗子向我们敞开着。假如地面有茅屋失火了，那或许是信号烟在召唤上帝的恩典。在生活中，不管我们遇到多么糟糕的事情，都不要气馁，而是要振作起来，努力去寻找上帝给我们打开的另外一扇窗。

小迪自幼失聪，但她却是某省的残联副主席，画院的专职画家，擅长工笔花鸟画。她说：“我相信一句话，上帝给你关上了一扇门，就会为你打开一扇窗。在1岁多的时候，我因药物致残，从记事起，我就生活在一个没有声音的世界里。但父母从来没有把我当特殊孩子对待，一样地培养我，让我自食其力。在17岁那年，父亲把我介绍给画家当弟子，当我第一次看到老师画的《芙蓉鲤鱼》时，我有一种近乎震撼的感觉，我对画画一见钟情，我想，难道这就是上帝给我打开的另外一扇窗子吗？”

看到记者赞赏的目光，她继续说道：“学画的过程并不容易，因为我不能要求老师也跟我一样用手语。这时我就用眼睛看，使劲看，使劲记。为了完成老师给我布置的作业，我常常骑上自行车到很远的地方，去寻找一花一草。后来，我干脆到一个工艺美术厂打工，白天上班，晚上练画，每天的时间排得满满的，但我觉得过得很有价值。1992年，日本佛教文化交流中心会长国冈筱夫来我们这里做交流活动，在我们画院一眼相中了我的画。在他的邀请下，我和另外几个女画家在日本北海道联合展出了自己的画作，这个画展连续举办了三届，我的作品还被印成明信片在日本发行。这件事的意义不在于荣誉，而是让我不再那么自卑了。虽然，身边有人说，一个聋哑人，这样画一画、混混日子就不错了，但我从来不认为残疾人就不需要进取。我一直在学习，并且会将这样一种习惯坚持到老。”

有时候，我们以为自己遭遇了世界上最残酷的事情，却浑然不知，当我们遭遇困难或挫折的时候，上帝在另外一边已经给我们准备了一条全新的道路，关键在于你是否有良好的心态走到最后。如果遭遇不幸之后，你只会为自己的痛苦而不断较真，那估计上帝也会关上那另一扇窗子。

1. 不要纠结“门被关上了”

人生从来不会是一帆风顺的，有时候，我们难免会遭遇这样或那样的挫折，这时不要纠结，不要较真，这样只会让我们孤立在门之外。当一扇门关上之后，我们尝试过打开另外一扇窗子吗？也许，那扇窗子只是虚掩的，而非紧闭的，所以，不要纠结于“门被关上了”，而是要致力于打开另一扇窗子。

2. 希望就在转角处

希望和绝望往往只是一线之隔，当我们以为所有的路都堵死了，却忘记了自己的身后还有一条路。当我们彻底绝望的时候，事情往往会出现意外的转机，所谓“希望就在转角处”，别沮丧，别较真，事情总会有解决方法的。

自信能够弥补一切的缺憾

有缺憾怎么办？别沮丧，如果你足够自信，一样可以弥补一切的缺憾。对意大利前锋卢卡·托尼来说，自己既没有出众的技术，也没有惊人的速度，而自己却站在前锋的位置，这何尝不是一种糟糕的境况。但是，托尼并没有放弃，他相信自己，逐渐修炼自己的“头球”功夫，成为了“头球机器”。虽然生命对于托尼来说是有着不可弥补的缺憾，但是，因为自信，他却成为了意大利永远的旗帜，一个不可失去的出色前锋。瑕不掩瑜，真实的人生并非需要完美，缺憾未尝不是一种惊人的美丽。在现实生活中，所谓 “完美”的诞生定会伴随着一定的遗憾，因此，追求完美是属正常，却也是一个人最大的悲哀。人生贵在真实，瑕不掩瑜，只要自信，我们就能够弥补缺憾，这根本无损人生真切的美丽。在很多时候，我们要善于接纳自己，对自己充满自信，不管是自己的优点还是缺憾，我们都要以平常心看待。

琳达是一位电车车长的女儿，从小就喜欢唱歌和表演，梦想着自己能够成为一名当红的好莱坞明星。然而，琳达长得并不算漂亮，她的嘴看起来很大，而且还有讨厌的龅牙。每次公开演唱，她都试图把上嘴唇拉下来盖住自己的牙齿。

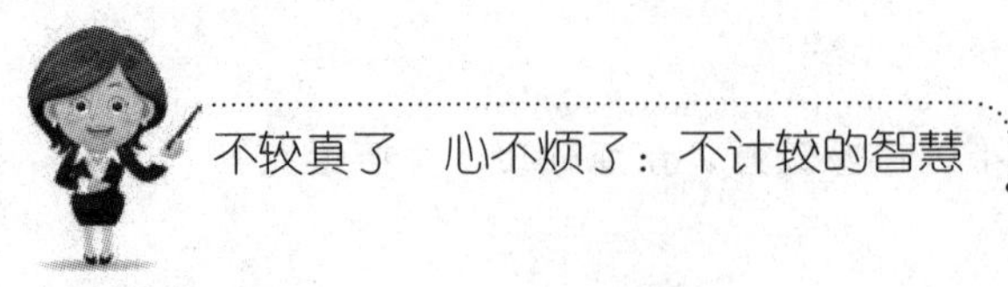

有一次，她在新泽西州的一家夜总会演出，为了表演得更加完美，她在唱歌时努力拉下自己的上嘴唇来盖住那讨厌的龅牙，但是，结果却令自己出尽洋相，这真是一次失败的演出。琳达看起来伤心极了，她觉得自己的命运注定了失败，打算放弃自己当初的梦想。

但是，正在这时，同在夜总会听歌的一位客人却认为琳达很有天分，他告诉琳达："我一直在看你的演唱，我知道你想掩盖的是什么，你觉得自己的牙齿长得很难看。"琳达低下了头，觉得无地自容，但那个人继续说道："难道说长了龅牙就是罪大恶极吗？不要去掩盖，张开你的嘴巴，观众看到你自己都不在乎，他们就会喜欢你的。再说，那些你想掩盖住的牙齿，说不定能给你带来好运呢，自信一点儿，丫头，你会成功的。"琳达接受了客人的建议，努力让自己不再去注意牙齿。从那时候开始，琳达只要想到台下的观众，她就张大了嘴巴，自信而热情地歌唱，就这样，最后她成为了好莱坞当红的明星。

赛德兹说："你应庆幸自己是世上独一无二的，应该将自己的禀赋发挥出来。"无论是龅牙一样的缺点，还是难以弥补的缺憾，它一样是组成生命的重要部分，在生命中占据着不可或缺的位置。如果我们总是寻找完美的东西，寻找一份完美的工作，寻找一种完美的生活，在这个追寻的过程中，为什么不回过头看看自己呢？如果你能够自信一点儿，何须去寻找最完美的，因为你就是最完美的。

小泽征尔是世界著名的交响乐指挥家，不过，在他出名之前，也不过是一个默默无闻的人。

后来，他参加了一次世界优秀指挥家大赛。在决赛中，他按照评委会给出的乐谱指挥乐队演奏，在指挥过程中，小泽征尔敏锐地发现了不和谐的音符。刚开始，他以为是乐队的演奏出现了错误，于是，他停下来重新指挥，但是，演奏还是出现了不和谐的声音。他当即指出："我

觉得乐谱有问题。”这时，所有在场的作曲家和评委会的权威人士都坚定地说：“乐谱绝对没有问题。”面对着权威人士的质疑，小泽征尔涨红了脸，但还是斩钉截铁地大声说：“不！一定是乐谱错了！”话音刚落，评委们全部站了起来，对他报以热烈的掌声，祝贺他通过了决赛。原来，乐谱不过是评委们精心设计的一个“圈套”，而小泽征尔却以坚定地认同自己而获得了最后的成功。

每个人都具有独一无二的价值，没有任何人能够取代我们，也没有任何人能够贬低我们，除非你首先看轻了自己。有的人总是为自己的缺憾较真，实际上，只要我们足够自信，即便有再大的缺憾，也会被自信掩盖起来。或许，小泽征尔并不是最棒的交响乐指挥家，但无疑他是最自信的一个，因为自信，甚至掩盖了他的某些不足之处，这样的人生何尝不是一种完美呢？

1. 不要纠结自己身上的缺憾

俗话说：“金无足赤，人无完人。”在生活中，我们每个人身上都存在着这样或那样的缺憾，这是再正常不过的事情。如果我们能以平常心对待，那这些缺憾都不会是缺憾；反之，如果你处处纠结，那只会让自己更加痛苦。

2. 学会欣赏自己

当我们在较真自己身上缺憾的时候，是否忘记了自己也有优势呢？如果我们自己都不会欣赏自己，那别人怎么会来欣赏你呢？在生活中，我们要学会欣赏自己，看到自己的长处和优点，这样可以增加自信心，更自信一点儿，我们就不再那么固执地追求心目中的完美了。

物极必反，别去追求十全十美

有这样一首歌："我把爱情想得太完美，不知为它哭过多少回；我把爱情想得太完美，不知被它刺痛多少回；最后我的爱情让我伤痕累累。"在生活中，有不少自称"完美主义者"的人，他们不管对人还是对事，都是高标准、严要求，力争尽善尽美，即使做得十分出色，依然不能满意这样的结果。当然，在完美主义的促使下，他们往往会给自己设定远大的目标，并为之不断努力奋斗。其实，有一个词语叫做"物极必反"，当我们过分追求完美的时候，实际上已经陷入了一个病态的心理。心理学家说："完美主义者，都有这样、那样的健康问题，比如沮丧、焦虑、忧郁、饮食紊乱、容易自杀等。"完美是一种理想的境界，我们可以无限度地接近完美，但永远不可能达到完美。仔细想想，世界上有什么东西是十全十美的呢？过去没有，现在没有，将来也没有。美国前总统富兰克林·罗斯福坦然向公众承认，假如自己的决策能够达到75%的正确率，那就达到了自己预期的最高标准了。即便是罗斯福尚且这样说，我们又何必对自己一味地较真呢？

波波拉是位女教师，她一直觉得自己的长相不够完美，好像哪儿看起来都不顺眼，在经过一番心理挣扎之后，她决定去整容。整形医师仔细打量了她的五官，认为她长得并不难看，关键问题在于波波拉的内心，她太过于追求十全十美。在波波拉的强烈坚持下，整形医师还是为她动了手术，不过只是稍微改善了她的五官，这比她自己所要求的要少很多。

手术之后，波波拉显得很不高兴，她一边打量镜子中的自己，一边

埋怨：“你并没有对我的脸孔做太大的改变。”整形医师解释说：“你的脸孔本来就只需要稍作改善，问题是你使用脸孔的方式错了，你把它当做一个面具，用来遮掩你的真实感觉。”波波拉低下头说：“我已经尽自己最大的努力了。”医师没有说话，只是默默地看着她，波波拉沉默了许久，才默然地说道：“每天我到学校去的时候，就像戴了张面具，尽量表现出自己最好的一面，我认为自己不够好，我把所有的感情全部隐藏起来，只留下我认为正确的一部分。但是，令我难过的是，在我三年的教学生活中，孩子们总是嘲笑我。”

整形医师微笑着说：“孩子们嘲笑你，是因为他们已经看出你一直在演戏，他们了解你很自卑，你太过于追求完美了。其实，作为一名教师，并不一定要使自己表现得十分完美，偶尔也可以表现得愚蠢一点，这样孩子们反而会尊重你了。记住，你就是你，不需要改变自己的容貌，而是要改变自己的心态。”波波拉接受了医师的建议，从那开始，她再也不在意自己的容貌，而是完全地接纳自己，最后，她成为了孩子们最喜欢的老师。

追求完美并不是健康的心理状态，心理学家曾做过一个实验：他们向被试者描述了两个人，这两个人都有很强的能力，也都有崇高的人格，但其中一个人从来不犯错，另外一个人有时会犯点儿小错误。要求被试者回答：这两个人哪一个更可爱呢？结果，绝大部分被试者都认为那个有时会犯点小错误的人更可爱。

有一天，国王来到花园散步，当他看到花园里的景象时，不禁大吃一惊。前些日子还绿意盎然的花园变得十分荒凉，美色早已不在。带着满腹疑团，国王询问了园丁：“究竟发生了什么事情啊，怎么花园会变成这样？”

园丁叹息着说：“我尊敬的国王啊！这是因为橡树想要追求十全十美，想要跟松树一样高大，所以死了；松树追求十全十美，想要跟葡萄

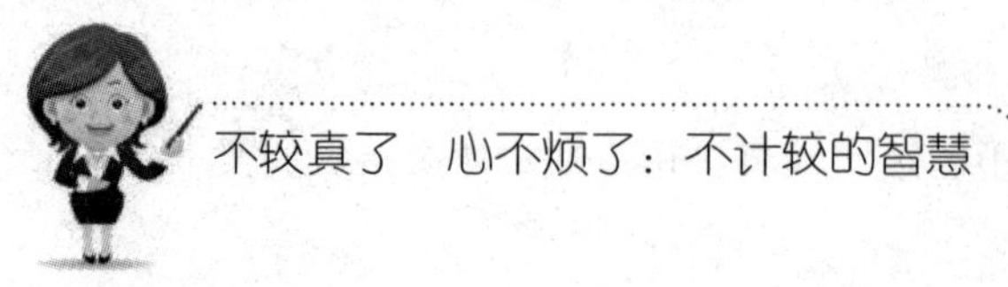

一样能结出果实，所以也死了；而葡萄希望自己也能十全十美，像橡树一样直立，因此也死了；至于其他的植物花卉，也都是因为追求十全十美而死去了。所以，花园终于因此而渐渐荒凉了起来。”

听了园丁的话，国王陷入了沉思，不经意间抬头一看，他发现花园里的草地依然生机蓬勃，不禁好奇地问园丁：“为什么其他植物都枯死了，只有这一片草地依然绿意盎然呢？”园丁微笑着说道：“这是因为小草们并不想成为松树、橡树、葡萄或者其他植物，它们知道自己的价值是什么，所以也只想做它们自己而已。因为这样的想法，所以，它们自然就生机蓬勃、绿意盎然！”

其实，完美并不能与优秀画等号，前者总是懊恼不成功，后者却总是享受成功与快乐。在生活中，不要将完美当成自己的束缚，从而让自己失去快乐。断臂维纳斯成为世界女性艺术美的典范，就是因为无臂。实际上，维纳斯原作是有手臂的，只是因为成了碎片，无法修复。后来，许多人试着帮她装上双臂，但却发现有臂的维纳斯反而不如无臂的美，就没有安上双臂。无臂维纳斯可以让人想象出维纳斯双臂的各种美的姿态，假如她有完美的双臂，反而会让人觉得单调了。

1. 不要较真有缺憾的生活

有位油画家曾说：“天池是不能画的，太蓝、太绿，画出来像假的。”生活本来就是不完美的，总会有许多不如意和不开心的事情，只要把握住我们能把握好的就可以了。对生活不要太苛刻，对自己不要太较真，凡事开心才是最重要的。如果凡事要求自己做得十全十美，每天处心积虑地生活，则是一件身心疲惫的事情。

2. 不必过分追求完美

在生活中，不必过分追求完美，如果你想做好一件事情，讲究的是成功，只要你尽了力，而且达到了预期的目的，就没有必要去追求所谓的完美。当我们做好一件事情后，可以反思，也可以总结经验，千万不

要因一点小小的缺憾而自责。如果因为过分追求完美而陷入自责的怪圈中，那你还有精力去做好这件事吗？

扬长避短，将长处发挥到淋漓尽致

在生活中，我们都听过“让兔子去跑步，让鸭子去游泳”的故事。显而易见，每个人都是有自己的优势的，而更重要的一点是每个人都只有从自己的优势出发才能获得成功。成功心理学家马丁·塞利格曼在成功心理的研究中得出这样一个结论：“成就和幸福的核心在于发挥你的优势，而不是纠正你的弱点，第一步就是识别你的优势。”一个人若是要想主宰心的航向，就应该全面认识自己，既要正视自身的缺点，又要把握好自己的优势。一旦你没能够清楚地认识自己，将会导致内心产生自负或自卑等心理，而这些负面心理将会影响你一生的发展。在追求个人发展的过程中，我们要善于扬长避短，将自己的长处发挥到淋漓尽致。

三国时期，杨修虽然颇具才能，但他最大的短处就是喜欢表现自己，喜欢在曹操面前邀功，这是其同僚都知道的事情。当时，曹操的儿子曹植很喜欢杨修的才能，常常邀请他到家里谈论逸闻趣事，整夜都不休息。曹操和众位大臣商议，想立曹植为太子。曹丕听说了，就密请朝歌长吴质到他府中商量对策，又怕被人发觉，就让吴质藏在一个大筐里，上面放些布匹，别人问起，就说是布匹，用马车把吴质拉进了曹丕府中。

正好杨修看见了吴质从筐里爬出来。他和曹植是好朋友，当然希望曹植能当太子，于是，就跑去向曹操告密。曹操派人在曹丕府前检查，曹丕慌忙告诉了吴质，吴质当然知道杨修的短处，猜想他会去告密。于是，吴质说："不用担心，明天用大筐装上布匹拉到府里来，迷惑一下他们。"第二天，曹丕就派人按吴质所说的话去做了。

曹操派的人检查了几次，发现全是布匹，就回去把情况报告了曹操。曹操怀疑杨修陷害曹丕，从此对他十分厌恶。

在这个案例中，杨修将自己的短处展露无遗，无疑给别人一个可乘之机，结果聪明反被聪明误。孙子兵法曰："先不为可胜，以待敌之可胜。"意思是，先要避免自己的弱点，最大限度地发挥自己的长处，这样才有可能得到别人的认同。

曾经有一个叫奥托·瓦拉赫的人，在他上中学的时候，父母为其选择了文学之路，但是一个学期下来，老师给他的评语竟然是"瓦拉赫很用功，但过分拘泥，这样的人即使有着完美的品德，也绝不可能在文学上有所发展"。无奈之下，他又开始学习画油画，但这次老师的评语更让人难以接受："你是绘画艺术方面的不可造就之才"。面对这样"笨拙"的学生，大部分人都认为他成才毫无希望，只有化学老师觉得小瓦拉赫做事一丝不苟，具有做好化学实验应有的品格，建议他试学化学。没想到，一接触化学，瓦拉赫的智慧火花一下子就被点燃了，并最终成为了诺贝尔化学奖的得主。

这个案例所描述的就是人们广为流传的"瓦拉赫效应"，这个效应指的是人的智能发展都是不均衡的，都有智能的强项和弱项，人一旦找到自己的智能最佳点，使智能潜力得到最大限度的发挥，便可以赢得惊人的成绩。在生活中也是一样，每个人都有长处和短处，一旦找到自己的长处，就可以使这方面的潜力得到充分的发挥，最终赢得成功。

1. 避开自己的短处

成功者信奉的人生格言是：不要将自己的短处暴露出来。一旦暴露

出来，你就失去了很多优势。在自然界中，那些具有极大生存能力的动物，往往就是善于伪装自己短处的凶悍的野兽。

如果你只有一条腿，就没有必要去勉强自己去做一个运动员；如果你的容貌不够美丽，就没有必要去参加选美大赛。如果你真的在某些方面确实存在着自身不可抗拒的缺陷或短处，就完全没有必要去较劲，非要在这方面与别人争个高低，否则你只会自讨苦吃。

2. 尽才所用

所谓的成功并不是轰轰烈烈的事业或出人头地的名位，而是我们能够把握好自己的优势，能“尽才所用”，这才是作为一个人的最大成功。每个人都想成为高大的树木，渴望矗立在高处俯瞰这个世界，但是，命运的捉弄往往使我们成为一丛丛小草。或许，在许多人看来，小草该是多么卑贱，多么渺小，但是，即使是如此渺小的东西，也能凭借着自己的优势在酷寒的严冬里绽放出不一样的美丽。

龟兔赛跑，看谁笑到最后才笑得最好

在生活中，很多时候并不是以表象说话的，而是谁能笑到最后才是最好的。有时候，那些看上去很不错的人，最后却毫无作为，而那些看上去很不起眼的人却能够凭着自己的勤勉而获得成功，这就是“笨鸟先飞”的道理。或许，有人说这个世界不公平。其实，这个世界是公平的，即便你先天颇具聪慧，但如果后天不努力，又怎么会成功呢？如果你觉得自己很不起眼，不够完美，也不要感到沮丧。如果你想证明自己，那就努力，让自己变得更强、更优秀。俗话说：“一分耕耘，一分收获。”当我们付出一定的汗水和心血之后，一定会笑到最后的，而这

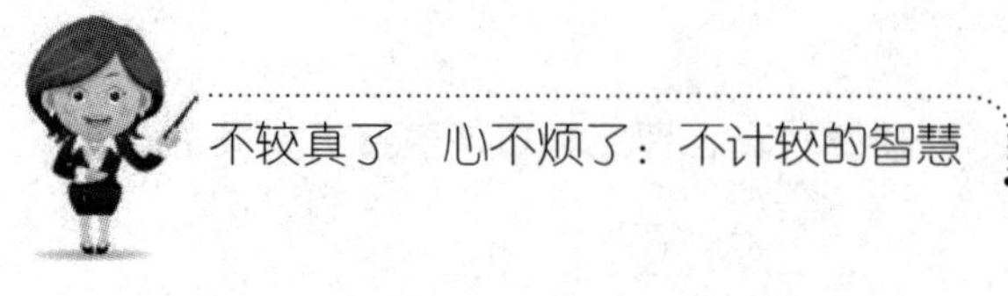

不正是证明自己最好的机会吗？

《龟兔赛跑》的寓言故事是这样的：

很久以前，乌龟和兔子之间发生了争论，它们都说自己跑得比对方快。但兔子嘲笑乌龟的步子爬得慢，乌龟笑了："我总有一天会和你赛跑，并且赢你。"兔子说："快点，你很快就会看到我跑得是多么快。"

于是，它们决定通过比赛来一决雌雄，确定了路线之后它们就开始跑了起来。兔子一个箭步冲到前面，并且一路领先。看到乌龟被远远地抛在了后面，兔子觉得自己应该先在树下休息一会儿，然后再继续比赛。于是，它就在树下坐了下来，并且很快就睡着了。乌龟慢慢地超过了它，并且完成了整个赛程，无可争辩地当上了冠军。兔子醒过来后，发现自己输了。

对于这个故事，想必大家已经耳熟能详了。它所给我们的启示是：兔子的失败在于太过于自信而导致粗心大意、疏于防范，如果兔子没有那样自以为是，那乌龟根本就没有获胜的可能性。其实，对于这个寓言故事，我们应该有一番全新的理解。或许，在生活中，我们大多数人都是步子比较慢的乌龟，可能天资不够聪慧，可能家境比较贫穷，可能自身带着残疾，但我们也一样可以跟寓言中的那只乌龟一样，在追求完美的过程中，逐渐让自己成功。当然，前提是保持良好的心态，心中有一股继续前行的劲儿，否则只会前功尽弃。

下面是有轻度智障的王先生的自述：

从小我就相信"笨鸟先飞"，因为我有轻度智障，不够完美，比起同龄的孩子差很多。所以父母从小就教育我笨鸟先飞，要学会比别人更勤奋。

在学习中，别人往往读三遍就能把一篇文章读得很顺畅，而我则需要读十遍甚至更多。别人一次就能办好的事情，我则需要七八次。但我

在困难面前从来不妥协，我始终牢记：笨鸟能先飞。靠着这样的倔劲，我结束了学习生涯。进入社会后，我觉得很自卑，因为我长相平平，还患有轻度的智障，我觉得比起那些完美的人，我简直就像一只残疾的丑小鸭。

但是，能怎么办呢？我还是一样要生活下去，这才是我人生的信念。于是，我开始辛苦地找工作，到处面试。好不容易进了一家公司，还需要从打杂的做起，短暂的沮丧之后，我振作了起来，我要证明我自己。于是，白天我在公司充当同事的打杂工，晚上就回家学习，同时，我还观察同事们是怎样工作的，就这样，不知不觉间，我熟悉了工作。等到开始正式工作的时候，我已经比较熟练了，领导对于我的表现惊讶不已。现在，我已经是公司的总经理了。我觉得，任何的缺憾都不会影响我人生前进的脚步，如果我想走得更远，就应该努力、努力、更努力。

朋友都说我像《阿甘正传》里的阿甘，虽然身体残疾，但心不残疾，虽说是一只笨鸟，可笨鸟往往先翱翔于广阔的天空。我以自己的亲身经历告诉大家，比别人笨并不可怕，可怕的是你心里承认比别人笨。

在生活中，那些笑到最后的人，往往是能正视自己缺憾的人。虽然，就外在条件而言，他们并不是最优秀的，但他们从来不对命运妥协，他们总是以另外一种方式展现自己应有的价值。

1. 别自卑

如果我们自身有着某种缺憾，千万不要自卑，而是要正视自己的缺憾，这样我们才会有好的心态去迎接每一天的新挑战。如果你总是较真自己的缺点，不愿意去试着改变，那最后将会一无所成。自信一点，学会相信，即便你是步子最慢的乌龟，也一定会赶上跑得最快的兔子。

2. 笨鸟先飞

不管我们相信不相信，在这个世界上，真的有一种奇迹，叫做

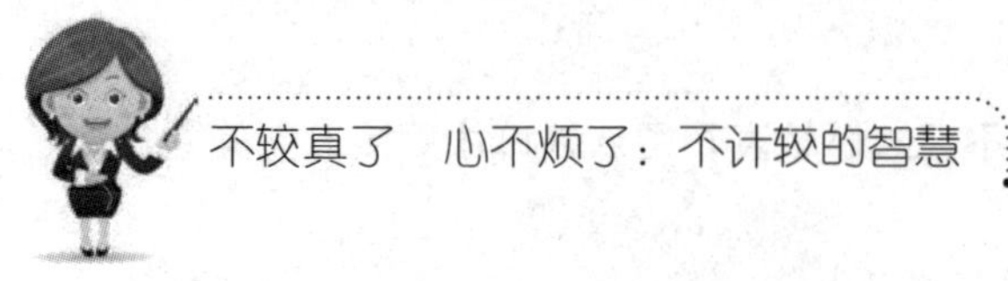

“笨鸟先飞”。不怕你笨，就怕你不肯下功夫。只要你有恒心，努力坚持下去，即便你是笨鸟，也一样能翱翔在广阔的天空。

善于自嘲，有缺点的人反而招人喜爱

幽默一直被称为只有聪明人才能驾驭的艺术，而自嘲又被称为幽默的最高境界。自嘲是缺乏自信者不敢使用的语言艺术，因为它要你自己调侃自己，也就是要拿自身的失误、不足甚至生理缺陷来“开涮”，对丑处、羞处不予遮掩、躲避，反而把它放大、夸张、剖析，然后巧妙地引申发挥，自圆其说，博人一笑。由此可见，能自嘲的人必须是智者中的智者、高手中的高手。在人际交往中，如果自己的某个缺点暴露出来，让整个场面变得尴尬，这时就应该用自嘲来化解窘境，这样不仅给自己找了台阶下，而且很容易产生幽默的效果，会让大家觉得你很风趣。当然，如果我们想运用自嘲的艺术，那就必须具备豁达、乐观、超脱、调侃的心态和胸怀。如果缺少这些特质，你便无法运用这门艺术的。有的人自以为是、斤斤计较、尖酸刻薄，他们是难以说出自嘲的话的。自嘲的艺术是最为安全的，因为它谁也不伤害。你还可以用它来活跃谈话气氛，消除紧张情绪；在尴尬中找个台阶，保住面子；在公共场合获得人情味；在特别场景中含沙射影，刺一刺无理取闹的小人。

在一个中秋佳节，乾隆皇帝在御花园召集群臣赏月。他一时兴起提出要与纪晓岚对句集联，以增雅兴。一向自恃才高八斗、文思敏捷的乾隆先出了上联：玉帝行兵，风刀雨剑云旗雷鼓天为阵。出完了上联，乾隆踌躇满志地望着纪晓岚，看他如何对下联。

纪晓岚沉思片刻，对出了下联：龙王设宴，日灯月烛山肴海酒地作盘。明眼人都看出，纪晓岚的下联不但工整，而且气势宏大。乾隆听了下联，脸色开始变了，阴沉着脸。这时纪晓岚当然明白乾隆的心思，俗话说："伴君如伴虎。"一向好胜的乾隆，怎么容得下自己所出的下联呢？看来自己不该一比高低，否则弄不好会引来杀身之祸。

面对这样的情况，纪晓岚心里也很着急，但他并非等闲之辈，只见他灵机一动，巧舌如簧："主人贵为天子，故风雨雷电任凭驱策、傲视天下；微臣乃酒囊饭袋，故视日月山海都在筵席之中，不过肚大贪吃而已。"听到纪晓岚这一番话，乾隆刚刚消失的得意之色再露，笑着对纪晓岚说道："爱卿饭量虽好，如非学富五车之人，实不能有此大肚。"

在案例中，纪晓岚适度的自嘲，不仅仅是一种良好的修养，同时还为自己化解了一场危机。通过这个故事，不难看出纪晓岚拿自己开涮的勇气，当然，以他这样可爱的"缺憾"，自然能够赢得乾隆皇帝的喜欢了。在平时生活中的自嘲，可以营造出宽松和谐的气氛，可以让自己活得更轻松潇洒，在让别人感受自己的幽默和风趣的同时，还可以较好地维护好对方的面子，这样一来，自然会招人喜欢的。

小王是一个大胖子，但他却不以胖为耻。在生活中，他经常自嘲说："我是个比别人亲切三倍的男人，每当我在车上让座给女人时，我的一个座位中可以坐下三个人。"轻松愉快的自嘲，正是小王信心十足的有力表现。

虽然，其他人见到小王这样的体型，刚开始应该是没什么好感的，但跟他接触时间长了，都会忍不住喜欢他。每个人都是有缺点的，小王招人喜欢的原因在于，他不仅坦然面对自己的缺憾，而且还敢拿自己的缺憾开玩笑，这使得他那些缺憾看上去更可爱。

当你置身于难堪境地时，如果过分掩饰自己的失态，反而会弄巧成拙，使自己越发尴尬。相反，如果以漫不经心、自我解嘲的口吻说几句取悦于人的话，却可以活跃气氛、消除尴尬。

1. 与其较真自己的缺憾，不如先笑自己

有人说："无论你想笑别人什么，都不妨先笑你自己。"在现实生活中，自嘲简直可以说是治疗尴尬的一剂良药，当自己遭遇尴尬的时候，不妨拿自己开涮，反而会让别人开怀大笑。有的人甚至觉得自嘲是一种心理成熟的标志，虽然你看似损失了面子，实际上却以真诚的人格魅力赢得了他人的青睐。

2. 自嘲是一种招人喜欢的方式

有的人很自卑，觉得自己有某种缺憾，肯定就得不到别人的喜欢。其实，这样的想法是有失偏颇的。即便是有缺点，那也是正常的，不必为此感到自卑，如果你能乐观地对待，以自嘲的方式来袒露自己的缺憾，那给别人的感觉就是一种良好的修养。当然，通过自嘲，你也可以赢得人们对你的喜欢。

[第 11 章]

别计较金钱，它只是实现目标的工具

李白说："千金散尽还复来。"金钱，这个敏感的字眼儿，多少人为它劳累奔波，甚至穷尽一生。但是，我们都忘记了，钱乃身外之物，它只不过是实现目标的工具。因此，对于金钱，我们不要计较，也不要为此较真，否则，只会成为金钱的奴隶。

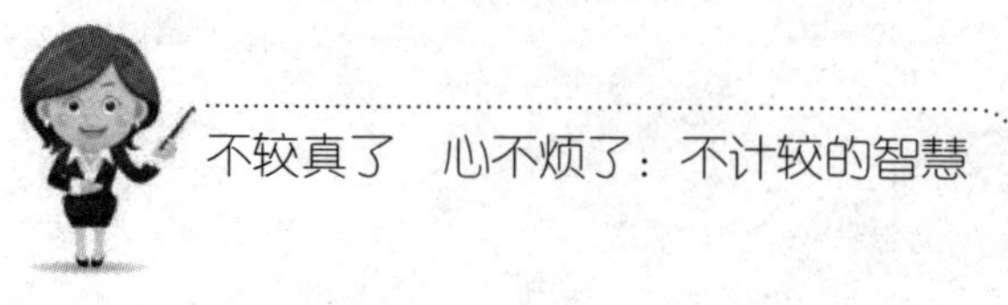

金钱不能与幸福画等号

在生活中，许多人认为幸福与金钱关系很大，钱越多就越幸福，其实这样的想法是错误的。虽然充裕的物质生活在一定程度上让你感受到了欢愉，但实际上那种快感只是一种欲望的满足感，真正的幸福是不需要任何附加物的，它是来自心里最真实的感觉。如果说，拥有了金钱就意味着收获了幸福，那就更是大错特错了。幸福很简单，或许对某些人而言，有一份自己喜欢的工作就是幸福的，有一个爱自己的人就是幸福的，有健康的身体就是幸福的，有一顿不错的晚餐就是幸福的，有几个知心朋友就是幸福的。而这些真切的幸福，都与金钱没有直接联系。而更让人疑惑的是，有的人越来越富有，却说自己一点儿也不幸福。因此，“金钱与幸福画等号”，这本身就是一个悖论。

前几年，美国做了一项调查，即真正的幸福来自于“精神上的满足”。美国纽约罗切斯特大学的研究人员在《个性研究》杂志上报告说，他们对147名大学毕业生进行了跟踪调查，对这些大学生的人生目标和幸福指数进行评估，时间为一年。结果通过研究发现，那些被调查中许多名利双收的人非但不感到幸福，反而觉得生活没有意义，而真正感到幸福的人是那些实现了“自我价值”的人。通过大量事实证明，真正的幸福感来自于“精神上的满足”，而并不是金钱上的富足。有些人在获得大量的金钱之后往往会身不由己，甚至会产生失落感，他们的内心

是孤独，或许是痛苦的。

她和男友在大学谈了四年的恋爱，却在临近毕业之际分手了。她提出了分手，理由就是“我不想和你回到那个小镇上去，我喜欢都市的繁荣，我是属于这里的”，男友在心痛之余还是尊重了她的决定。

大学毕业后，她与一位中年商人认识，并很快结了婚。商人已经年近四十了，离过两次婚，他贪图她的青春与美丽，而她只想过奢华的生活，她觉得这样的交易很公平。她终于过上了她想要的生活，从衣服到化妆品她用的没有一样不是名牌，一双鞋、一件衣服常常成千上万元，挥霍金钱成了她的快乐。她的丈夫常常早出晚归，有时甚至彻夜不回，他的解释永远都是忙。有一天，她在商场看见丈夫与一位年轻女子相当亲热，她很生气。晚上回到家，她质问丈夫，却被其一把推开并恹恹地说：“你安心做你的太太就行了，别的事最好少管。你当初同我结婚还不是看上我的钱，想过富足的生活。”说完便摔门而去，许多天都没有回来。

原来，她在丈夫眼里不过是个寄生虫而已。回忆起过往种种，她只有苦笑。

也许，有的人会把只拥有金钱看做是一种幸福，这样的幸福观是极其错误的。一个人即便是富可敌国，但如果他的精神世界是空虚的，或者是不自由的，那么他就绝对不会幸福，甚至会感到很痛苦。

她是一位牧师，命运非常奇特，在十二岁的时候，就受呼召去服侍老年人。她一生中充满了大起大落，光明与黑暗、欢乐与忧愁、平安与艰难交织在一起，她在生活里经历了所有这一切。同时，她顺服地恪守与神所立的约定。她遵从了真爱、怜悯和忠心的原则，这些给了一个女人幸福。刘莺孙就是这样的一个女人和牧师，她牧养教会，懂得这样的一个真实：她知道什么是能够改变的，怎样去接受不可改变的。

她在《幸福的女人》的序言里这样写道：今天，在回顾我七十五年

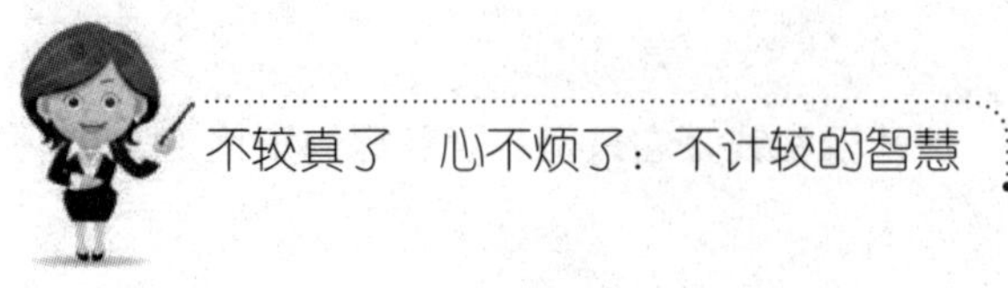

的生活之际，我邀请读者们一起来寻找真快乐的源泉，是这源泉使我成了世界上最幸福的女人……

刘莺孙的幸福其实很简单，她懂得了这样一个真实：知道什么是能够改变的，怎样去接受不可改变的。这两句话很简单，却揭示了幸福的本质，幸福本身只是一种心态，一种平和的心态，而根本不在于金钱的多少。有时候，你获得的金钱越多，所收获的幸福却越来越少。

1. 幸福到底是什么

在生活中，有的人觉得幸福就是自己有了许多钱，因此，他们花很大的力气去达到这样的目标。但在现实生活中，可以在财富和地位上都达到显赫状态者毕竟是金字塔的顶尖，能实现这样愿望的人少之又少。于是，许多人瞬间觉得自己是不幸福的。心理学家认为，一个人的幸福与否，在很大程度上取决于评判的标准，那些不将金钱与幸福画等号的人，即便他们不富裕，但他们觉得自己就是幸福的。

2. 不要为金钱的多少而较真

那些将金钱与幸福画等号的人，很容易为金钱的多少而较真，尤其是当现实与梦想差距悬殊的时候，他们会觉得自己就是最不幸福的人，而直接的理由就是没钱。钱的多少能影响到心底最真实的幸福感觉吗？答案是不能。所以，请珍惜眼前的生活，不要再为金钱的多少而较真了。

钱财无法填充你的精神世界

社会上流行着这样一句话：“钱可以买到房子，但买不到温暖的家；钱可以买到床，但买不到睡眠；钱可以买到珠宝，但买不到美好的

生活；钱可以买到权势，但买不到威望；钱可以买到书籍，但买不到智慧；钱可以买到谄媚，但买不到尊敬；钱可以买到服从，但买不到忠诚；钱可以买到伙伴，但买不到友谊。”金钱，它所能够满足我们的只不过是物质生活，而绝不是精神生活。在现实生活中，那些满身上下金光闪闪、名牌耀眼的人，虽然，他们的钱包鼓鼓，甚至数钞票数到手软，但他们的精神世界却是极其贫瘠的。因为大量金钱的充斥，让他们觉得在这个世界里，不管什么问题都能用钱解决，于是，他们习惯用钱来维系人与人之间的关系。虽然在短时期内，他们很满足于现状，但时间久了就会发现，原来自己穷得只剩下钱了。

小安今年十八岁，正是青春年华的好时光，但她却说：“我一点儿也不幸福。”可是，如果你见到小安，你可能会说她身在福中不知福。她到底幸福不幸福呢？

小安的父母都是做生意的，从小安懂事起，就没跟父母同桌吃过饭，她总是远远地隔着玻璃看着父母跟客人在酒店里吃饭，父母谦卑的笑容以及谄媚的姿态，都让小安觉得浑身不舒服。当然，父母除了不能给她爱，什么东西都能给她，因为他们有很多的钱。当小安开始认得钞票的时候，她手里就没缺过钱，与父母唯一有联系的也就是放在桌子上的钞票，以及寥寥数语的嘱咐。小安曾无助地表示：“爸妈，我只是想你们陪我吃一顿饭。”可父母的回应却是：“安安，你怎么身在福中不知福呢，你瞧瞧隔壁的小军，穿着地摊货，你呢，浑身名牌，拥有最时尚的手机，差不多都是限量版的，这些东西都是别人家孩子羡慕不来的，父母这样忙，也是为了你，给你存更多的钱，你以后的生活才不发愁啊。”钱，钱，钱，一天就知道说钱。小安沉默了，既然你给钱，那

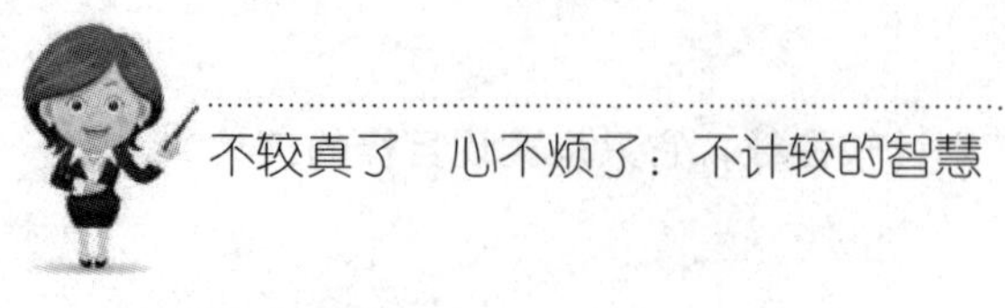

我就花，使劲花。

小安将所有的愤怒都发泄在钱上了，她买东西总是买最贵的，开销大大超过了以前。对于这样的行为，父母虽然会说几句，但还是痛快地把大叠的钞票拿给小安。每天，小安都可以抱着大叠钞票睡觉，但在半夜，她却常常被痛苦惊醒，那是一种来自心底深处的痛苦。

对有的人而言，物质生活越富足，精神生活却越贫乏。金钱并不是万能的，至少它不能满足精神上的需求，这就是很多富人活得不开心而许多穷人活得很开心的原因。在生活中，做人还是简单点，知足常乐，以平常心对待自己的现状，不要跟自己较真。

在美国有位很有钱的富翁，但他却得不到别人的尊重。为此，他很苦恼，每天都想着如何才能得到他人的敬仰。一天，富翁在街道上散步，看到旁边有一个衣衫褴褛的乞丐，他心想机会来了。于是，富翁便在乞丐的破碗中丢下了一枚金币，可是，乞丐却头也不抬地忙着捉虱子。富翁感到很生气："你眼睛瞎了吗？没看到我给你的金币？"乞丐还是没有正眼瞧他，回答说："给不给是你的事，不高兴你可以要回去。"富翁很生气，又丢了十个金币在乞丐的碗中，心想这一次乞丐一定会趴着向自己道歉，却不料，那个乞丐还是不理不睬。

富翁几乎要跳起来了，咆哮道："我给你十个金币，你看清楚，我是有钱人，好歹你也应该尊重我一下，道个谢你都不会？"乞丐懒洋洋地回答："有钱是你的事，尊不尊重则是我的事，这是强求不来的。"富翁一下子着急了："那么，我将我的一半财产分给你，能不能请你尊重我呢？"乞丐翻着白眼看着他，说："给我一半财产，那我不是和你一样有钱了吗？为什么要我尊重你。"一着急，富翁说道："好，我将所有的财产都给你，这下你可愿意尊重我了吗？"乞丐回答道："你将财产都给我，那你就成了乞丐，而我成了富翁，我凭什么要尊重你？"富翁一下子好像明白了什么，他抓住乞丐的手，真诚地说了一句："谢

谢你！”乞丐改变了之前的态度，正眼看着他说：“不用客气，您请慢走。”

有钱就能买到尊重吗？这位富翁天真地以为，那些看上去很贫穷的乞丐可以为了钱做一些有悖于自己自尊的事情。正如那位乞丐所说：“有钱是你的事情，尊不尊重是我的事情，这是强求不来的。”所幸的是，最后那位富翁终于明白了，什么才是钱也买不来的尊重。

1. 金钱只不过是一种工具

金钱只是用于我们换购一些物质东西的工具，它不具备任何精神方面的价值。我们都知道，物质生活虽然是基础，但那却是最基本的需求。对于我们而言，应该有更高级的需求，那就是精神层次的需求，而这是金钱无法满足的。

2. 金钱只会让我们的精神世界越来越贫瘠

虽然，金钱算不上多么邪恶的东西，但它的存在多少会给我们的价值观带来影响。有的人很穷，但他过得很快乐；有的人很富有，因为占有的金钱太多，使得他的价值观发生了扭曲，因而他是不快乐的。

别哭穷，用智慧和劳动去播种

俗话说：“穷在闹市无人问，富在深山有远亲。”当今社会，哭穷的人越来越多了。到底什么是哭穷呢？就好像鲁迅先生笔下的祥林嫂一样，一遍又一遍地向人哭诉：“我很穷……”同时还详细地描述自己到底有多穷。同时，对于别人的发财致富，他往往还会“酸溜溜”地说上几句：“哎，我就是没人家老王的运气好，那么大的一个工程竟然让他赚到了。”这样习惯哭穷的人，其实是最让人瞧不起的。一个人不应

该有事没事总哭穷，贫穷了就去奋斗，而不是拿出来让全世界的人都知道。那些习惯哭穷的人不会意识到，别人听你哭穷心里是什么样的滋味。别人会想你到底有多穷呢？比你穷的人还多的是，有的人比你更穷，但别人有自尊，有骨气。如果你不想贫穷，那就让自己富起来，否则你就停止哭穷这样的愚蠢行为。

新东方的校长俞敏洪在创业之前也是一个穷小子，但他有骨气，从来不哭穷，因此才有了今天的成绩。说到他的创业经历，有些故事甚至令人为之动容。

有一次，新东方的一个员工被竞争对手用刀子捅伤。为了处理这件事，俞敏洪请一个刚刚认识的警察朋友，托他请刑警大队的一个政委出来“坐一坐”。因为俞敏洪不会说话，只会喝酒，也因为内心不从容，光喝酒不吃菜，结果喝着喝着，俞敏洪就失去了知觉，钻到桌子底下去了。老师和警察把他送到医院抢救了两个半小时才活了过来。

医生说：“换一般人，喝成这样，就回不来了。”而俞敏洪喝了一瓶半的高度五粮液，差点喝死。他醒过来的第一句话是：“我不干了！”学校的人背着他回家，在路上，他一边哭，一边撕心裂肺地喊着：“我不干了，再也不干了，把学校关了，把学校关了！”最后，他哭够了，喊累了，睡着了。等到晚上七点多的时候，他又像往常一样，背上书包上课去了。眼角的泪痕犹在，该干的事情却不能不干，按照他自己的话说，不办学校，干什么去？

当初的俞敏洪，跟许多人一样也是在创业初期奋斗挣扎的小伙子，但就是这样一个人，即便在自己最落魄的时候，他也半点不哭穷。与其有时间去跟人唠叨自己的难处，不如利用这点时间去奋斗、拼搏，这样才会真正地脱离贫穷。

马云，阿里巴巴的总裁。面对现在的成功，如果回忆起当初的辛苦，估计连他都难以相信自己走到了今天。

1995年，马云受托去美国催讨一笔债务，结果，他一分钱都没有要到，但他却发现了互联网。顿时，马云意识到互联网是一座等待开掘的金矿，回到杭州之后，马云身上只剩下1美元和一个疯狂的念头：做互联网。

然而，当他把自己的梦想告诉身边的朋友时，却遭到了朋友的一致反对，但是，马云并没有放弃自己的梦想，而是坚定了自己的梦想。马云找了一个搭档，加上自己的妻子，3人凑足了2万元启动资金，开办了自己的第一家互联网公司。刚开始，做生意很困难，马云不得不在杭州街头的大排档里，口沫乱飞地讲述自己的梦想，人们都认为他是一个骗子。但是，马云无暇注意别人对自己的称谓，而是不屈不挠地讲述自己的互联网梦想。慢慢地，他的业务开始艰难地发展起来，马云越讲越有名，他所做的“中国黄页”也越做越大。

这时，杭州电信要求与马云合作，马云当即答应了，而且将营业额做到了700万元。但是，由于之后的合作出现了问题，马云毅然放弃了中国黄页，接受了外经贸的邀请。在随后4年的时间里，马云舍弃了2次，这其中的艰辛可想而知。

1999年4月15日，阿里巴巴上线，很快在商业圈里声名鹊起，马云开始在世界各地讲述互联网的梦想。著名的风险投资公司InvestAB的亚洲代表蔡崇信加盟到其中，随后华尔街多家公司向阿里巴巴投入了500万美元，一时之间，阿里巴巴声名大振，马云的互联网梦想实现了。

当时，听说一个穷教书的去做网络，很多人都嘲笑他，但是，马云坚持过来了。在这个路途中，他从来没有说自己有多困难，而是一直坚定不移地走下去，最后，他终于成功了，当然，也赢得了巨额的财富。

1. 人争一口气

当你在不断地哭穷的时候，别人不仅不会同情你，反而会看不起你。如果你对自己的生活现状并不满意，觉得自己过的是穷日子，那就

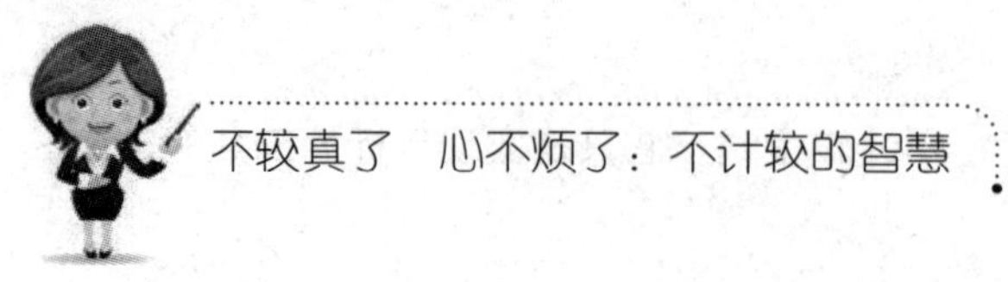

去奋斗、努力、拼搏，这样才能真正地改变窘迫的现状。

2. 与其纠结自己的贫穷，不如较真自己是否努力

在生活中，很少有人是含着金钥匙出生的。大多数人所过的不过是平常人家的日子，不富贵，但也不会太贫穷。但人都是喜欢比较的，虽然自己并不算很穷，但跟其他人比起来，就觉得自己穷了。于是他们开始纠结自己的贫穷，而从来不思考自己是否努力过。如果你只是哭穷，那根本改变了不了任何现状。

别装富，活得自信才是最大的财富

当今社会，在市场经济条件下，越来越多的人开始“装富”。何谓“装富”？也就是所谓的伪富豪，明明自己没有钱，但为了满足自己那点儿可怜的自尊心，他开始拆东墙，补西墙，就这样过着极其虚伪的生活。在他们看来，这是一种很潇洒的生活方式，即便是背负着债务，也可以令自己活得风光四射。说到底，这样的生活真的好吗？那装出来的“富”，不过是外在的富裕，其内在却是空空如也。有钱难道就是一种面子吗？在他们看来，这是肯定的，如果自己表现得没钱，那就表示自己失去了面子。于是，他们宁愿让自己变成伪富豪，也不愿袒露真实的自己。

阿美是一个公务员，月收入3000元。听到身边的同事都买了房子，她也眼红了，如果自己不赶紧买了房子，岂不是被人比下去了？于是，就在去年11月，阿美如愿按揭了一套房子，拿到房产证的当天，阿美如释重负：我终于不需要再租房了，我终于迈进有房一族了，我终于是房子的主人了。

然而，月供1715元的房贷让阿美气喘吁吁，承受着“一天不工作，就会被世界抛弃”的精神重压，不敢娱乐、不敢生病，除了买书以外不敢高消费。自己的酸辛不足为外人道也，至此阿美终于发现，自己其实并不是风光八面的房主，而是货真价实的“房奴”。

阿美常常想，要是不买房，节省下来的钱足以使我的生活质量提升一个档次；要是不买房，节省下来的钱也足以让远游的自己多一份孝敬父母的心意；要是不买房，自己也势必活得更有尊严，不必承受许多原本不该有的精神重压。自己拥有了房子，却失去了幸福，也感受到了压力。

近几年，“房奴”、“车奴”和“卡奴”等一些新词汇开始悄然流行起来，虽然每个人嘴上都显得心不甘情不愿，但表面上却表现得很享受当下的生活。从经济学的角度来看，超前消费可以通过储蓄和贷款对消费进行跨期替代，实现自身效用最大化，这在某种程度上来说是合理的。但是，我们不能忽略超前消费所带来的弊端，那就是容易滋生盲目攀比，出现大量的伪富豪等现象，甚至在追求高消费而偿还无力的情况下，做出违背道德甚至触犯法律的事情。

1. 装富是一种与金钱较真的表现

有位习惯装富的先生的生活是这样的：工作四年，只有几千元存款的他，平均每个月收到三四份不同银行寄来的对账单，总还款额每月不低于3000元。而他每月的总收入也不过5000元左右。除了还信用卡之外，他还要支付房租、水电费、交通费用、社交活动费等，这让他时常感觉到财务紧张。因为与金钱较真，结果把自己逼到了无路可走的地步，这又是何必呢？

2. 活得自信就是最大的财富

像伪富豪那般地活着，虽然外表很光鲜，但其内心却十分惶恐。这样的人，如同浑身带着几十斤重的金链子，会感到喘不过气来。活得这样累，人生会有幸福可言吗？有的人虽然不富裕，但他很自信地活着，于是他就成为了最富裕的人。

驾驭金钱，但不要成为金钱的奴隶

《茶花女》书中有一句名言：“金钱是好仆人、坏主人。”是做金钱的主人，还是做金钱的奴隶，这反映了两种不同的金钱观。金钱观是对金钱的根本看法和态度，是和人生观紧密相连的。不同的金钱观，决定了你与金钱之间的关系：如果你贪慕虚荣，崇尚荣华富贵的生活，那么你就是金钱的奴隶；如果你觉得生活除了物质享受以外，还需要精神上的愉悦，那么你就是金钱的主人。对我们而言，要树立正确的金钱观，学会驾驭金钱，不做金钱的奴隶。虽然，钱可以买到很多东西，可以建立一个在物质上比较富裕的家庭，还能过较为舒适的物质生活，但是我们的幸福生活绝不是被物质填充起来的，而大多是来自于精神上的愉悦。透过金钱的魔力，揭开它那神秘的面纱，你就会发现那不过是一种商品。我们对金钱要有一种正确的认识，既不能把它当做“阿堵物”，连碰都不碰，也不能为它而疯狂，甚至用一些卑劣的手段去获取它，而是需要“取之有道，用之有度”。

清朝年间，山西太原有一个商人，生意做得很红火，长年财源滚滚，他请了好几名账房先生，但还是不太放心，每到总账的时候就要自己去算。因为钱的进出又多又大，他天天早晨就开始打算盘一直熬到深更半夜，经常累得腰酸、背痛、头昏、眼花，晚上上床之后还想着明天的生意，一想到成堆白花花的银子就兴奋激动。就这样，白天他忙得不能睡觉，夜晚又兴奋得睡不着觉，结果患了严重的失眠症。在他们家隔

壁，有一对靠做豆腐为生的小两口，每天清早就起来磨豆浆、做豆腐，说说笑笑，快快活活，这边的老头在床上翻来覆去，摇头叹息，对隔壁那对穷夫妻又羡慕又嫉妒。老太太也说："老爷，我们有这么多银子有什么用，整天又累又担心，还不如隔壁那对穷夫妻，活得那么开心。"老头笑着说："他们是穷才这样开心，富起来就不会这样了，很快我就让他们笑不起来。"说着，翻下床从钱柜里抓了几把金子和银子，扔到了邻居家豆腐坊的院子里。

那对夫妻正边唱边做着豆腐，突然听到了院子里的声响，看见了闪闪的金子和白花花的银子，连忙放下豆子，慌手慌脚地把金银捡起来，心情紧张极了，也不知道该把这些钱藏在哪里才好。从此，再也听不到他们说笑了，也听不见他们唱歌了。

富商虽然过着衣食无忧的生活，但却经常因为金钱而累得腰酸背痛，甚至患上了严重的失眠症；而隔壁那对穷夫妻，虽然只是以卖豆腐为生，但清贫的日子却过得有滋有味。可是，当富商向隔壁那对穷夫妻扔下了金子银子，就再也没有听到他们的笑声和歌声了，他们也开始整日为金钱而劳累了。究其原因，就在于穷夫妻和富商一样，在金钱面前失去了自我，成为了金钱的奴隶，所以，他们的生活也失去了往日的欢声笑语。

靳羽西，学者、记者、电视主持人、人道主义者、企业家和社会活动家。美国《福布斯》杂志对靳羽西的评价是："她用一支又一支的口红改变了中国人的形象。"她在1999年4月荣获"世界杰出女企业家"称号，曾出资赞助第四届世界妇女大会，并多次出资捐助中国灾区，非常关心公益事业，屡次获得"杰出妇女奖"、"杰出人才奖"等各项国际性奖。这样的女人却并不认为获得荣誉与金钱就是人生的成功，靳羽西眼中成功的人生是受尊重，事业成功，健康和爱。

在大多数人眼里，她是一个名利双收的人，有人曾问她"你的身价是多少”，她却坦言：“身价无价，这不能用金钱来衡量，我并不看重财富，财富不能代表你就是一个高尚的人、有品位的人。我做事情首先看它有没有意义。我原先做的很多电视节目都是中国政府邀请我做的，不赚钱，甚至亏本，但我喜欢做，值得做。我现在开发的‘羽西娃娃’卖得很好，但我坚持把销售收入的15%捐献给联合国儿童基金组织。”

那些有着正确金钱观的人，对金钱比较淡漠，在他们的思想里有着比金钱更为重要的、更宝贵的东西，正如靳羽西所认为的那样“成功的人生是受尊重，事业成功，健康和爱”。

1. 成为金钱的主人

犹太人一直把金钱奉为世俗的万能上帝，但他们却没有成为金钱的奴隶，更没有在金钱面前俯首称臣，而是成为了金钱的主人，掌控了自己的财富人生。世界有名的亿万富翁洛克菲勒对金钱的看法就是：不但不做钱财的奴隶，相反，还把钱财当做奴隶来使用。

2. 不要为钱而较真

《佛光菜根谭》：“有钱可以买到美食，买不到食欲；可以买到医药，买不到健康；可以买到床铺，买不到睡眠；可以买到赞誉，买不到知已。”人生中的财富无数多，并不是只有金钱才被成为财富，我们还需要拥有内在的财富，那才是取之不尽用之不竭的财源，这才是真正的财富人生。敢于舍弃“金钱奴隶”，翻身变做金钱的主人，我们才会收获一份轻松的心情。

做会理财的人，别做太算计的人

有这样一句话："虽然看似简单的几个字，却透露出赢得财富人生最重要的诀窍，那就是理财。"有人整日痴迷于挣钱，但是理财手段却一般，要么根本就没有理财的打算，要么就让财富搁置在银行发霉了，最终，辛辛苦苦几年下来，自己还是一无所有，看见那微薄的积蓄，觉得要想获得一笔财富是多么不容易。还有的人有理财的打算，但终因投资不当，当初的财富也打了水漂，懊恼不已。实际上，要想不断地积累自己的财富人生，就要加强理财方面知识的渗透，除此之外，不要过于算计钱的用处。即便是投资失败或者理财没有取得良好的效果，也不要灰心丧气，失去继续生活的勇气。有的人认为自己辛苦储存下来的钱，若是用来理财，必然会有所受益，假如理财失败，那肯定是不能接受的，甚至有的人抱着"只能成功不能失败"的心态，一旦哪里出了一点儿问题，他们就觉得失去了生活的大部分乐趣，郁郁寡欢。

相信每一个人都想成为富人，过上衣食无忧有车、有房、有闲、有钱的生活。如何才能成为富人呢？努力工作？努力挣钱？其实，要想成就自己的财富人生就需要正确的理财之道。一个人即便是拥有百万资产，如果他不懂得理财，财富终有一天会消耗殆尽，一点点从他手中流走，而最后他会成为一无所有的穷光蛋。理财本身也就是一门学问，所以，当我们在积极理财的时候，需要胆大心细，还需要一种坦然的心态，不要太计较金钱，以至于失去了生活的乐趣。

一个月收入只有4000不到的普通工薪族，经过了六年的理财，当别的同龄同学还在继续过着租房打车的生活时，他却已经实现了买房、买

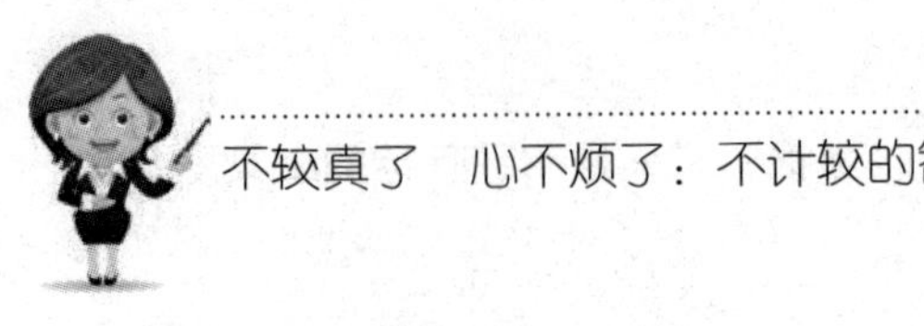

车的梦想。王先生谈起自己的理财经，颇为自豪地说："工薪族只要坚持打理财持久战，小钱也一定能够变成大钱。"

王先生大学毕业后就进入了一家公司上班，当时平均月收入在3000元左右，随着工龄的增加，现在已经有了近4000元的收入。他说："我上班以后就制定了一个计划，那就是争取五年内买车、买房。"为了实现这个计划，他严格执行了自己的理财计划。为了节约生活开支，他不在外面租房子居住，而是选择与多位同事一起住单位提供的宿舍，节约出一笔房租费、水电气费；尽可能地在单位食堂吃饭，平均每天的饭钱不超过15元，每个月的电话费不超过100元。在理财方面，他第一年把每个月的闲钱拿到银行里零存整取；第二年把存款拿去买一年期固定的收益性理财产品；从第三年开始把积蓄平分成三份，一份用于炒股，一份用于买国债，一份用于买理财产品。王先生说："我一方面省吃俭用，一方面坚持长期理财，去年就按揭买了一套住房，今年年初买了一辆6万元的代步车，最后还剩下1万余元作为当年应急存款。"

其实，跟大多数人一样，王先生不过也是一个工薪族，但他却只用了六年的时间就买了车和房。或许，有的人比王先生更快实现了自己的愿望。有人会问，为什么别人就可以如此轻松地完成自己的梦想？实际上，我们每一个人都可以，只要积极理财，财源就滚滚而来，为你创造出丰厚的财富人生。

当然，在进行理财计划的时候，我们还是不要太在意金钱，不能太算计。在生活中，有的人为了自己能存上钱，就开始算计身边的人，比如每次吃饭到买单的时候，他就玩失踪；每次单位里需要出份子钱的时候，他就假装有事请假。诸如此类的算计，会让别人看不起你，同时，自己也感觉到活得很累。

1. 不要太较真钱到哪里去了

虽然，理财需要一定的储蓄，但并不是说让你不吃不喝，把那点儿

工资都存起来。这样的理财方式未免对自己太苛刻。更有甚者，有的人不仅算计自己，还算计别人，在一起花钱的时候，总希望别人多花点，自己少花点。结果，越是这样较真，理财计划越是难以实施，自己也活得越累。

2. 选择合适的理财方式

现在人们的理财方式层出不穷，除了储蓄适当的急用资金，还可以用来做各项投资，比如买股票、基金、国债，投资房地产，或者选择自己创业，任何一种理财方式都是赢得财富的方式之一。当然，如何根据自身的情况来选择合适的理财方式，这又是一大学问。

炫耀奢侈只会让你陷入泥潭

随着经济的不断增长，随之而来的是越来越严重的贫富差距。对此，一些富人阶层的就拿出自己的“薪酬”、“奢侈浪费的生活方式”炫耀，以此达到满足虚荣心的目的。我们经常看到的新闻就是：某某为儿子举办了超豪华的婚礼，谁谁谁又购买了限量版的跑车，等等，这样的一些新闻简直是层出不穷。对这样的一些问题，印度总理给出了这样的建议：“媒体所宣传的奢华生活方式同样会传播到贫困山村或者贫民窟里，如果人们的收入差距持续扩大，将很有可能引发社会的不稳定，像豪华婚礼这样的奢侈支出更应该受到关注，这不但对社会资源造成了极大浪费，而且还在贫困者中间播撒了怨恨的种子。”当然，我们且不论炫富的行为会给社会带来不稳定因素，单单就是这样的行为也是极其危险的。虚荣心是会滋长的，当一次炫富得到满足之后，他会一而再、再而三地炫富，这样的后果就是不断地追求奢侈、浪费的生活方式，让

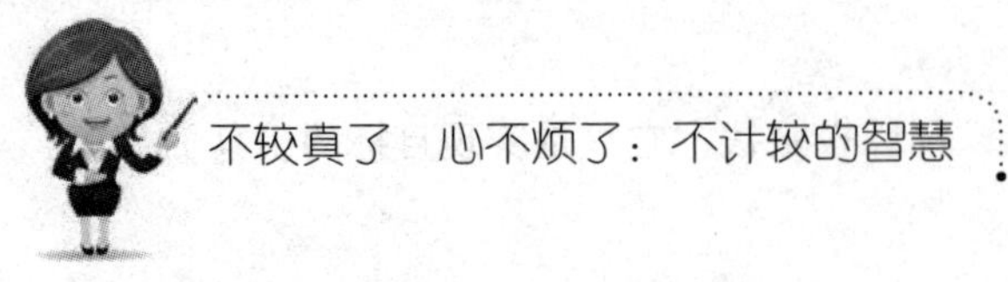

自己的人生毁于一场“视觉盛宴”。

在炫富越来越流行的今天，竟然出现了年龄最小的炫富女。

在某个跳蚤市场，一个五六岁的小女孩很有钱，价值千元的绝版芭比娃娃，她开口就要三个。另外，还有价值15000元的宠物玩具、几千元的变形金刚、一堆LV的包包。有人好奇地问：“你家住的是别墅吗？”小女孩“童言无忌”：“别墅算什么，我家住的是城堡，我爸爸是当官的，特大的官。”此语一出，众人顿时惊讶不已。

炫富也分为两种情况，有一种是真富，他的炫耀不过是想展现自己的奢侈生活，对于这样的人而言，大多是为了虚荣心，以此想高人一等；还有一种是假富，即根本没什么钱，但就是喜欢炫耀自己多有钱，对这样的人而言，他越是炫耀什么，证明他越是缺少什么。大多数习惯于炫耀的人，其实源于其内心的不安，他们总想通过这样的方式来证明自己的价值，或许，在其他方面，他们没办法证明自己，唯有通过炫富的方式来吸引人们的眼球。

宗庆后，娃哈哈集团董事长。在他42岁时靠卖一瓶瓶饮料白手起家，前前后后花了20多年打造出了一个拥有550亿元营业收入的庞大企业。他先后被福布斯全球富豪榜、胡润百富榜、福布斯中国富豪榜评选为内地首富。

但是，就是这样一位富翁，却把金钱看得十分淡。他曾经做过15年的菜场农民，采过茶，烧过砖，蹬过三轮车，卖过冰棒。现在，他已经66岁，是一位坐拥着800亿身价的“双料”富翁。但他的生活却很简单，飞机只坐经济舱，衣服不穿名牌，每天的消费也就是抽点烟、喝杯茶，从来不向人炫耀自己有多富有。

他的财富，更多用于慈善。他说：“我认为，首先要为社会创造财富；第二，你要先把自己企业的员工弄好，让他们生活富裕起来，收入不断提高；第三，你有钱了再做点慈善事业，但是做慈善也还是得帮助

人培育造血功能，慈善的最高境界就是你要为社会创造财富。”

说到慈善，他有话说：“慈善是一项长期的事业，应该让慈善精神永远传承下去。慈善是不分老幼的，应该成为每个人的自觉行动。现在城市里的年轻人很多都是在优越的条件下成长起来的，体会不到社会上的艰难困苦，心中自然也就缺乏慈善之念。因此，我们有责任引导下一代更多地关心社会疾苦，为社会承担更多的责任。”

宗庆后说：“作为一名企业家，应该把金钱看得淡一些，把社会责任看得重一些。人的生命总是有限的，金钱生不带来、死不带走，现在掌握的财富最终都是全社会的。”相对于宗庆后，那些炫富的人虽然富有，但其精神世界却十分贫瘠。那些真正富有却把金钱看得很淡的人，才是真正富有的人，不论是物质上还是精神上，他们都是富有的。

1. 炫富会让走向无底的深渊

如果说炫富只是为了满足虚荣心，那这就是一种欲罢不能的行为。一旦有了这样的习惯，就很难改变，就好像深陷在泥潭里，难以自拔。如果停止炫富，他就会担心别人是不是怀疑自己根本不富裕，这样的担忧会让他更加疯狂地炫富，结果，人生也走向了无底的深渊。

2. 对金钱要看淡

不管自己有没有钱，对金钱都要看淡。如果你有钱，就更需要看淡金钱，只有这样，才能真正居于成功者之列；如果没钱，那就更不用炫富，因为你根本没资格炫富，这样做的结果只会不断地膨胀自己的虚荣心。

[第 12 章]

不畏挫折，艰辛的道路往往通向成功

生活本来就是一条曲折而漫长的征途，既有荒凉的沙漠，也有深长的峡谷，既有横阻的高山，也有断路的激流。那是一片广袤的天地，决不会永远鲜花繁盛，蝶飞蜂舞，在这里也会有风刀霜剑，冰雪封路。在这条漫漫长路中，我们要不畏挫折，通过这条艰辛的道路就可以走向成功。

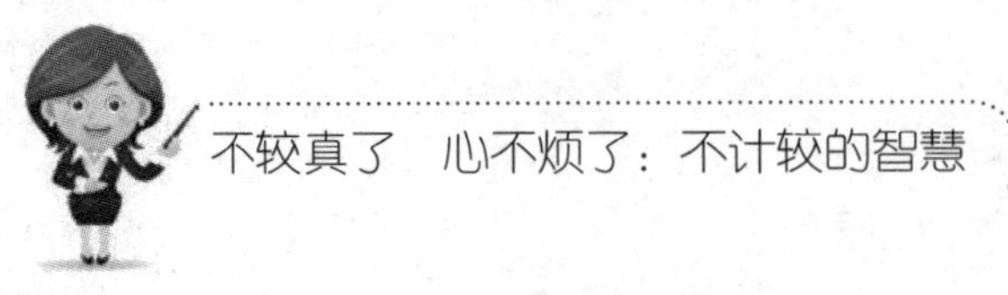

挫折是一种磨砺，会让今后的路更平坦

曾任美国副总统的戈尔曾说：“自古以来的伟人，大多是抱着不屈不挠的精神，在逆境中挣扎着奋斗过来的。”在人生这条充满荆棘的路上，我们常常会遇到这样或那样的挫折与困难。当然，不同的人对挫折有着不同的理解，有人说挫折是人生道路上的绊脚石，有的人却说挫折是一种磨砺，会让今后的路更加平坦。古人曰：“百糖尝尽方谈甜，百盐尝尽才懂咸。”如果人生不经受历练，那就显得单调、幼稚。甚至，我们可以这样说，不经历挫折的人生是空白的。或许，我们并不知道前方有多少的挫折在等着我们，但有一点是很明确的，那就是这些挫折是不可避免的。在挫折面前，我们的力量是有限的，但挫折却是层出不穷的，当我们战胜了一个挫折，又会有更大的挫折在等着我们，人生就是这样一个不断前进的过程。

一位少年自认为看破了红尘，放下了一切，历经了千辛万苦找到了隐藏在深山里的寺院，他要求见方丈并想出家，他认为自己只有在这里才能真正地洗去城市的繁华与浮躁。方丈仔细打量着少年，问道：“做和尚要独守孤灯，终身不娶，你能做到吗？”少年坚定地回答：“能。”方丈又问：“做和尚要每日三餐粗茶淡饭，粗衣薄挂夏热冬寒，你能忍受吗？”少年回答说：“能。”方丈又问：“做和尚要无欲无求、无怨无恨，不问恩情，不记仇恨，无论任何时候都要心如明镜，

不染尘埃，你能做到吗？”少年斩钉截铁地说：“能。”然后，方丈问了一些关于佛法的东西，少年都能作出很好的回答。但是，最后，方丈拒绝了少年出家的请求，而是把少年送下了山。临走时，方丈留下了这样一句话：“未曾拿起莫谈放下，当你真正拿起时，你再回来告我你还能不能放得下。”

一个人若是没有经历过生活，自然不会理解生活的艰辛；一个人若是没有真正经历过挫折，自然不懂得选择快乐的角度。一旦挫折降临，就想要逃避这个世界，这本来就是一种不负责任的做法。在生活中，只有那些真正经历过挫折的人，才能放眼望世界，因为经历了挫折的生活在他们眼里才变得更加绚丽多彩了。

小时候，妈妈总是这样说：“你能做到，玫琳凯，你一定能做到。”玫琳凯女士不仅将这句话作为自己的座右铭，而且将这句话作为公司的理念来激励更多未来的女性。玫琳凯坦言，自己想创建公司是在遇到了一些挫折之后才真正开始的。

玫琳凯女士曾在直销行业工作了25年，当时，她已经做到了全国培训督导。但是，眼看着自己的一位男下属得到了提拔，而且薪水将是自己的两倍，玫琳凯女士毅然决定辞职，去实现自己的一个理想。她说：“我建立公司时的设想是想让所有女性都能够获得她们所期望的成功，这扇门为那些愿意付出并有勇气实现梦想的女性带来了无限的机会。”然而，在创业之初，她经历了多次失败，也走了不少弯路，但是，她从来不灰心、不泄气，反而这样诙谐地解释：“挫折是化了妆的祝福。”最后，她创建了玫琳凯公司。玫琳凯女士这样说道：“从空气动力学的角度看，大黄蜂是无论如何也不会飞的，因为它身体沉重，而翅膀又太脆弱，但是人们忘记告诉大黄蜂这些。女性就是如此——只要给她们以机会、鼓励和荣誉，她们就能展翅高飞。”

挫折造就着生活。凡是能够成大事者，必须经得起挫折的历练，经

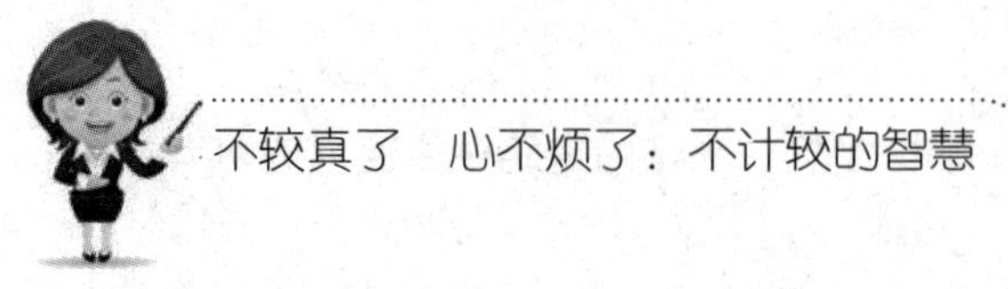

得起失败的打击，因为成功需要风风雨雨的洗礼，而一个有追求、有抱负的人，他总是视挫折为动力。所以，挫折对于天才来说是一块成功的跳板，对强者来说则是一笔宝贵的财富。所谓的挫折是一所修炼人生的高等学府，你是否能顺利毕业则源于内心的强劲和忍耐力。

1. 挫折是迈向成功的垫脚石

曾国藩说："吾平生长进，全在受挫受辱之时，打掉门牙之时多矣，无一不和血一块吞下。"如果经不起挫折，受不了历练，处处较真，我们将沉埋在痛苦的生活里，永远没有希望，也没有前进的方向。其实，挫折带来的并不全是坏事，它能使我们的人生绽放出最美丽的成功之花，而从挫折中汲取到的教训将是我们迈向成功的垫脚石。

2. 不为挫折较真

挫折是一门生活必修课，但这并不是说挫折是不可战胜的。挫折的必然性让我们在遇到它时就没有必要怨天尤人，更没有必要处处较真。因为挫折不具备不可战胜性，所以，面对挫折，不必畏惧，迎难而上，直面挫折，把生活中的每一个挫折都看做是上天考验我们的一次机会，只要心中怀着必胜的信念，对自己说："我能行！"那么，我们就一定能战胜挫折，采摘到成功的果实。

别和困难较劲，让困难成为你的朋友

拿破仑说："人与人之间只有很小的差异，但是这种很小的差异却可以造成巨大的差别。很小的差异即积极的心态还是消极的心态，巨大的差别就是成功和失败。"当生活的困难从天而降的时候，人们总会有两种截然不同的心态：有的人感觉到天都塌下来了，什么都完

了，他总是与困难较劲，除了抱怨还是抱怨，似乎他的整个生活都已经被不幸吞噬了；而有的人则保持乐观的心态，他们甚至会将那些灾难和不幸当做朋友，最后，他们就真的在磨难中有所获得，从而赢得人生的一笔宝贵财富。我们可以清楚地看到，前者是拥有消极心态的人，在困难面前，他只会较劲、抱怨；而后者是拥有乐观积极心态的人，他总是将生活中的困难当朋友一样看待，若是朋友，又怎么会担心给自己的生活带来不幸呢？所以，当生活遭遇不幸，别和困难较劲，而要让困难成为你的朋友，只要你抱着这样的心态，就一定能战胜艰难困苦，最终走向成功。

拥有18亿元身价的俞敏洪是新东方教育集团的创始人。1980年经过两次高考落榜后，俞敏洪考入北京大学外语系，在北大读书时，俞敏洪不会吹拉弹唱，不会说普通话，他经常得到的就是老师和同学的“白眼”。英语老师评价俞敏洪说：“只能听懂俞敏洪三个字，鹦鹉都不如。”这些刺耳的话语令他刻骨铭心。之后，他一天十几个小时地狂听、狂背，创纪录地熟练掌握了 8 万个英语单词。

1984年俞敏洪留校当了教师，却依然被北大边缘化。六七年之后，为了赚取出国学费，俞敏洪就到校外的民办外语培训机构教课，被北大发现后受到了严肃的通报批评。他愤然辞职开始了新东方创业历程。之初，俞敏洪租用中关村二小的一个小平房，他自己拎着糨糊桶，不得不在零下十几度的冬夜到处张贴招生广告。1995年，新东方急速膨胀发展起来，拓展了业务领域，完成了向现代公司的转变。到年底时，在校学生人数已达千人。

据公开资料统计，现在每年有近1000万人接受着新东方的英语培训。2005年9月7日，新东方成功登陆纽约证券交易所，发售了750万股美国存托凭证，一举融资额为1.125亿美元。新东方成了第一家在海外上市的中国教育培训公司，俞敏洪成了有史以来中国最富有的教师。

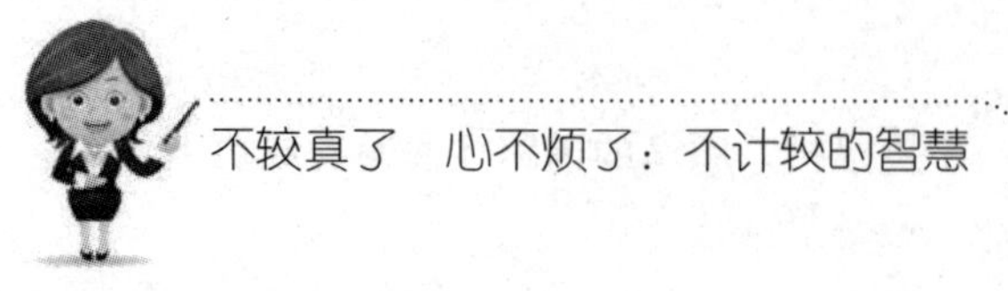

俞敏洪的成功是在困难中历练的结果，那坎坷不平的人生道路造就了俞敏洪不屈不挠的性格，也造就了他踏实前行的人生之路。他的故事告诉我们：成功的人生必然要接受困难的洗礼。当我们无法回避困难的存在时，要学会与困难成为朋友。人生旅途道路曲折，有高就有低，有起就有落，困难是客观存在的，如果我们想从困难中挖掘点什么，那就要学会跟它成为朋友。

格哈德·施罗德出生在一个工人家庭。小时候，父亲在远征苏联的战争中牺牲，施罗德兄妹五人与母亲相依为命。有一段时间，他们住在一个临时搭建的收容所里，尽管母亲每天工作长达14个小时，但仍然不能满足家里的开支。年仅6岁的施罗德总是安慰母亲："别着急，妈妈，总有一天我会开着奔驰来接你的。"

逐渐长大的施罗德进了一家瓷器店当学徒，后来又在一家零售店当学徒，在1963年施罗德加入了民主党。在之后的10年里，他读完了夜校和中学，后来到格丁根通过上夜大来攻读法律。大学毕业后，他获得了律师资格，成为了一名律师，不久之后，他当选为社民党格廷根地区青年社会主义者联合会主席。在以后的日子里，施罗德一直活跃于德国政坛，46岁那年，施罗德再次竞选成功，成为萨克森州州长，就是在这一年，施罗德实现了儿时的愿望，开着银灰色奔驰轿车将母亲接走了。也许，是儿时的苦难记忆，使施罗德在人生的道路上丝毫不敢懈怠。8年之后，施罗德一举击败连续执政16年之久的科尔，当选为德国新总理。

童年时期的施罗德曾在杂货铺里当学徒，那时他常说的一句话是："我一定要从这里走出去！"他成功了，而且，比自己想象中走得更远。即使在成功的路上伴随着困难，但施罗德从来没有把困难当成一回事，儿时的记忆让他明白：自己必须与那些客观存在的困难成为朋友，这样才能走得更远。

1. 战胜困难，就一定能成功

有人说，人生是由幸福和痛苦组成的一串珍珠，谁也无法回避四季的风雨冰霜。困难只能使成功者受到历练，除此不会有任何伤害。要有一种战胜困难的信心和勇气，锻炼人的品质，磨砺人的意志，激发人的智能，增长人的才干，显露人的本色。在生活中，只要我们有信心战胜困难，那就一定能拥抱成功。

2. 别和困难较劲

当困难降临时，如果我们总是与困难较劲，不断地抱怨生活的不公，这样做有什么意义呢？不仅解决不了困难，反而会让自己的心情变得更糟糕。在困难面前，如果暂时不能战胜它，就先跟它成为朋友，了解它，这样才能寻找出解决的办法。

笑纳生活赐予的麻烦，创造斑斓人生

生活因充满各种各样的麻烦才变得多姿多彩，或许，我们都不喜欢生活赐予自己的麻烦，当它与自己不期而遇的时候，你也不要掉头或转向，因为麻烦是一个魔鬼，一旦他看上你，就会对你穷追猛打，不舍不弃。而那些不接受生活赐予麻烦的人，只会被麻烦纠缠得更悲惨。在生活中，我们要学会笑纳生活赐予的麻烦，创造斑斓的人生。曾经有人说："成功的人生是痛苦与失败的交织，是磨难与顺利的交替。"如果你害怕生活中会出现麻烦，那你就会永远丧失走向成功的机会。卓越的人生是从卓越的目标开始的，卓越目标的背后必然是充满着麻烦的道路。经受了那些麻烦的打搅和坎坷的摔打，我们追求成功的意志才能坚强起来。可以说，历练是人生不可多得的宝贵财富，拥有这笔财富，再

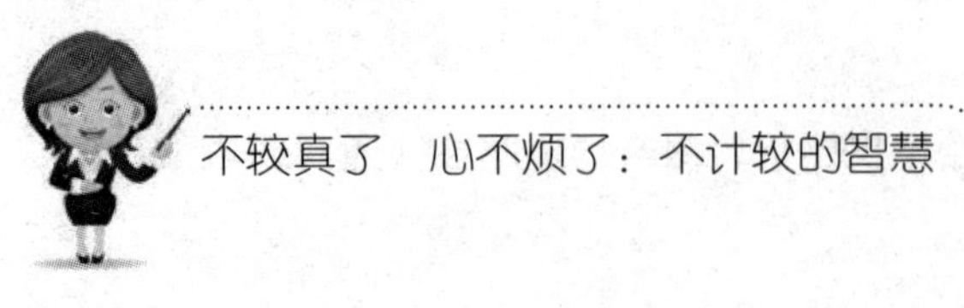

多的麻烦也能解决，没有什么麻烦可以把人吓倒。当我们解决那些麻烦之后，方能创造辉煌的人生。

有一个穷人为农场主做事。一次，穷人在擦桌子时不小心碰碎了农场主一只十分珍贵的花瓶。

农场主向穷人索赔，穷人哪里能赔得起。最后被逼无奈，穷人只好去教堂向神父讨主意。神父说："听说有一种能将破碎的花瓶粘起来的技术，你不如去学这种技术，只要将农场主的花瓶粘得完好如初，不就可以了。"

穷人听了直摇头，说："哪里会有这样神奇的技术？将一个破花瓶粘得完好如初，这是不可能的。"神父说："这样吧，教堂后面有个石壁，上帝就待在那里，只要你对着石壁大声说话，上帝就会答应你的。"

于是，穷人来到石壁前，对石壁说："上帝请您帮助我，只要您帮助我，我相信我能将花瓶粘好。"话音刚落，上帝就回答了他："能将花瓶粘好，能将花瓶粘好……"

穷人听后希望倍增、信心百倍，于是辞别神父，去学粘花瓶的技术了。

一年以后，这个穷人通过认真地学习和不懈地努力，终于掌握了将破花瓶粘得天衣无缝的本领。他真的将那只破花瓶粘得像没破碎时一般，还给了农场主。所以他要感谢上帝。神父将他又领到了那座石壁前，笑着说："你不用感谢上帝，你要感谢就感谢你自己。其实这里根本就没有上帝，这块石壁只不过是块回音壁，你所听到的上帝的声音，其实就是你自己的声音。你就是你自己的上帝。"

当生活的麻烦找到我们，我们应该记住，除了接受这些麻烦，努力去解决这些麻烦外，别无他法，而且，没有人能够帮助你。其实，每个人都有解决麻烦的能力，许多人解决不了人生或大或小的麻烦，那是因

为他们没有接纳麻烦的良好心态，因此才无法缔造绚丽的人生。

安妮爱上英俊潇洒的杰克。他对她来说很重要，安妮确信他就是她的白马王子。

可是有天晚上，他温柔婉转地对她说，他只把她当做普通朋友。安妮以他为中心的梦想世界当下就土崩瓦解了。那天夜里她在卧室里哭泣时，觉得记事簿上的“不要紧”三个字看起来荒唐得很。“要紧得很，我爱他，没有他我可不能活”。

翌日早上她醒来后又想到这三个字，这时，她已经冷静下来了，她开始分析自己的情况“到底有多要紧？杰克很要紧，我很要紧，我们的快乐也很要紧；但我会希望和一个不爱我的人结婚吗？”日子一天天过去，她发现没有杰克自己也可以生活，也能快乐 。

几年后，一个更适合她的人真的来了。在兴奋地筹备结婚的时候，安妮把“不要紧”这三个字抛到了九霄云外，她不再需要这三个字了，她的生命中不会再有麻烦与失望。

有一天，丈夫和她得到一个消息：他们把所有的积蓄投资做生意，但这笔钱赔掉了。

安妮感到一阵酸楚，胃像扭作一团一样难受。她想起那句“不要紧”，“这一次可真的是要紧”，她心里想。

可是就在这个时候，小儿子用力敲打他的积木的声音转移了安妮的注意力。儿子看见母亲看着他，就停止了敲击，对她笑着，那笑容真是无价之宝。安妮把视线越过他的头望出窗外，两个女儿正在兴高采烈地合力堆沙堡。院子外面，树映衬着无边无际的晴朗碧空。安妮觉得胃顿时舒展开来，心情恢复了平和。她对丈夫说“都会好转的，损失的只是金钱，实在并不要紧”。

在生活中，总有这样或那样的麻烦出现，这会给我们的心灵带来巨大的压力。许多人会因为这些压力而变得一蹶不振，甚至会因此失去生

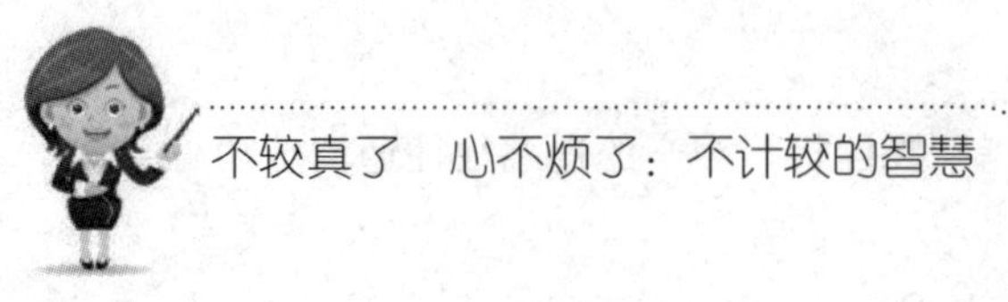

活的勇气。其实，许多麻烦并不像我们想象的那么严重，面对这些狂风暴雨，假如我们能够尝试对自己说“不要紧”，接纳那些生活赐予的麻烦，那我们就会创造出无比灿烂的人生。

1. 对自己说“不要紧”

在生活中，我们每时每刻都可能遇到不如意的麻烦。其实，不要小看那些麻烦，那其实是生活赐予我们的宝贵财富。如果我们固执于此，任自己较真、沉溺在痛苦之中，只会更加烦恼。不如对自己说：“没关系，不要紧，风雨之后，肯定会有彩虹。”这样想来，那些麻烦还能算什么呢?

2. 不要为生活的琐碎事情较真

相比较人生的挫折，生活中那些麻烦的小事情根本算不了什么。如果我们还总是为生活的琐碎事情而较真，那无疑是折磨自己。学会接受生活赐予的麻烦，通过解决这些麻烦，领悟生活的真谛，然后缔造幸福斑斓的人生。

黑暗的逆境往往孕育着璀璨的成功

爱默生曾说：“每一种挫折或不利的突变，都带着同样或较大的有利的种子。”换而言之，即便在黑暗的逆境之中，也往往孕育着璀璨的成功。在逆境中，往往隐藏着宝贵的经验与信念，其实，逆境是一笔不可缺少的财富。虽然，我们在遭遇逆境、面临失败的时候，都会产生某种程度的负面情绪，不过，假如自己长期与逆境较真，深陷其中不能自拔，那注定会遭遇失败。美国著名心理学家贝弗利·波特认为，当一个人在工作中的失败感大于他所取得的成就感时，就很有

可能对自己的工作失去热情，而当这种失败感以一定的频率固定出现的时候，他就很容易对自己的工作产生倦怠。面对逆境，我们所需要做的并不是自甘堕落、自暴自弃，而是不断地积累失败的经验，在逆境中铸就璀璨的成功。

伊莎克·帕尔曼出生在以色列的特拉维夫，父母都是波兰人，三岁半的时候，帕尔曼就开始拉小提琴。可是，天有不测风云，一年以后，帕尔曼的双腿因小儿麻痹症瘫痪了。但是，疾病并没有阻碍他的音乐天赋，九岁时他就开始在音乐会上演出了。许多人认为，对于帕尔曼来说，在这个竞争激烈的行业中，开独奏音乐会实在是太难得了。但是，帕尔曼并没有满足，他一次又一次地鼓起心中的白帆，驶向音乐的海洋。“我一直在尽力着”。帕尔曼对自己这样说，正是这种乐观的心态为他赢得人生的一次机遇。

帕尔曼十三岁那年，有一天，美国国家电视台邀请帕尔曼到“爱德·沙利文综艺节目”做客，这对于帕尔曼来说简直是天赐良机。为了使帕尔曼的音乐天赋得到更好的发挥，他们一家人搬到了纽约，在那里，帕尔曼开始了自己的音乐之旅。帕尔曼开始在酒店演奏，当人们吃了晚餐之后，他们会说：“好了，让我们来听一听年轻的帕尔曼给我们演奏《野蜂飞舞》和布鲁赫的《尼根》。”帕尔曼一直坚信“逆境之中也有可能成功”，秉承着这种信念，终于有一天，帕尔曼迎来的不再是同情的目光，而是雷鸣般的掌声，他成为了世界顶级的小提琴演奏家。

莎士比亚曾说：“逆境使人奋进，苦尽才能甘来。”在人生道路上，成功没有巅峰，追求没有止境，短暂的荣誉往往会束缚人们前进的手脚，一时的辉煌往往会消减人们的斗志。而逆境，让人痛心更催人奋进，既让人难堪更让人坚定，让人们在想放弃时能鼓足勇气，想逃避时拾起自尊。逆境是成功的前奏，是一笔宝贵的财富。在逆境中奋进，在低谷中抓住机遇，不断地尝试，最终一定会拥抱成功。

1896年4月6日，现代奥运史上的第一个世界冠军诞生了，他就是詹姆斯·康纳利。

康纳利1895年被哈佛大学录取，学习古典文学。在学校时，他已经是当时全美三级跳远冠军了。听说奥运会即将在雅典举行，他便向学校请了8周假前去参赛，但学校拒绝了他的要求。康纳利执意要到奥运会上一试身手，于是他离开了哈佛，自己争取到参加奥运会的资格，成为由11人组成的美国代表团的成员之一。

与他一同前去的其他美国同伴都是波士顿体育协会麾下的运动员，参赛是免费的。而康纳利太穷了，他享受不到这种待遇。他这次参赛是在一家很小的体育协会的赞助下成行的。由于资金紧张，他花掉了自己仅有的700美元积蓄，才登上了德国德福达号货船。

就在起航的前两天，他伤了后背，几乎毁了他的全部计划。幸运的是，在从纽约到那不勒斯的17天航行中，他的伤痊愈了。但是刚下船，他的钱包又被人偷走了。这还不算，更为糟糕的事接踵而来：因为希腊历制和西方历制不同，比赛在他们到达的第二天就开始了，而不是他们原以为的12天之后；而对他更为不利的是，他的三级跳远项目的起跳要求是单足跳、单足跳、起跳，而不是他从小练习的传统跳法单足跳、跨步、起跳。

4月6日下午，三级跳远比赛开始了。在其他运动员跳完之后，康纳利最后一个出场。他走到沙坑前，把帽子扔到了一个别的运动员跳不到的位置上，大声呼喊自己要跳到帽子那里去。他在跑道上加速，按照新的规则，先两个单足跳，然后起跳，最后落在比他的帽子更远的地方，跳出了13.71米的好成绩，成为了当之无愧的现代奥运史上的第一个冠军。

通往成功的道路从来就不会是一条风和日丽的坦途，人生必须渡

过逆流才能走向更高的层次，最重要的我们要能接受逆境的考验。当然，并不是每个人都能在逆境中坚持自己的决定。在这个故事中，面临着参加奥运会就要离开学校，而且自己要自费参赛的严峻考验，詹姆斯·康纳利坚持在这条不平坦的路上走下去，最终赢得了胜利。可以说，成功者大多起始于不好的环境并经历许多令人心碎的挣扎和奋斗，在生命的转折点，他们通常能把握大向，扭转乾坤，缔造出色彩斑斓的人生。

1. 每个逆境中都隐藏着一个可贵的祝福

席勒曾说："任何一个苦难与问题的背后，都有一个更大的祝福。"其实，伴随着逆境的除了祝福，还隐藏着无限的机遇。在我们的人生道路上，会遭遇很多逆境，如果缺乏自信，会使畏惧之心蔓延开来，不仅抓不住机遇，反而会被困难吞噬。生活是一道选择题，当你选择了坚持，机遇就有可能会降临；但是，当你选择了放弃，机遇将永远放弃了你。没有经过逆境的磨炼，就不会有未来的璀璨与辉煌。

2. 战胜逆境，你就会成功

虽然，黑暗的逆境之中隐藏着璀璨的成功，但是，如果你连逆境都战胜不了，又何来成功呢？在人生的旅途中，明明知道成功就在前方，在逆境面前，有的人还是选择了放弃，最终他们丧失了成功的机会。所以，在逆境中，别较真，别畏惧，只要我们能够坚持到底，就一定能获取成功。

敢于冒险，不被眼前的困难吓到

《哈里·波特》的作者J·K·罗琳在接受哈佛大学荣誉博士学位

的演讲时说：“人们有一个共识，那就是人可以从挫折中变得更聪明、更强大，这句话意味着人从此对自己的生存能力有了更好的把握。如果没有苦难来考验你，那么你从来都不会真正懂得自己，懂得你处理各种关系的力量有多大。”面对困难，不同的人有不同的感受：敢于冒险、意志坚强的人越是遭受挫折的打击，表现得越坚强；而内心畏惧、怯于冒险的人，在遭受困难的打击时，却表现得越来越怯弱，似乎困难变得更大了。其实，在这种情况下，困难并没有改变，而是我们自己不敢冒险，被眼前的困难吓倒了，才会从主观上夸大困难的程度。在生活中，我们要敢于去冒险，而不是被眼前的困难吓倒，不断地尝试，你会发现，困难是可以被战胜的。

从前，有两位商人，他们经过多年的经商获得成功，生活过得十分惬意舒适。但是，令人奇怪的是，他们从来不知道狗长得是什么样子。有一位商人胆子很小，有一天，他看到街上有人在卖“狗”，就跑去问：“这小家伙挺可爱的，叫什么呀？”卖狗的人回答说：“它就叫做‘困难’，你要买吗？”胆小的商人迫不及待地回答：“要，要，要。”他当即付了钱，要求卖狗的人将“困难”送到自己家里去。

到了家里，卖狗的人就离开了，胆小的商人上前抚摸“困难”，“困难”马上凶狠狠地叫了一声：“汪！”当即吓得胆小的商人浑身发抖，商人以为是自己站得太高，令“困难”感到不满意，于是，他伏下了身子爬到“困难”面前，伸出手要抚摸它，没想到“困难”一张嘴就咬断了商人的两根手指头。商人跑出了家门，漫山遍野地奔跑，而“困难”就在后面紧紧地追赶着。突然，胆小的商人一不小心摔进了河沟，“困难”见状依然不依不饶地叫了几声才罢休，商人被救上来的时候，差点没了小命。

另一位商人在路上碰到了“困难”，商人不知道这是什么动物，便小心翼翼地向前想抚摸“困难”，可“困难”凶狠地叫了一声：

“汪！”还要上前来撕咬他，敢于冒险的商人拿起自己的马鞭狠狠地抽了“困难”几下，它就变得老实了，对商人服服帖帖。一天，两位商人同去庙里进香，告辞的时候，商人问老和尚：“老师傅，拴在树边的那个小动物叫‘困难’，它到底是什么动物啊？”老和尚笑着回答：“人的一生有很多的困难，其实，困难是一条狗！你要怕它，它就凶狠；你要不怕它，它就驯服！”

原来，困难不过是一条狗，它欺软怕硬，你内心越是畏惧它，它就越强大；相反，你越不把它放在眼里，敢于去冒险，它就越对你表示恭顺。在生活中困难只会对那些内心畏惧的人耀武扬威，因为内心越是畏惧的人，感到挫折会越来越强大，最终，内心畏惧者在挫折面前只有失败。

瑟曼是一名普通学生，她从小就怕水，因此十分畏惧游泳课。每次，瑟曼看着在水中游泳的朋友们，心里就会涌上一种不舒服的感觉，面对朋友的邀请，瑟曼只能说：“我怕水，所以不想下水。”朋友们笑着怂恿：“不要因为怕水，你就永远不去游泳……”看着朋友们像海豚一样在水中自由的嬉戏，瑟曼满是羡慕，但是，她觉得自己还是不敢冒险。

一个月后，朋友邀请瑟曼去温泉度假中心，瑟曼终于鼓起勇气下水，她觉得人生是需要冒险的，如果连这点都战胜不了，自己怎么才能成长呢？但是，她还是不敢游到水深的地方。朋友鼓励她：“试试看，让自己灭顶，看会不会沉下去。”瑟曼大吃一惊：“你说什么？”内心畏惧的瑟曼摇了摇头，朋友亲自做了一次示范，在朋友的坚持下，瑟曼小试了一下，她发现朋友说得没错，这真是一种奇妙的体验。朋友笑着说：“看，你根本淹不死，为什么要害怕呢？”

尼采说：“当我们勇敢的时候，我们并不如此想，我们一点也不认为自己是勇敢的。”有时候，不敢冒险是源于我们总是在不断地逃避问题，那些怯弱而胆小的人通常都是这样。其实，当我们尝试着大胆迈出第一步，让自己的内心变得强大起来的时候，我们会惊讶地发现，再大的困难也不过如此。

1. 困难是一条狗

有人说："困难是一条欺软怕硬的走狗，你越是畏惧它，它就越威吓你；你越不把它放在眼里，它越对你表示恭顺。"因此，面对困难，强者容易变得坚强，而弱者容易变得更软弱。对于我们来说，自己都能够深深地体会到挫折、苦难，但只要我们从来不畏惧，也不相信眼泪，只需拥有汗水与坚韧，敢于冒险，那就一定会战胜困难。

2. 不要较真自己的胆小与畏惧

在困难面前，每个人都会自然地产生一种畏惧，总担心自己战胜不了，当自己尚未正式与困难交锋时，就已经被吓倒了。这样的人其实是在较真自己的胆小与畏惧，在更多的时候，困难也不过是一道门槛，只要我们勇敢地尝试，克服内心的胆怯，大胆去冒险，那再高的门槛也可以轻松地跨过去。

接受挑战，失败让你更接近成功

如果生活中的困难与挫折是上天对我们的一种考验，那我们一次次接纳它们就是一次次接受挑战。在生活中，不管我们处境如何，都需要接受这样的挑战，即便是失败了，那也是一件值得庆幸的事情，因为失败会让我们更接近成功。人生就像攀岩，充满着惊险与困难，处处考验着你的勇气与意志。也许，在攀登过程中，我们会无数次遭遇陷阱，但只要不畏惧失败，不因一次的跌倒就丧失斗志，那胜利的曙光将会永远

照耀着我们。生活中的困难与挫折都是磨刀石，只要我们迎难而上，它就会使我们的意志更加顽强。困难与挫折，对我们何尝不是一种挑战？困难可以使我们从奢侈中解脱出来，更加坚定人生的方向；战胜挫折需要巨大的勇气，而有勇气的人注定会走向成功。正视挫折，接受人生一次次的挑战，这样我们就一定会战胜挫折。

和田一夫21岁那年，自己经营的位于静冈县热海家的蔬菜水果店被一场大火烧毁，和田一夫几乎失去了所有。但是，失败并没有让他放弃希望，他将烧成平地的100坪土地拿去做抵押，借钱买了块300坪的土地盖了一个超级市场，开创了日本八佰伴。超级市场在和田一夫的经营下，发展越来越好，这时，和田一夫想带着自己的超级市场进军亚洲，而新加坡成为了他进入亚洲的起点。

1972年，和田一夫和日本野村证券公司第一次考察新加坡市场。然而，就在新加坡，他碰到了两件令自己苦恼的事情：新加坡租金太贵，完全超出了自己的预算；在新加坡期间，和田一夫无意中听到一位的士司机告诉他一段日本伤害新加坡的国仇家史。对此，和田一夫说："对日本百货公司来说，70年代是一个必须面对历史的时代。"回到日本后，和田一夫告诉了董事们这两件事，结果董事们纷纷表示反对投资新加坡。但是，和田一夫明白"零售业成功的因素是要消费者口袋里装着钞票"，于是，在20世纪70年代初期，和田一夫在新加坡开辟了第一个亚洲市场。1976年，受世界石油危机的冲击，巴西八佰伴被迫关门。通过这次教训，和田一夫领悟到："不该死守一个地方，要大胆调动资金，分散资产。"紧接着，八佰伴从东南亚"流通"到了中国台湾、香港以及内地。20世纪80年代末期至20世纪90年代初期，整个亚洲经济处于全盛时期，和田一夫的八佰伴集团在16个国家拥有了400多间百货公司，八佰伴集团坐上了世界零售业第一把交椅。

1997年，在日本负责掌管日本八百伴公司的和田一夫的弟弟，因被指控欺骗日本财政部而被法庭判定有罪，也判定和田一夫结束所有海外企业，回日本受审。当时，日本媒体称和田一夫将资金调动到中国，拖累了日本八佰伴。顿时，一夜之间，和田一夫变成了一个连累八佰伴股东和员工的罪人。这时，和田一夫作出了决定，宣布“自我破产”，交出所有财物，向企业界告别，搬到一个租来的房子里。

如今，和田一夫成立了“和田一夫企业咨询公司”，他的日常工作就是用电脑给许多企业家回答问题，为企业团体作演讲。同时，他以探讨自己的失败撰写了《从零开始的经营学》，这本书成为了日本经典著作之一。对此，和田一夫这样说：“失败是我的财富，我想将这个企业咨询网络像当年八佰伴一样伸展到亚洲，甚至全世界。”

在迎接挑战之后，即便我们失败了，也没什么可怕的。失败并不可怕，只要在失败中不断地积累经验，终究能将失败变成财富。其实，遭受失败并不可怕，关键是用积极的心态来面对。只要我们能改变心态，把每一次的失败都当做考验自己的机会，把它当做超越自己的一次机遇，那么，我们就不会沉浸在痛苦里，甚至感谢失败让我们看清了真相，获得了经验。失败会让人变得成熟，它是人生的一笔宝贵财富。

1. 失败乃成功之母

杰出的音乐家贝多芬由于耳聋与外界声音隔绝之后，坚持音乐创作并获得了巨大的成功；只受过三年正规教育，被老师认定是一个智力迟钝的学生——爱迪生，在经过不懈的努力之后，成为了最伟大的发明家。当他们的人生遭遇了这么多打击与失败之后，上帝并没有遗弃他们，而他们正是通过这些失败，才走到最后的成功。

2. 不要较真失败带来的痛苦，而要学会感谢那些挫折

日本著名实业家原安三朗曾说：“年轻时赚一百万的经验，并不能成为将来赚十亿元的经验，但损失一百万的经验，倒可以培养赚十亿元

的经验，逆境是锻炼人才最好的机会。”一个不能接受失败、只是较真失败带来的痛苦的人，他无法看清楚成功的本质。从失败的教训中学到的东西，往往比从成功的经验中学到的还要深刻。成功，总是在经历多次失败之后才姗姗来迟，正确面对失败，才是走向成功所应具备的的重要素质和能力。

[第 13 章]

别在伤害中纠结，苦尽了才有甘甜来

在感情中，我们可能会经历相爱、背叛、伤害这样一个过程。因为随着时间的流逝，没有什么东西是一成不变的。在这样的情况中，如果自己被对方伤害了，不要较真，只有苦尽了才有甘甜来。

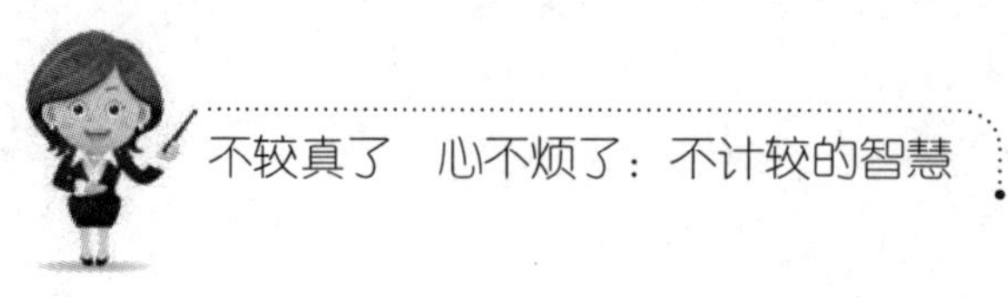

拯救自己，放过别人对你的伤害

恒久的爱情，是需要彼此的宽容来维持的。在爱情的世界里，总会有那么多的伤害，有人这样解释爱情："幸福并痛苦着。"当爱与痛交织在一起，这样的爱情则才让人欲罢不能，深陷其中，不可自拔，这就是爱。更何况，在这个世界上，并没有100的一个人，只有50分的两个人。或许，他做了某些事情伤害到了你，这时如果你处处较真，总是纠结在被伤害的回忆中，那你只会永远生活在过去。而且，由于你总是计较对方给你带来的伤害，很容易引发两个人的争执，这会给两人未来的生活蒙上阴影。有人说，拯救自己，放过别人对自己的伤害，这样可以更好地生活。在爱情的路上，学会原谅他，别跟自己过不去，也别跟他过不去。如果忘记那些伤害，你们就能够快乐地生活，为什么不尝试着这样去做呢？

爱情是多么美好的词，我们都不会拒绝爱情的到来。或许，在爱情的路途中，对方会无意犯下一些错误，给你带来了一些伤害，但这一点点伤害并不能抹杀爱情的浪漫与美好。还记得你们曾在雨天里散步，还记得那次他陪你逛了一整天的街，还记得他说"只要你做的饭菜，我都喜欢"，还记得他在泥泞的路上毫不犹豫地背起了你，还记得以前那艰难的日子里相濡以沫的点点滴滴。所以，两个人既然是真心相爱，就没有必要为了一点点伤害而放弃这段来之不易的感情。

樱子的新房装修好了，回想和老公一起走过的日子，她觉得时间过得真快，他们终于有自己的家了。樱子和老公是大学同学，在一起7年，房子的首付是两个人3年攒下的钱，虽然那段日子过得很艰辛，但却显得无比幸福。樱子经常会说，那就是一起吃苦的幸福。结婚后不久，婆婆来了，因为照顾小孩子，要住一个多月，樱子也表现出媳妇的孝心，陪着婆婆买衣服，又塞给婆婆零用钱。

一天下班之后，樱子回到家发现自己的房间好像被人动过了，所有的摆设都重新换过了位置，她想找东西也找不到，当时心里有点儿生气。她就对婆婆说："妈妈，你打扫房间的时候动了我房间里的东西吗？我连明天要穿的衣服都找不到了。"没有想到婆婆情绪很激动，一直在说："屋里东西哪些能动，哪些不能动你也不说，我怎么知道？我帮你打扫卫生，你还有意见。"婆婆啰嗦起来没完没了，她根本就插不上话，她刚一开口，婆婆就提高声调，完全不给她解释的机会。婆婆说："没有关系，下次我不进你房间打扫了，你自己来做清洁。"樱子进卧室了，婆婆的唠叨还在继续，用的是家乡话，她听着好像说她不爱干净和把她儿子拉扯大不容易之类的话。

樱子在房间里实在很憋屈，她忍不住出门来，说道："我并没有说怎么样，以后你愿意怎么样就怎么样吧，我什么都不会管的。""你这是什么意思，觉得我这个婆婆碍事了，那我走好了，明天就走。"说完，还一把鼻涕一把泪的。这时候，丈夫回来了，伸手就给了樱子一个耳光。樱子捂着自己那通红的脸颊，开始大叫："我要离婚！"因为樱子一向反对家庭暴力，而且两人以前也是约好的。

事后，丈夫向樱子道歉了，请求她的原谅，要她放弃离婚的想法。她相信他是爱自己的，他们一起吃了很多苦，两个人互相扶持走到现在不容易，共同经历了数不清的风风雨雨。但是她总很害怕会再次被打，再三考虑后，还是把一纸离婚协议书递到了丈夫的手里。

对妻子而言，丈夫一时冲动地打了自己，这是一种伤害。试想，如果樱子能够放过丈夫对自己的这些伤害，那一家人还可以和和美美地过下去。但就在转眼间，因为樱子始终纠结在被伤害的痛苦中，幸福就因为一个不放过而烟消云散了。其实，两个人能经历风风雨雨之后走到一起，真的很不容易，没有必要因为一点点事情就放弃一段来之不易的感情。所以，应该原谅对方，不要较真，让那些不愉快的伤痛成为过去，明天的生活才会更加美好。

1. 不要纠结在被伤害的痛苦中

有时候，我们以为被对方伤害了，但在感情中，什么事情都是相互的。如果说在吵架中，对方说了几句话伤害到了自己，那自己何曾没说过伤害人的话呢？如果两个人都这样计较来计较去，那根本无法生活在一起。所以，不要纠结在被伤害的痛苦中，越是较真，越会让你越陷越深。

2. 原谅对方带给自己的伤害

在爱情的城堡中，并不如神话般那么美好，我们应该理解那些伤害。如果将爱人带给自己的伤害压在心底，就会造成心理负荷，那自己心里总会充满着不安和痛苦，难以获得快乐。所以，请原谅对方带给自己的伤害，这样自己就可以重新收获爱情。

爱情不是童话，理解那些伤害

有人曾悲观地说过：“恋爱必然会有一方受到伤害。”现实生活中的爱情并不是童话，它并不像偶像电视剧里演得那样美好。我们都明白，现实生活比电视剧复杂得多，每天我们都遭遇很多的事情，然

后讨论、争执、吵架，这样一来，伤害就是很正常的。其实，说到爱情中的伤害，如果真的要追究这样的伤害是怎么来的，那可能是因为爱。因为爱，才会陷入伤害与被伤害的漩涡之中，试想，一个人不会莫名其妙地去伤害一个陌生人。而且，我们更应该明白，有的伤害并不是对方故意给的，换而言之，他的目的并不是真的想伤害你，只是在某种特定的场合，他一时冲动做了伤害你的事情。因此，我们应该理解爱情中的那些伤害，毕竟爱情并不是童话，而是如现实生活般变化无穷。

小颜永远记得跟男朋友第一次见面的场景，那是一个有雾的早晨，小颜像往常一样出门上班，但就在推开房门的那一刹那，赫然发现隔壁正在搬家，一个帅气的小伙子笑呵呵地打招呼："嗨！我是你的新邻居，希望以后能和睦相处。"小颜笑了，这人可真有意思。

后来，那个小伙子三天两头不是借东西，就是邀请小颜过去品尝自己的拿手好菜，两人就这样熟悉了起来。在一个浪漫的夜晚，小伙子告白了："小颜，你愿意做我的女朋友吗？"小颜含着眼泪，点点头。刚开始的恋爱都是美好的，小颜经常穿着男朋友的白衬衫在房间里走来走去，而男朋友则在厨房里忙碌地为她做早餐，这些美好的场景，小颜一辈子都不会忘记。

但是，随着两人的互相了解，在生活的某些方面，还是不可避免地起了争执。刚开始，小颜生气的时候，男朋友都是不说话，他以为这样小颜就会消气。但是，小颜却觉得，你越是不吱声，我就越是要说，后来，男朋友开始慢慢回应，渐渐地，争执变成了吵架。吵架中，"分手吧"这句话说得最多，而每一次都是小颜开口说，这时男朋友就会以一种难以言喻的表情看着她，但小颜决然地说："分手吧。"说得多了，男朋友也没什么表情了。最后一次，他终于收拾了所有的行李，说："好。"说完，就走了，留下小颜一个人痛哭。

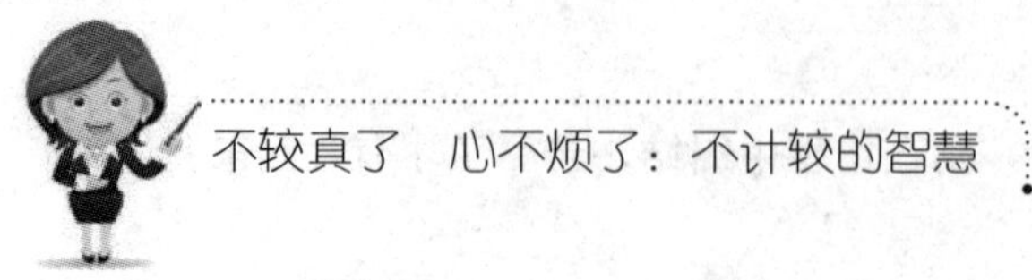

心不甘情不愿的小颜给男朋友发信息："你就这样忍心伤害我？"男朋友半天才回了一句话："当你说'分手'的时候，何尝没有伤害过我呢？爱情不是童话，如果你总是纠结自己被伤害了，你就钻进了一个怪圈，永远也钻不出来了，小颜，你要学会理解那些伤害，理解了，你就会释怀了。"

有时候，我们都认为爱情是一件美妙的事情，就像童话般美好。不过，这只是我们的向往而已。实际上，爱情并不是童话，爱情本身也是有弱点的，也有让人受伤的时候，甚至，爱情带给人的伤害不亚于面临死亡，对此，我们应该理解爱情带给我们的伤害。

当爱情刚刚建立的时候，因为差异，我们彼此被对方吸引，我们会用新奇、另类的眼光去欣赏彼此的不同魅力。这时我们的爱情是最简单、最甜蜜的，我们不要求为对方的付出。然而，随着互相了解，本身就存在差异的两个人怎么样避免矛盾呢？当我们想要建立起来的爱情进一步升温时，我们会发现生活原来是活生生的动态世界，不同的生活习惯就好像两只向相反方向行驶的船只，如果不想办法掉头，就会越行越远。于是，争吵开始了，伤害也就来了。

1. 宽容爱情中的伤害

爱情不会是一帆风顺的船只，也会碰见礁石和风浪，当爱情的船只发生摇摆时，我们必须理智地去维持平衡，而不是随风漂泊不定。当爱情受到了伤害，请让我们用宽容的纱布，涂上理解的药水包扎伤口，相信自己，同时也信任爱人的保护。伤害会成为相爱的导火索，宽容了伤害，彼此会更懂爱。

2. 理解伤害

要理解爱情中的伤害。被伤害的人，需要被理解；伤害别人的人，也需要被理解。很多时候，那些伤害并不是故意的，而是情不得已。有些时候，明明知道自己错了，但还是不得不伤害别人，这样人的心里会

好受吗？很多时候，并不是故意要伤害，只是两个人爱的方式不同。所以，先理解伤害，然后去爱。

理性看待背叛，让爱有个正解

最浪漫的爱情就好像每天初升的太阳，一如既往，矢志不渝。但是，当随着热恋的降温以及两人之间的不断了解，彼此之间便渐渐失去了兴趣，而他（或她）对外在的不知的不明的人有了猎奇和探索的心理。其实，关于爱情，有一个更贴切的比喻，那就是不断地刷新。当我们打开电脑，没有必要把页面关掉再打开，而是刷新，这时就可以看到新的变化的页面，虽然这个页面还是之前的那个页面，但它却有了微妙的变化，在不知不觉间有了更新，这就好比爱情。当我们都忘记了给爱情保鲜的时候，背叛自然而然就产生了。有人说，爱情就好像一场徒步长途旅行，当我们走到一半的时候，又累又渴，这时有美食和小车停在你的身边，问你上车不？这时候一个人是很难用理性去思考的。有时候，背叛只是一时冲动，并非是对这段感情的完全背叛。因此，当我们遭遇背叛之后，需要理性地看待背叛，让爱有个正解。

梅子跟男朋友在一起两年了，两年前，两个人刚在一起的时候，感情很好，没有吵过架，彼此很信赖。跟所有热恋的情侣一样，两人天天腻在一起，彼此心灵相通，很有默契。

梅子和男朋友都很喜欢玩，经常会相约几个朋友去娱乐场所。有一次，梅子叫上好朋友一起去酒吧，好朋友还带了另外一个朋友过来。晚上，大家一起喝酒唱歌，玩得很开心。后来，梅子因为家里有事就先走了，看着已经喝醉了的好朋友以及她带过来的那个女孩子，梅子很放心地交给男朋友照顾。晚上很晚了，梅子还打电话给男朋友，叮嘱他一定要照顾好她们。

第二天早上，梅子买好了早点过去看他们。谁料，第三天，那个好朋友带来的那个女孩子就找上门，她很直接地告诉梅子：“我很喜欢你男朋友，你跟你男朋友分手吧。”当时，梅子的男朋友坦言道：“不可能。”梅子悄悄地离开了，她躲了很久，哭了很久，敏感的她总觉得那天晚上发生了什么，可是她很相信自己的男朋友，一直告诉自己他们之间没什么。后来，男朋友找到梅子，这时的梅子已经很平静了，当作什么都没有发生一样，她只想让这件事淡下去。

半年之后，梅子无意中上了男朋友的QQ，看到了那个女孩给男朋友的留言，通过他们的聊天记录，梅子才知道原来那天晚上他们真的因为酒醉在一起了。一瞬间，梅子绝望了，她躲起来不再见男朋友。男朋友花了很大的力气才找到她，对她说：“事情都过了这么久，如果你想分手，我同意。”但梅子还是爱着他，她选择了继续跟他在一起，而且，她对男朋友越来越好，她要让男朋友心里觉得对不起自己，要让他愧疚一辈子。但梅子发现自己不相信他了，他出去玩，梅子就很害怕，害怕他再背叛自己。在这期间，因为较真，因为纠结，梅子在外面也交了男朋友，两个人之间的感情越来越疏远了。

虽然，两人都很想在一起，但梅子总也忘不了那次的背叛，经常会无故想起那次带给自己的伤害，那是她一辈子的伤疤。每次想起来，她就忍不住跟男朋友吵架，这样反复无数次。最后，两人都累了，选择了和平分手。

当然，爱情中的背叛也有很多种，有身体的背叛，有心灵的出轨。相对于前者，后者更严重，这样的背叛意味着他已经想结束这段感情了，对于这样的背叛，如果对方很决然地说分手，那为了自己的尊严，即便你还爱着这个人，也不要做挽留，因为强求的爱情是不幸福的，你

越是挽留，只会让他更看轻你。爱情中背叛的原因很多，方式很多。如果这种背叛是一种永久的，其程度已达到无法容忍，而且还会轮回，还会重复，那就应该选择分手，否则，一生将不停地在背叛中度过。

1. 如何看待背叛

在爱情中，我们是很容易遭遇背叛的，关键是如何看待背叛。在这样的情况下，我们要始终把握好自己，独立、自立、自强、自律，这样就为自己构筑起了一个保护体系，背叛会对自己造成伤害，但不会造成致命的伤害，这就是一种防范。

2. 不要纠结于背叛

过去是不会消失的，想遗忘那些背叛带来的伤害是不可能的。但遗忘是一种自我保护机制，它可以让我们逃避痛苦。因此，对于爱人的背叛，我们需要看得开，如果对方的背叛只是一时冲动，那就选择原谅；如果那是永久性的，那也选择遗忘，然后开始新的生活，彻底告别过去。

苦尽甘来，在伤害中学会成长

《孙子兵法》云：“不战而屈人之兵，善之善者也。”在感情中，何尝不是这样呢？有时候，我们会经历始料未及的背叛、伤痛和打击，这时内心的挫败感油然而生，心底的痛恨也不言而喻，那是深切而刻骨的。然而，如果我们想赢得人生这场战争，要想重新拥有快乐与幸福，哭，闹，折腾，用别人的错误来惩罚自己，伤害自己，那都是不可取的。这样只会让亲者痛，仇者快，毫无意义。有时候，不如看淡一点，看简单一点，学会在伤害中成长起来。如果你总是纠结在伤害中，憔悴

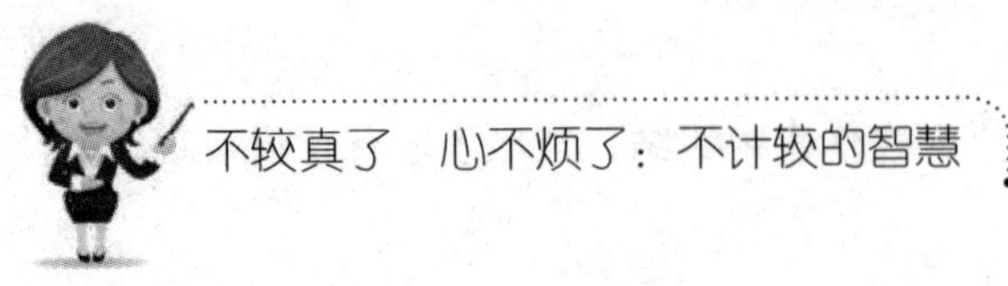

了容颜，失去了健康，失去了自信，失去了方向，这时谁会帮助你呢？很多事情，别人是想帮也帮不了的，比如身体的疼痛，家人是无法帮你疼的；心里的伤害，家人是无法帮你抹平的，只有自己释怀了，不再较真自己曾经所受过的伤害，纠结才能真正地解开，而只有内心真正地舒展，才可以轻松前行，才有机会再次拥有幸福。

小郑刚大学毕业时，还是一个一无所有的穷小子。但即便是如此，他还是幸福的，因为他有一个漂亮的女朋友。毕业后，想寻求安定生活的女朋友去了家乡的小镇工作，而小郑觉得，男儿志在四方，正所谓“埋骨何须桑梓地，人生何处不青山”，他凭着一股蛮劲和求胜的心，一个人去深圳捞金。其实，就在小郑踏上去深圳的火车那一刻，他就与自己的过去画上了句号，但他并没有意识到。

因为忙碌，小郑与女朋友大概几个月见一次面，那时的他，还处于拼搏期，完全的赤贫状态，一无所有。为了自己的事业，他付出了全部的心血，差不多到了废寝忘食的地步，他开始四处陪酒，与客户见面。因为太忙碌，渐渐地冷落了女朋友，而且，粗心大意的小郑竟然没察觉到女朋友的变化。但是，该来的总会来，有一次，小郑风尘仆仆地从深圳赶回来，想给女朋友一个惊喜，就在单位楼下等她。几个小时之后，小郑看到女朋友走出来了，他正想迎上去，却看见她走进了一辆尼桑的车子，车主是个中年男人。然后，这辆车疾驰而过，而小郑只是呆在原地很久说不出话来。一个小时之后，小郑给女朋友打电话，但电话刚接通就被对方挂断了。小郑连续不断地打，半个小时之后，她接了，小郑问她：“你在哪里？”女朋友语气很不自然：“我在家啊。”小郑咆哮起来：“你为什么要骗我？你为什么要这样做？你还想骗我多久？”女朋友把电话挂了，然后，发了条信息过来：“你就当我变了，或者只是一个贪钱的女人，反正我们是结束了，你给不了我想要的生活。”

这次的打击对于小郑来说是沉重的，他请假一个月，天天在街边买醉。回想过去两人的点点滴滴，他根本无法接受自己现在的状况。不过，沉思了一个月，他也想通了，女朋友的离开让他更加发奋努力。经过短短三年的时间，小郑一跃成为了公司总经理，月薪过万，在深圳这样的大城市也过上了上层人的生活，当然，他也结婚了，有了一个温馨幸福的家庭。每每想到之前自己在感情中所受的伤害，小郑只是微笑，自己还应该感谢那个当年背叛自己的女人，否则自己怎么会有今天的生活。

谁不是在伤害中成长的呢？经历了伤害之后，我们会变得能更成熟、更理智地处理事情，但不能因为曾遭遇过的欺骗和伤害让自己变得偏执和极端。我们应该让自己在看透世态炎凉之后，依然可以热爱生活。

1. 过去，就放自己过去

不论是生活还是感情，我们总会遭遇一些挫折，但请不要因为某些带来伤害的人而改变自己美好的心情。在遭遇伤害之后，把伤害中得到的教训记下来，请不要过分悲伤，过于纠结在伤害的痛苦之中。既然是过去的，就放自己过去，不要较真，看看自己的未来。

2. 感谢那些伤害自己的人

我们应该感谢那些伤害过自己的人，因为他们的伤害，才促使我们更快地成长。感谢那些欺骗自己的人，因为他让我们学会了诚意；感谢那些绊倒自己的人，因为他让我们学会了坚强；感谢那些背叛自己的人，因为他让我们学会了忠诚。因为生活中的这些伤害，才教会了我们成长。

不要反复地折磨，学会痛快地了断

爱情是一个折磨人的东西，爱与恨的交织，炙热与背叛的疏离。因为爱情的复杂性，许多人在爱情这座城堡里来了又走，去了又来，不断地纠缠，反复地折磨，结果，本来一份美好的爱情最后变得支离破碎。多少人的爱情是这样一种情景呢？与同一个人分分合合好几年，不结婚，也没正式地在一起，甚至，在分开的那几年，两人分别都谈了另外的男女朋友，但最后还是纠缠在一起。这样的感情最终只会有一种结果，那就是无疾而终。爱情是经不起折腾的，尤其是反复的折磨。对待爱情，我们应该以果断的态度，痛快地了断。对待一份感情，如果双方都希望好好地走下去，那就好好地，别争执，别猜疑，给予爱人足够的空间与自由；如果你觉得这份感情已经走不下去了，那就要学会痛快地了断，而不是反复地上演着“分手—和好”的剧情。

北北是一个性子比较倔强的女孩子，在大学毕业后，她邂逅了一个三十岁的男人，那人一脸沧桑，让北北看着很心疼。在一间咖啡屋，男人向北北倾诉了自己的过往，语气低沉，脸色悲伤，在这一瞬间，北北心动了。

虽然，男人看起来已经很老了，但北北并不在意，甚至，她觉得这就是一种成熟感。在爱情的甜蜜中，北北甚至忘记了问那个男人现在的感情状况。沧桑男人经常会对北北的生活嘘寒问暖，时不时地送一些礼物，像名贵的手表、项链、珠宝，北北每次都像收到了玩具的小孩子一样，连笑容里也洋溢着爱的甜蜜。

一年后的某一天，北北无意中发现那个男人原来是有老婆孩子的。

在知道这个事情的那一刻，北北差点晕倒了，原来自己所拥有的童话般的爱情其实是一场骗局。她拒绝接电话，也不再跟那个男人联系了，但不到一个星期，男人就找上门了，不断忏悔自己的欺骗，希望北北原谅自己，而且，他还拍着胸脯保证，自己一定会离婚。看着男人信誓旦旦的样子，北北心软了，两人重归于好。

之后，北北没再问过他家庭的事情，两人也就相安无事了。不久之后，北北发现自己怀孕了，她很想要这个孩子，也想有个家。可当她把这个消息告诉那个男人的时候，男人却轻描淡写地说："做掉吧，你应该做好避孕的，怎么能大意呢？"北北很伤心，再一次拒绝联系，她甚至天真地想着自己一个人将这个孩子养大。可没过几天，那男人再次找上门来，不断地诉说自己的苦衷，声明自己并不是不想要这个孩子，但现在自己还没正式办离婚手续，怎么给孩子名分呢？这样劝慰之下，北北虽然很伤心，但还是去医院做了手术，可是，手术之后北北就大出血，医生说也许以后再也不会怀孕了。

男人似乎对医生的结论很满意，高兴地说，这不正好吗，免去了怀孕的麻烦。这时候，北北才看透了男人的嘴脸，她也终于知道自己反复地跟这个男人分分合合其实是逼迫自己走向灭亡，这一次，她坚定了分手的念头。她换了住址，去了另外一个城市，她相信，在这个城市肯定会有属于自己的幸福在等着自己。

在生活中，有的人已经不年轻了，但他也没结婚，说到自己的感情，他只会无奈地表示："我还在跟我的前女友纠缠不清，我也不知道我们未来会怎么样，但目前，我还是跟她在一起。"这样的感情有结果吗？我们无从知道。对待任何一份感情，我们都需要认真，付出真心，这样我们才能收获幸福。

1. 不要分分合合，纠缠不清

如果我们以游戏的心态对待感情，把"分手"的字眼当成随口说出

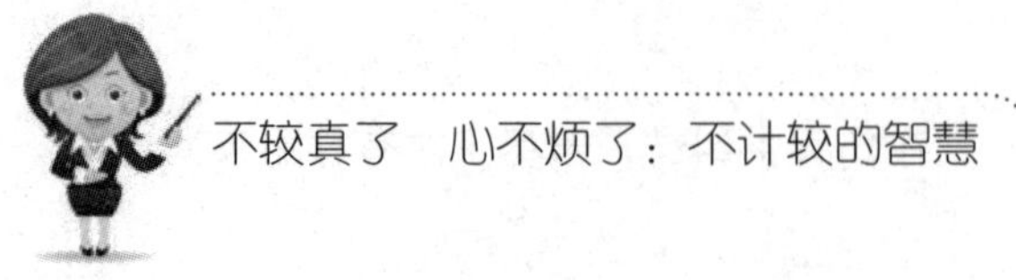

的一句话，不断地分手，不断地和好，那么即便两人之间有着不错的感情基础，到最后，经过分分合合的折磨，感情也已经所剩无几了。两个人之间因为较真而分分合合，纠缠不清，最终痛苦的还是这两个人。

2. 珍惜感情，不要较真

在感情生活中，遇到一个自己喜欢的人特别不容易，我们要珍惜，不仅珍惜这个人，更需要珍惜这段感情。不要折磨对方，也不要折磨这段感情。如果你只是为了过往的那些伤害而无法释怀，甚至以一种反复折磨的方式继续放任这段感情，那最后毁了你的不是别人，而是你自己。

听取长辈的忠告，全面客观地对待爱

在感情的路途中，如果自己栽了跟头，不妨跟家里的长辈说说，通过长辈对爱情的理解，领悟爱情的真谛。现代社会，婚姻爱情已经完全自由，父母的包办早已经不存在了，如果家里的长辈对你的爱情有所建议，不要有反抗的情绪，他们并不是阻碍你的幸福，而是想让你过得更幸福。长辈毕竟是长辈，他们走过的桥比我们走过的路还要多，在他们长达几十年的人生中，更懂得爱情婚姻的真谛。对于感情过程中可能会出现的问题，他们也能够预料得到，所以，他们的忠告是最值得倾听的。在爱情与婚姻的路途中，我们要学会听取长辈的忠告，全面客观地对待爱。

小娟谈恋爱时，第一次跟男朋友回家，就受到了未来公公婆婆的欢迎，尤其是善解人意的婆婆，令小娟很是感动。结婚后，虽然小娟坚持和老公搬出去住，婆婆也没说半句不是，只是微笑着给他们收拾新屋

子，而且还带了许多自己精心泡制的辣白菜过去。

小媚以为，跟老公单独住在一起，远离了婆婆的唠叨，这样彼此就可以过得自由一些，矛盾也会少很多。但是，婚后两个月，小媚就受不住了，原来，谈恋爱跟结婚其实是两码事。每天，小媚都要想着晚上吃什么，每每做好了饭菜，打电话给老公，却得知他已经在外面吃了。这样的次数多了，小媚也没心情做饭了，家里经常是有什么吃什么。于是老公开始抱怨了："冰箱里总这样空，我说你这个当妻子的在干什么呢？"于是，两人因为这一点点小事吵了起来。

小媚本身是娇生惯养的独生女，脾气比较倔强，而老公虽然脾气温和，但时间长了，还是受不了小媚的脾气。于是，吵架之后，老公三天两头不回家里吃饭，让小媚一个人独守空房。而此时，小媚除了哭泣，别无他法。

这样吵架多次以后，婆婆看不下去了。有一天，她破天荒地约了小媚逛街，先是去商场给小媚买了几件合身的衣服，然后选了一个咖啡屋，坐下来，拉着小媚的手，唠起了家常："小媚，自从你第一次到我们家里来，我就知道你是个好女孩，如果能成为我们家的儿媳妇，那就更好了，最后你们终于结婚了。现在你们结婚了，看着你们经常小吵小闹，也算过得下去，但是作为妈妈，我想给你唠叨唠叨，你们在结婚前是相爱的，但婚后因为家庭琐事经常吵架，这免不了会给彼此之间的感情带来伤害。其实，虽然我儿子比你年龄大，但他在你面前，有时候就像个孩子一样，你要学会宽容，对于他的缺点，多担待，别跟他计较。男人最讨厌的就是唠叨，你一句话说完就别说了，他爱听不听，说多了，他就嫌烦了，所有的男人都是这样。女人的母性不仅仅表现在对儿子的态度上，而且也表现在对老公的态度上。如果什么事情都能看开一点，不为家里的小事而较真，那彼此之间的矛盾就会少很多。"

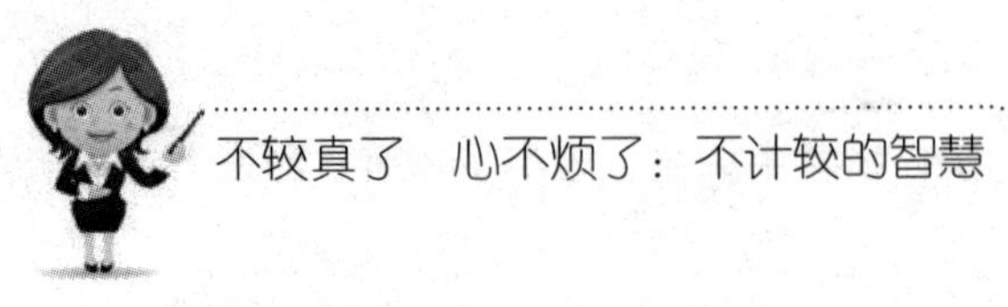

听了婆婆的话，小媚思索了一会儿，点点头。在以后的日子里，她不再随便发脾气，在每次想发脾气之前，总是忍住：包容，一定要包容。就这样，两人之间的矛盾也少了，而且他们约定了每个周末都会回家跟父母一起吃饭。

在生活中，那些即将步入或已经步入婚姻殿堂的年轻人，他们大多对爱情怀着美好的憧憬，对自己的婚姻生活有着无限的向往。在他们看来，婚姻跟爱情一样，永远会荡漾着浪漫的星火，永远会爱得那么疯狂。他们却不知道，当爱情走向了婚姻，感情已经回归于平淡，每天所面对的不过是柴米油盐酱醋茶。即便在婚前两人有再深厚、再美好的感情，也会随着时间的流逝而变了味。那么，在婚姻的城堡中，我们如何去保护自己的爱，使之不随着岁月的无情而变质呢？这时就需要借鉴前辈们对于爱情和婚姻的理解，听听他们的故事。当我们在婚姻中遭遇麻烦、灰心丧气的时候，听听他们给予的可贵的忠告，对于我们解决自己目前所面临的难题是很有帮助的。

1. 长辈的忠告总是值得听的

虽然，每个人的感情婚姻生活是不一样的，但长辈的忠告却总是值得听的。因为经营婚姻生活的艺术与技巧是相似的。在所有的婚姻中，两个人之间只要能做到包容、容忍、理解，那彼此之间也就没什么矛盾可言了。因此，那些经历了几十年婚姻生活的长辈，他们所给予的忠告是可贵的，很值得我们借鉴。

2. 客观地看待“爱”

当我们被爱蒙上了眼睛，就会以主观的眼光来分析事物、看待事物。在感情的城堡中，我们就很容易较真，容易因爱而生恨。对此，我们更需要听取长辈的忠告，多向父母取经，以此来解决自己感情中的问题，从而让自己客观地看待“爱”。

不要让爱的谎言越说越上瘾

每当爱情到来的时候，我们总是看到五彩斑斓的美好。可是，当爱情中交织着谎言，当那些晶莹剔透的肥皂泡破灭的时候，剩下来的就是空洞和冰冷的真相。当初把美好未来描述得天花乱坠，至今回想起来竟然有一些可笑。在爱情中，有的人说过就忘记了，可是听的人却当了真，这才是真的悲哀。如果你希望爱情能够朝着美好的憧憬发展下去，那么，在感情的路途中，千万不要让爱的谎言越说越上瘾。如果你执意这样下去，那最后谎言毁去的不仅仅是自己，还有彼此之间那段美好的感情。在爱情中，男男女女常常会出于某种目的而习惯说一些谎言，有的是善意的，有的却是刻意的隐瞒，最终给另一半带来的伤害却是巨大的。对此，有这样一句话送给那些习惯说谎的人：如果你没有把握欺骗对方一辈子，那千万不要撒谎。

苏三遇到青木，是在她23岁生日的时候。在KTV的走廊里，她看到了一个独自买醉的男人，苏三友好地打个招呼，青木也回了一个笑脸，两人就这样认识了。

苏三爱上青木，那是在青木说到自己过去经历的时候。在昏暗的咖啡馆，青木用低沉的声音说道：“我老婆跟着一个男人走了，只留下一个孩子在家，我真不知道该怎么办？”对这样一个遭人抛弃的男人，苏三决定自己捡回家。在青木家里，苏三开始给他整理家里的东西，照顾孩子吃饭，两个人就像夫妻一样生活着。

这样过了一年之后，苏三觉得自己应该结婚了，但每次苏三说到结婚的时候，青木总是支支吾吾的。苏三有些疑惑了，难道青木有事情瞒

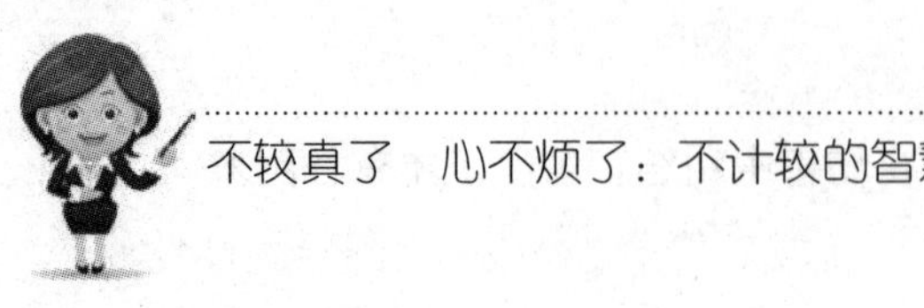

着自己？偶然的一天，苏三翻开了青木的手机，发现收件箱里躺着一条信息：我想你了。苏三试着以青木的名义回了一个信息，但对方好像意识到了什么，再也没发了。晚上，苏三问青木："那女人是谁呢？"青木笑着回答："我们公司同事的老婆，她只是经常开玩笑，别理她。"苏三说："真的吗？"其实，她已经将那个电话号码存了下来。第二天她约了那个女孩子出来，被同一个男人欺骗的两个女人见面了。

一见面，那个女人就说："你看上去就傻傻的，我是他们公司的同事，但我单身，没有老公。其实，对于他的事情，我早就知道，他根本没老婆，家里的孩子是他几年前交的一个女人生下来的，我和他只是暧昧的关系，我根本不知道你的存在。"苏三回忆一年前的过往，觉得自己彻头彻尾就是一个傻子，一时之间，竟无法开口说话。两人分别后，苏三直接去了火车站，扔掉电话卡，买了火车票，去了另外一个城市。

有人说："人的一生会被三个谎言所欺骗：第一个谎言是出生后不久，妈妈给我们嘴里塞上了一个奶嘴。那个奶嘴里没有奶流出，可是，我们还是努着小嘴吸得起劲；第二个谎言是结婚。结婚以前，想着爱情是美好的，两个人相爱就会白头到老，可结婚以后才知道不是那么一回事，所谓的爱情不过是谎言；第三个是临终之时，家人告诉病人，你得的只是小病，很快就会好起来。"爱情之中，谎言是需要的，但不能以爱的名义说谎，企图给对方造成感情上的伤害。我们说爱情也是需要谎言的，那是因为太过真实的爱情往往不够可爱，所谓"金无足赤，人无完人"，每个人都会有一些欠缺。在感情中，我们需要隐藏自己的缺点，也需要不揭露出对方的缺点。这样一来，说谎是有必要的。但在感情的历程中，如果刻意隐瞒某些事情，说一些卑劣的谎言，那这样的谎言对于爱情则是致命的。

1. 爱情中，谎言最具杀伤力

在爱情中，最不能容忍的就是欺骗，不管是善意的谎言，还是刻意的隐瞒，那都会给另一半一种受伤的感觉。因为在人们看来，爱情象征着美好和神圣，如果爱情中夹杂了谎言，那将使人难以接受。因此，在爱情中，别说谎，如果实在不得已，也需要借用善意的谎言，别给对方带来感情上的伤害。

2. 别让自己陷入谎言的漩涡中

当一个人撒一个谎的时候，他就需要不断地圆谎，以至于他开始说第二个谎言、第三个谎言、第四个谎言，……到最后，就连他自己都不知道自己哪句说的是真话，哪句说的是假话。因此，在感情中，千万别习惯性地撒谎，让自己陷入谎言的漩涡中。

[第 14 章]

接受不公，别在生活的天平中寻求圆满

在生活中，没有事情是绝对公平的，我们只能求得心灵的平衡。如果我们遭遇了生活的不公平，相信自己，命运的辉煌依然可以靠自己来缔造。其实，幸福就在我们身边，简直触手可及。学会接受那些上天给予的不公平，别在生活的天平中寻求圆满。

没有绝对的公平，只求心灵的平衡

比尔·盖茨说："社会是不公平的，我们要试着接受它。"在这个世界上没有绝对的公平，假如真的绝对公平了，反而会是另外一种不公平。一个人从呱呱坠地出生，就有很多的不公平，有可能是出生背景不同、家庭关系不同，这些对我们而言都是一种不公平。面对这样的情况，如果我们处处较真，抱怨上天对我们的不公平，那只会让自己陷入一个痛苦的怪圈。更有甚者，最让我们感到心里不平衡的，就是从前跟我们在一个水平线上的人，今天突然之间变得不一样了，一起工作他却升职加薪了，一起做生意他却发财了。别人做事情总是处处顺利，而自己则是处处碰壁。每天我们为了生存，不得不努力地挣扎着，以争取属于自己的那片天地。但在很多时候，我们努力了，却没有得到期望的结果。这时不要较真，不要哭泣，也不要怨天尤人，我们需要平静地面对这个世界，因为在这个世界上没有绝对的公平，我们只求心灵平衡。

一个人活着，他就注定了有机遇、有坎坷、有欢乐、有痛苦，即便我们付出了所有的精力和心血，都不会换来公平的待遇。在生活中，有的东西既然别人得到了，我们就不要再去争，这样只会徒劳无益；假如自己得到了，那就好好珍惜，别人也不会轻易就能剥夺你的所有。在这个世界上，从来都是一分耕耘，一分收获，有所失才会有

所获得，只有有了对生活、工作的付出，才有可能得到期望的回报。在生活中，有的人比较幸运，他可以利用身边可以利用的一切资源，很快地过上令人羡慕的生活。而像自己这样一无所有的人，需要认清生活中存在的不公平，把自己的劣势变成自己努力奋斗的动力，发挥自己的长处，寻找机会，坚持自己想干的事情，这样才可以扭转我们所认为的不公平。

有两个渔夫，一起出去捕鱼。

他们来到河边，两人捕了很多的鱼。在分鱼的时候，两人发生了争执，都说自己分少了，对方分多了。没有办法，他们决定在河边挖一个水坑，暂时把鱼放在里面，回家去拿秤来重新分配。可是等他们回来的时候，水坑里的鱼却早已经从里面跳出来，游进了河里。他们感到十分懊恼，便互相埋怨对方。

在这时，他们听见了野鸭的叫声，决定去捕野鸭。正当他们接近野鸭准备射击的时候，其中一个人说："先别忙，咱们先说好野鸭怎么分配，免得又让野鸭跑了。"于是，两人为分配的事情又争吵了起来，他们争吵的声音惊动了野鸭，野鸭马上就飞走了，可两人仍在那里争吵不休。

在生活中，我们经常也会遇到这样的事情，本来彼此之间合作得很好，但双方都在计较公平分配，结果，已经到手的利益成为了竹篮打水一场空，谁也没拿到好处。经常会有这样一些人，当事情还没办成的时候，就为了计较彼此之间的公平在分配上争吵，而争吵的结果就是所办的事情不了了之。其实，在许多小事情上，绝不能拘泥于绝对的公平，因为绝对的公平是不存在的。重要的是，我们要善于从长远利益出发，所谓小不忍则乱大谋，切忌处处较真，斤斤计较。

虽然，社会提倡伸张正义、主持公道，那些政治家们在每一篇竞选演讲中也会慷慨陈词："让每一个人都得到平等与公平的待遇。"

但是，日复一日、年复一年，几个世纪过去了，我们也无法真正消除世界上那些不公平的现象。实际上，从人类有史以来，这些现象就从来没有消失过，贫困、战争、瘟疫、犯罪、卖淫、吸毒和谋杀等各种社会弊病一代代延续着，某些地区还会愈演愈烈。我们应该明白，这些不公平现象的存在是必然的，当我们无法改变这一切的时候，我们可以努力改变自己，不让自己陷入一种惰性，并用自己的智慧去努力争取成功。

1. 别抱怨不公平

在生活与工作中，经常可以听到有人这样发泄："这简直太不公平了！"这是一种经常可以听见的抱怨，当我们感到某件事不公平时，必然会把自己同另外一个人或另外一群人进行比较，我们会想：他比我得到的多，这就很不公平。如果你越是这样较真，那你就越是觉得自己的所得是最不公平的。

2. 只求心灵的平衡

凡事只要我们无悔地付出，至于结果怎样，不要太在意，我们只求自己心灵的平衡。付出过，努力过，拼搏过，那就无怨无悔。对于生活中的许多事情，不要太去计较不公平的待遇，而只求得内心的安慰就可以了，这样我们才无愧于心。

相信命运的辉煌可以靠自己来创造

在生活中，所谓的强者是什么？真正的强者不是凭借着各种资源努力向上爬的人，而是缔造自己命运辉煌的人，他们虽然遭遇了生活的不公平待遇，但依然可以冲破重重阻碍，最终采摘成功的果实。从

来到这个世界的那一刻起，上天就给予了我们不同的礼物，有的人太幸运，他得到的是一个完美无缺的洋娃娃，而有的人则运气不怎么好，他所得到的是一个修补过的洋娃娃。对于前者而言，他前面走的路会相对平坦一些，而后者，他的每一步都需要付出很多才能达到自己的目标。对此，不管我们是属于前者，还是后者，只要我们相信自己，那么，即便自己所拥有的只不过是一个修补过的洋娃娃，也一样能创造出命运的辉煌。

杰克·韦尔奇出生在一个典型的美国中产阶级家庭。父亲在铁路公司工作，每天早出晚归，因而，培养孩子的任务就落在了母亲身上。与其他母亲不太一样，她对韦尔奇的关心更注重在提升他的能力和意志上。母亲是一位十分权威的人，她总是让韦尔奇觉得自己什么都能干，教会韦尔奇独立学习。每当韦尔奇的行为有所不妥，母亲总是以正面而有建设性的意见唤醒他，促使韦尔奇重新振作，母亲虽然话不是很多，但总令韦尔奇心服口服。

母亲一直抱持着这样的理念：坦率的沟通、面对现实、主宰自己的命运。她将这三门功课教给了韦尔奇，使得韦尔奇终生受益。母亲告诉韦尔奇："要掌握自己的命运就必须相信自己能缔造出命运的辉煌。"韦尔奇到了成年以后还是略带口吃，但是母亲安慰韦尔奇："这算不了什么缺陷，只不过思维比开口快了一些。"正是母亲给予的这份自信，让口吃不再成为阻碍韦尔奇发展的绊脚石，而且成为了韦尔奇骄傲的标志。美国全国广播公司新闻部总裁迈克尔对韦尔奇十分钦佩，甚至开玩笑说："他真有力量，真有效率，我恨不得自己也口吃。"

韦尔奇的中学成绩应该可以进美国最好的大学，但是，由于种种原因，他最后只进了麻州大学。刚开始，韦尔奇感到十分沮丧，但进入大学以后，他的沮丧变成了幸运。他后来回忆这段经历时这样说道："如

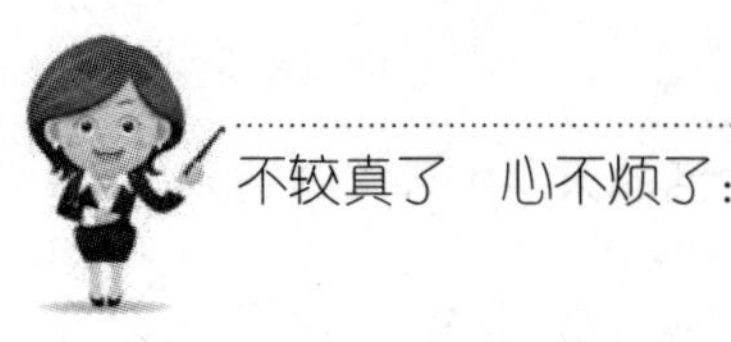

果当时我选择了麻省理工大学，那我就会被昔日的伙伴们打压，永远没有出头的一天。然而，这所较小的州立大学，让我获得了许多自信，我非常相信一个人所经历的一切，都会成为成功的基石，包括母亲的支持、运动、上学、取得学位，虽然我天生口吃，但我相信我一样可以缔造出自己辉煌的命运。”韦尔奇的大学班主任威廉这样评价他：“他总是表现得很自信，他痛恨失败，即使在足球比赛中也一样。”1981年，韦尔奇成为了历史上最年轻的CEO，他是通用电气公司的董事长。而自信成为了通用电气的核心价值观之一，韦尔奇这样说：“我相信命运的辉煌可以靠自己来创造。”

戴高乐将军曾说：“眼睛所看到的地方，就是你会到达的地方，唯有伟大的人才能成就伟大的事，他们之所以伟大，就是因为他们决心要做出伟大的事。”在生活中，像韦尔奇一样有口吃毛病的人很多，但像他一样成功的人却很少，为什么呢？因为大多数的口吃者都在为上天的不公平而抱怨，他们浑然忘记了，即便自己是一位口吃者，但还具有许多其它方面的才能，命运的辉煌完全是可以靠自己创造的，除了口吃，自己与其他人并无区别。

1. 不去计较上天给予的不公平

或许，在命运的一开始，上天发给我们的并不是一手好牌。但是，如果我们能保持良好的心态，相信自己即便是一手烂牌，也可以玩得很漂亮，这在牌桌上叫做牌品，在生活中叫做信念。与其花时间去计较上天给予的不公平待遇，不如花心思玩好自己手中的一副烂牌。

2. 命运的辉煌需要靠自己努力

命运都掌握在自己手中，如果我们想让命运绽放出如烟花般灿烂的辉煌，那完全在于自己的努力，而不在于上天的恩赐。假如我们较真，那就较真自己是否努力过，是否拼搏过，只有真正地努力、拼搏之后，才能创造出自己命运的辉煌。

学会暗示自己，幸福触手可及

心理暗示在日常生活中随时随地都可见，它是用含蓄、间接的方式对人的心理状态产生影响的过程。一般而言，暗示又分为他人暗示和自我暗示，当遭遇不公平待遇时的积极心理暗示属于一种自我暗示，即自己把某种观念暗示给自己，并使它转变为动作或行为。自我暗示的作用是巨大的，不仅能影响心理与行为，还能影响生理机能。另外，只有积极的心理暗示能起到增进和改善的作用。反之，消极的暗示则会扰乱我们的心理、行为以及人体的生理机能。当你习惯地想那些快乐的事情，你的神经系统就会习惯地令自己处在一个快乐的状态，这时你会发现幸福是触手可及的。积极暗示心理学家马尔兹说："我们的神经系统是很'蠢'的，你用肉眼看到一件喜悦的事，它就会做出喜悦的反应；看到忧愁的事，它就会做出忧愁的反应。"于是，积极的暗示产生积极的状态，消极的暗示产生消极的心态。对我们自己来说，应该尽量避免运用消极的暗示。

假如把全球人口按比例压缩成只有100人的部落，可以看到这个部落的人员构成为：57个亚洲人、21个欧洲人、14个美洲人、8个非洲人；52个男人、48个女人；30个白种人、70个非白种人；30个基督徒、70个非基督徒；89个异性恋者、11个同性恋者；6个人将拥有全部财富的59%；80个人的居家生活不甚理想，70个文盲，50个人营养不良，1个人即将死亡，1个人即将生产，1个人拥有大专学历，1个人拥有电脑。

由此，最终得出这样的结论：如果您今天早上醒来时还算健康，恭喜您，因为有一百万人将活不过一星期；如果您不曾经历过战争的危

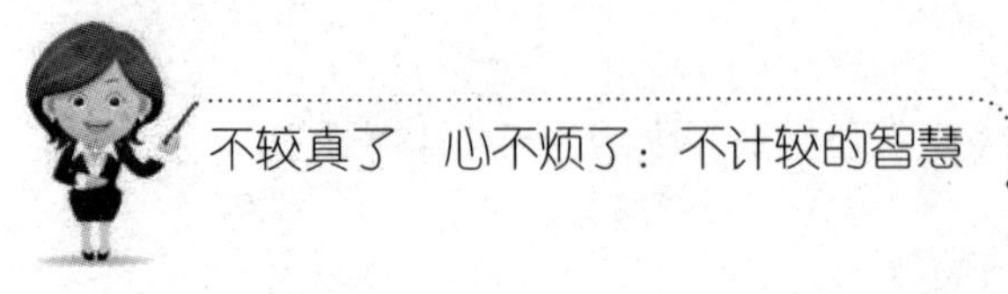

险、被监禁的寂寞、被凌虐的痛苦，或是饥寒交迫，恭喜您，您比五亿人还好命；如果您可以参加宗教活动而不必担心被骚扰、逮捕、凌虐或死亡，恭喜你，您比三十亿人还自由；如果您的冰箱里还有食物，有衣服穿，还有地方住，恭喜您，您比全世界75%的人还富有；如果您在银行里有存款，钱包里有钞票，还有一些零钱，恭喜您，您是全世界前8%的有钱人；如果您的双亲都还健在而且没有离婚，恭喜您，您算是幸运儿；您可以读这篇文章，那是双重幸运：有人想到您这个朋友，而有二十亿人根本不识字！

这个经典的故事就是一种积极的心理暗示，如果你能感恩于生活，那会发现幸福其实很简单，它近得触手可及。在这个物欲横流的时代，你拥有多少金钱并不能说明你有多幸福，你拥有多高的社会地位与权势并不能证明你比他人更幸福。每天，只要我们能给予自己这样的心理暗示，那就意味着自己是幸福的。

在辅导班里有一位60岁的教授，他谈吐幽默风趣，而且专业知识精深。但是，给学生印象最深的却是他每一次进教室都精神饱满，面带笑容，而且，每次都会带上一束花放在教室的花瓶里，虽然每一次带来的花都不一样，但都一样的鲜艳美丽。学生不禁产生这样的疑问：教授为什么总是感到如此幸福，难道生活中就没有什么不顺心的事情吗？

课程结束之后，一位学生向教授表示了自己的感激之情，同时，提出了一直存在心中的疑问。头发花白的教授笑了笑，说："其实，我只是不断地暗示自己：一切都会好起来的。前些天，老伴在一次车祸中走了，孩子又在外地工作，我一个人在家里很孤单，本来我已经退休了，但我还想继续执教，教师这份职业让我感到快乐。在工作之余，我最喜欢养花，在我家的院子里一年四季都有花香，我把这些花送给了朋友、邻居以及喜欢这些花的陌生人。我每次带来的花都是自己种的，能给别人带去快乐，我自己也感到很幸福。"闻着那些花香，学生感到幸福正

抚摸着自己的脸颊。

在生活中，我们常常会感到悲伤、烦闷，总认为幸福是一种奢侈品，难以把握。其实，只要我们学会运用积极的心理暗示，幸福就是触手可及的。

1. 给予自己积极的心理暗示

习惯于幸福的人会在每天对自己说："今天的天气真好，一切都会顺利的。"而不幸的人则会说："今天一切又不会顺利。"有时候，幸福对于我们来说只是一种选择，谁也不能决定你的幸福，只有你自己。

2. 别计较太多，幸福只是隐藏在生活细碎的事情中

幸福隐藏在琐碎的事情之中，当我们的眼光太过于高远，就看不见那些随处飞扬的尘埃。所以，别计较太多，如果我们每天都在细数着自己身边的幸福，那么，幸福的指数就会一直上升，并最终成为一种习惯，伴随我们左右。

全面地看待生活才能铸就幸福

为什么当生活越来越富裕，收入越来越高，人们却感觉不到幸福呢？幸福课教授本·沙哈尔对此提出了自己的看法：因为人们常常被"幸福的假象"所蒙蔽。本·沙哈尔说："我们所处的社会环境和文化背景是这样的：假如孩子成绩全优，家长就会给奖励；如果员工工作出色，老板就会发奖金。人们习惯性地去关注下一个目标，而常常忽略了眼前的事情，最后，导致终生的盲目追求。"其实，我们生活的过程就是一个营造幸福的过程。有时候，我们只看到生活的某个角度，自然会觉得自己是不幸福的，这时我们忽略了生活带给我们的多面性。当我们

可以全面地看待生活的时候，才能铸就幸福。幸福就是真实、快乐地生活着，这看起来更像是一种生命的精神状态。

A先生今年40岁，拥有一家公司，家里有位美丽贤惠的妻子和一对可爱的儿女。身边的一些朋友都羡慕他，他也曾满足过，但渐渐地他越来越感觉不到幸福的滋味了。每天，他都在想：要是多挣一些钱，让自己和家人的后半生没有后顾之忧就好了，如果遭遇经济危机，生意不好做怎么办？自己和家人的生活失去了保障该怎么办？

案例中的这位先生，他这样的生活状况，在外人看来是幸福的，但他却感觉不到幸福的滋味。因为每天他都在想：要是多挣一些钱，让自己和家人的后半生没有后顾之忧就好了，假如遭遇经济危机，生意不好做怎么办？自己和家人的生活失去了保障该怎么办？在这时候，他只看到了生活中让自己担忧的一面，却忘记了家里美丽贤惠的妻子和一对可爱的女儿，因为缺少对生活全面的看待，他无法体会到幸福的感觉。

教堂里有位看门人，看十字架上的耶稣每天要应付这么多人的要求，觉得于心不忍，他希望能分担耶稣的辛苦。有一天他祈祷时，向耶稣表达了自己这份心愿。意外地，他听到一个声音："好啊！我下来为你看门，你上来钉在十字架上。但是，无论你看到什么、听到什么，都不可以说一句话。"这位先生觉得，这个要求很简单。于是，耶稣下来，看门人上去，像耶稣被钉在十字架般地伸张开双臂。

看门人依照先前的约定，静默不语，聆听信友的心声。来往的人络绎不绝，他们的所求，有合理的，有不合理的，千奇百怪。但无论如何，那位先生都强忍下来没有说话，因为他必须信守先前的承诺。

有一天来了一位富商，当富商祈祷完毕之后，竟然忘记将手边的钱拿去。先生看在眼里，真想叫这位富商回来，但是，他憋着不能说。接着来了一位三餐不继的穷人，他祈祷耶稣能帮助自己渡过生活的难关。当他要离去的时候，发现先前那位富商留下的袋子，打开，发现里面全

是钱。穷人高兴极了，他觉得耶稣真好，有求必应，于是万分感谢之后就离开了。十字架上伪装的耶稣看在眼里，想告诉他，这不是你的。但是，约定在先，他仍然憋着不能说。

接下来有一位要出海远航的年轻人来了，他是来祈求平安的。在他准备正要他离去的时候，富商冲进来了，他怀疑年轻人拿走了自己的钱，两人吵了起来。这时十字架上伪装的耶稣再也憋不住了，他开口说话了。事情清楚了，富商去寻找那位穷人去了，而年轻人则匆匆离开了。

人都走了，伪装成看门人的耶稣出现了，指着十字架说："你下来吧！那个位置你没有资格待了。"看门人说："我把真相说出来，主持公道，难道不对吗？"耶稣说："你懂什么？那位富商并不缺钱，他那袋钱不过用来嫖妓，可是对那穷人来说，却可以挽回一家大小的生计。最可怜的是那位年轻人，如果富商一直纠缠下去，延误了他出海的时间，他还能保住一条命，而现在，他所搭乘的船正沉入大海中。"

在生活中，我们常常自以为怎么样才是最好的，但往往事与愿违，使我们意不能平。其实，不管我们处于什么样的境地，都应该相信，目前我们所拥有的，不论是顺境还是逆境，那都是上天对我们最好的安排。这样，我们才能更全面地看待生活中的苦与乐，也才容易感受到幸福的滋味。

1. 生活是多面性的

对于每个人而言，生活是多面性的。当我们抱怨其不公平之处的时候，往往忽视了生活中美好的一面。因此，我们需要多角度看待生活，才能更真切地领悟到幸福的感觉。

2. 不要为生活的不平而较真

在生活中，不公平的事情处处皆是，如果我们凡事都较真，抓着自己所受的不公平待遇不放，那我们所感受到的只能是痛苦，而非幸福。

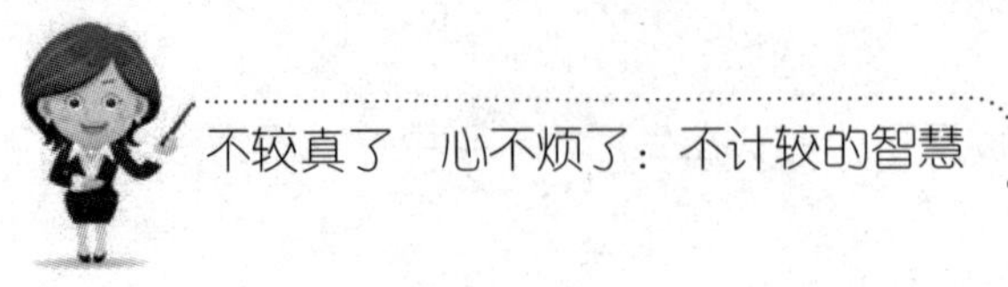

所以，放下心中的固执，不要再为生活的不平较真，这样我们自然能体会到幸福的甘甜。

与其抱怨，不如从此刻改变

英国著名作家奥利弗·哥尔德斯密斯曾说：“与抱怨的嘴唇相比，你的行动是一位更好的布道师。”与其抱怨，不如从此刻开始改变。面对生活里的一丁点不如意，人们最普遍的习惯是抱怨，不停地抱怨，抱怨父母不理解，抱怨社会太现实，抱怨朋友的欺骗等，于是，抱怨成为了一种习惯。然而，那些不如意的事情、悬而未决的事情并没有得到真正的解决，自己的情绪反而因为抱怨而陷入了恶性循环，这就是抱怨所带来的负面影响。我们所生活的世界每天都在发生变化，关键是，我们自己给这个世界带来了什么样的变化？对于大多数人来说，每天所做的最多的事情就是抱怨这抱怨那，这些情绪会逐渐形成负面的改变。因此，心理学家认为，学会关注他人，尊重他人，为其提供礼貌、周到的服务，则会造成积极的改变。所以，停止抱怨，将这样一种怨气付诸于实际行动，从此刻开始改变吧！

王小姐是公司负责企划案的经理，最近手头刚刚接了一个企划案，可是，需要另外一个部门的配合才能有效地执行方案。令王小姐感到苦恼的是，自己的搭档因为觉得所附加的工作量太大，不愿意去做，而且还责怪王小姐：“我最近都很忙啊，你还拿这样的企划案来找我，真是没事找事。”王小姐心中很怒火，忍不住找同事抱怨：“咱们都是为工作，我们行，她怎么就不行呢？”说着说着，王小姐发现自己的怒火越来越大，甚至，哪怕是看见另外一个部门的员工，心中的火气就“腾”

地一下冒起来了。

不过，抱怨完了事情还是没有解决，王小姐意识到这根本不能解决问题，自己需要沟通。她心想：抱怨毕竟只是发泄，解决不了问题，既然是为了工作，那就是对事不对人，我得找她沟通去。后来，王小姐找了一个机会把自己的意图跟工作中的搭档解释了一下，对方竟欣然接受了即使加班也要完成工作的要求。工作任务完成之后，王小姐长长地舒了一口气说道："如果当初我继续抱怨下去，就会影响我跟她继续合作的情绪，工作肯定完成不了。看来，以后，我得少抱怨、多行动才行哪！"

有时候，我们在工作中会遇到一些人际麻烦，有的人处理方式是跟其他人抱怨，这无疑是制造了一个"三角问题"，自己和工作搭档有问题，却和另外一个人去讨论这些事情。事实证明，一味地抱怨根本解决不了问题，改变事情现状最有效的方式是行动，而只有行动才能改变事情。所以，请停止抱怨，放弃抱怨，从此刻开始行动吧！

从前，有一位年老的印度大师，在他身边有一个喜欢抱怨的弟子。有一天，印度大师让这个弟子去买盐，等到弟子回来后，大师吩咐这个喜欢抱怨的弟子抓一把盐放在一杯水中，然后喝了那杯水，弟子按照师傅的吩咐一一做了，大师问道："味道如何？"龇牙咧嘴的弟子吐了口唾沫，说道："苦！"

大师一句话没说，又吩咐弟子把剩下的盐都撒入了附近的一个湖里，听从师傅的吩咐，弟子将盐倒进湖里。大师说："你再尝尝湖水。"弟子用手捧了一口湖水，尝了尝，大师问道："什么味道？"弟子回答说："味道很新鲜。"大师继续追问："那你尝到咸味了吗？"弟子回答说："没有。"这时，大师才微微一笑，说道："其实，生命中的痛苦就像是盐，不多，也不少。在生活中，我们所遇到的痛苦就这么多，但是，我们体验到的痛苦却取决于将它放在多么大的容器里。所

以，面对生活中的不如意，不要成为一个杯子，老是抱怨，而是成为湖泊，去包容它，通过实际行动来改变自己的现状。”弟子若有所悟地点点头。

什么是抱怨呢？有人说这是一种宣泄，为了寻求一种心理平衡，似乎抱怨可以将那些不如意的事情发泄出来。每天，每个人可能都会面对许多不如意的事情，如果只是一时的抱怨，这还可以接受，但有时候，抱怨久了就会形成习惯，而抱怨的根源是对现实的不满意。一个人来到这个世界上，面对生活中的诸多不如意，只有两个选择，要么接受，要么改变。抱怨成为了接受事实的一个阻碍，我们总是想到：这件事对我是不公平的，这样的事情怎么会发生在我身上呢？我怎么能接受这样的事情呢？所以，一种强烈的倾诉欲望开始萌发，我要去对别人诉说，以此证明无辜和委屈。于是，在抱怨的时候，我们已经失去了去改变这件事情的机会。那么，当我们无休止抱怨的时候，有没有想过比抱怨更好的解决方法呢？

1. 放下抱怨，行动起来

阿尔伯特·哈伯德曾说：“如果你犯了一个错误，这个世界或许将会原谅你，但如果你未做任何行动，甚至连你自己都不会原谅你。”抱怨，它只是一种语言而不是行动，当一个人过多地被语言困扰的时候，他会失去行动力。当然，将抱怨转化为动力，我们还需要拥有广阔的胸襟，只有看透了抱怨的实质，我们才有可能将怨气化为动力。

2. 不要纠结在失去的痛苦之中

从前，在魏国东门有个姓吴的人，他的独生儿子死了，可是，他看起来也一点都不伤心，每天仍早出劳作，快乐自在。有人对此感到不解：“你的爱子死了，永远也见不着了，难道你一点儿也不悲伤吗？”那位姓吴的人却回答说：“我本来没有儿子，后来生了儿子，如今儿子死了，不是正和我以前没有儿子时一样吗？每天那些农活依然是我的工

作，我又何必去忧伤呢？花费时间去伤心，不如将这样的精力投入到实际行动中来。”

打抱不平的愤青其实无力扭转什么

在我们身边，总会有一些打抱不平的愤青，他们不断地抱怨上天的不公平和生活的不公正。其实，这些人一直在喋喋不休地抱怨着，那是因为他们无力扭转什么。成功只会垂青那些积极主动的强者，只要你敢于担当，勇于接受来自生活的挑战，那么，任何艰难险阻都会变成坦途。对于一个强者来说，任何事情他们都会尝试着去做，因为敢于去做，到最后事情都会自然而然地变得顺畅。后来，他们会发现，那些原来让自己思虑重重的困难，竟然只是一件小事，根本不值得抱怨。真正的强者，从来不抱怨，他们总是会把那些消极的想法从内心中扫除殆尽，让自己的内心充满阳光、充满希望。相反，一个弱者、无能的人，他们的生活总是充满了抱怨，因为无力改变现状，或者是内心根本没有想要改变现状的意识，于是，他们除了抱怨，别无他法。

在现实生活中，平庸之辈总是多数，即便自己已经很平庸了，但还在不断地抱怨。他们动不动就说“这个社会怎么怎么样”、“我简直是英雄无用武之地”等等，其实，说出这样话的人本身不是什么强者，因为强者绝不是这样的态度。面对人生的诸多不如意，我们都不要再抱怨了，抱怨只会让自己变得更加无能。只有无能的人才会抱怨，那些强者往往会通过改变生活来解决这些问题。所以，在这个世界上，真正的强者并不多，大多数都是习惯于抱怨的庸者之辈。

小李和小王是大学同学，大学毕业后，两人签了同一家国企公司，

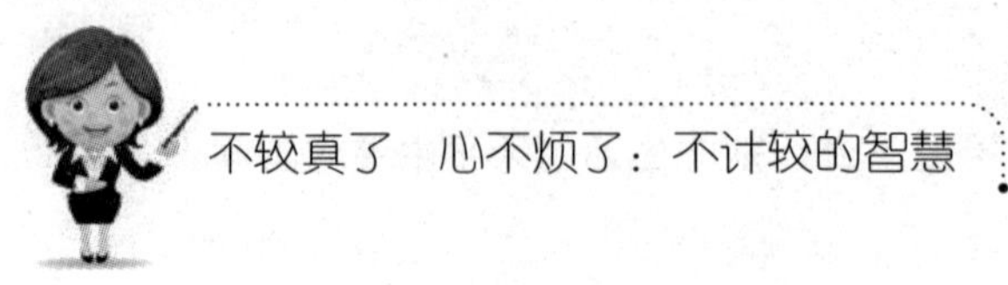

更有趣的是，两人居然被分到同一个办公室，成为了同事。小李在大学就是赫赫有名的人物，当过学生会主席，沟通能力和处理问题的能力都很强；小王虽然成绩优秀，但是，在大学没有参加社团活动，相应的处事能力较弱。

在办公室里，科长和两名副科长都不负责做具体业务，另外两位年纪稍大的同事觉得升迁无望，每天就只想着混日子，一旦有任务分配下来，他们自然会推给小李和小王："小伙子，多锻炼，对自己有好处……"小李每次都欣然答应，做事情十分积极，小王则相反，他觉得同样都是在办公室工作，怎么就自己一个人像打工的，接到新任务不积极，心中怨气越来越大。

前不久，公司领导决定在家属楼后面的空地上建一座三层小楼，作为"健身中心"，这项任务自然落到了办公室里。小王知道艰巨的任务又来了，索性在第二天请了病假，而最终小李接下了这个工作，科长还不断嘱咐小李："抓紧时间啊，这可是关系全公司职工的切身利益啊。"接下来的一个月时间里，小李天天往城里跑，把那些有名的健身中心都找了个遍，又是拍照，又是去图书馆查资料，每天忙得晕头转向。而小王和其他人则在办公室里休闲地喝着茶，看着报纸。没过多久，小李将图纸交给了科长，因为设计比较成功，受到了嘉奖。小王则在旁边抱怨："哎，早知道当初我应该来接这个任务，领导太不公平了，知道那天我请假就无视我的存在。如果我接到了任务，说不定比他完成得还要漂亮……"

后来，只要小李得到了上司的嘉奖，小王都要抱怨一番："领导对我太不公平了……"刚开始的时候，办公室同事还对小王说些打抱不平的话，可是，时间久了，大家也不怎么关心了，反而会在背后议论："自己没本事就别吱声嘛，见不得人家好，谁知道他一天的抱怨怎么那么多，还不是自己无能，否则，领导怎么会不重用你呢……"

罗斯福说：“未经你的许可，没有任何人能够伤害你。”有的人自己办不了事情，别人办了漂亮事，他还会到处抱怨：“其实我很有能力的”、“他凭什么就能得到领导的重用啊”、“这件事我会比他做得更好，可领导偏偏不找我嘛”等等。但是，真正的结果呢，却是自己无力扭转什么，心中才充满了抱怨。而另外一些人所想的是如何解决问题，如何完成这件事，因此，他们会在最后的努力中成功，而那些无能的人只能在抱怨声中销声匿迹。

1. 学会改变自己

有一句话说得好：“多数人都想改造世界，但却很少有人想改造自己。”可能，左右一个人成功的因素会很多，但是，如果你连自己都不想改变，你会成为一个强者吗？许多人习惯抱怨社会，抱怨他人，抱怨自己，可是，有人会想过这是因为自己不够强大而遭遇的吗？

2. 不要把自己定义为弱者

一个人只有把自己定位在“弱者”的位置上，才会觉得无法改变，从而变成了一个抱怨者。当我们把自己定义成弱者，那我们就改变不了什么，除了抱怨还是抱怨。因此，当在生活中遭遇不幸的时候，我们所想的应该是如何解决问题，而不是不断地抱怨这个问题的存在，只有这样才能真正地解决问题。

参考文献

[1] 易贝连.淡定[M].北京：中国纺织出版社，2011.

[2] 程知远. 宽容：和谐一生的秘诀[M].北京：外文出版社，2011.

[3] 庄之鱼.人生何必太较真：不钻牛角尖的生活哲学[M].北京：新世界出版社，2012.

[4] 高英.念头一转，心就不烦[M].北京：中国长安出版社，2012.